中国东北草地植物资源及其利用与保护

王正文　张文浩　主编

科学出版社

北京

内 容 简 介

本书依据"东北草地植物资源专项调查"项目的最新成果，介绍了总面积达 40 多万平方千米的我国东北草地（包括呼伦贝尔草地、松嫩草地、科尔沁草地和锡林郭勒草地）野生植物资源的种类、区系组成及科属分布状况；重点阐述了我国东北草地生长的饲用、食用、药用、生态治理用、有毒有害、外来入侵等植物资源的现状、科属分布及其时空变化趋势，并分析了其原因和机制，探讨了有毒有害和入侵植物的防治对策，可为东北草地的植物资源利用与生物多样性保护提供可靠的数据支撑和科学依据。本书还有针对性地提出了东北草地植物资源的利用与保护策略。

本书可供从事植物学、生态学、植物资源学、草地学、中医药学、畜牧学等学科教学和科研工作者，以及相关学科的研究生和本科生参考使用。

图书在版编目（CIP）数据

中国东北草地植物资源及其利用与保护/王正文，张文浩主编. —北京：科学出版社，2023.3
ISBN 978-7-03-062765-0

Ⅰ.①中… Ⅱ.①王…②张… Ⅲ.①草地–野生植物–植物资源–资源开发–研究–东北地区 ②草地–野生植物–植物资源–资源保护–研究–东北地区 Ⅳ.①Q948.523

中国版本图书馆 CIP 数据核字（2019）第 242604 号

责任编辑：马 俊 付 聪 / 责任校对：严 娜
责任印制：吴兆东 / 封面设计：无极书装

科学出版社 出版
北京东黄城根北街 16 号
邮政编码：100717
http://www.sciencep.com

北京中科印刷有限公司 印刷
科学出版社发行 各地新华书店经销

*

2023 年 3 月第 一 版 开本：787×1092 1/16
2023 年 3 月第一次印刷 印张：15 1/2
字数：368 000
定价：198.00 元
（如有印装质量问题，我社负责调换）

前　言

　　植物资源指在目前的社会经济技术条件下人类可以利用与可能利用的所有植物的总和。草地是重要的陆地生态系统类型之一，约占据着陆地总面积的40%，是保障全球生态安全和可持续发展的重要战略资源。我国是世界第二大草地资源国家，拥有天然草地近400万km^2，其中，东北草地位于欧亚草原东部，包括呼伦贝尔草地、松嫩草地、科尔沁草地和锡林郭勒草地，总面积达40多万平方千米，是华北和东北最重要的生态涵养地，所蕴藏的丰富植物资源不仅是畜牧业生产不可替代的饲草资源和作物育种的优良基因库，还是能为能源、医药和食品等工业提供原材料，能够直接产生经济价值的资源。然而近30年来，东北草地退化、沙化和盐碱化的形势异常严峻，有效面积锐减，导致部分珍稀物种濒危乃至丧失。因此，急需加强东北草地植物资源调查，为东北草地植物资源保护及其科学利用提供基础数据，促进区域生态环境改善。

　　为此，本书依托2014年科技部启动的科技基础性工作专项"东北草地植物资源专项调查"的成果，概述了东北草地野生植物资源的种类、区系组成及科属分布状况；重点阐述了东北草地生长的饲用、食用、药用、生态治理用、有毒有害、外来入侵等植物资源的现状、科属分布及其时空变化趋势，并分析了其原因和机制，探讨了有毒有害和入侵植物的防治对策，可为东北草地的植物资源利用与生物多样性保护提供可靠的数据支撑和科学依据。最后，本书还有针对性地提出了东北草地植物资源的利用与保护策略。其中第一章绪论由张文浩、王正文、吕林有执笔，对东北草地植物资源调查的历史、突出问题、重要性及紧迫性进行了概述；第二章由王正文、郭佳执笔，对东北草地植物资源的总体状况进行了概括；第三章由崔国文、胡国富执笔，介绍了东北草地中的饲用植物资源；第四章由张文浩、聂宝、王天佐执笔，介绍了东北草地的食用植物资源；第五章由张粤、张红香执笔，介绍了东北草地的药用植物资源；第六章由周全来执笔，介绍了东北草地的生态治理用植物资源；第七章由吕林有、乌云娜执笔，介绍了东北草地的有毒有害植物及其防治对策；第八章由曹伟执笔，介绍了东北草地的外来入侵植物及其防治对策；第九章由张文浩、王正文、曹伟、崔国文执笔，系统总结了东北草地植物资源保护和利用的现状，并针对现存问题提出参考建议。另外，在书籍撰写过程中，刘英俊和高天刚给予了分类学建议，胡业翠和王其兵在数据整理方面作出了贡献。

　　本书中物种的中文名和拉丁名原则上都是以1995年傅沛云主编的《东北植物检索表》第二版为准。另外，在各章节物种的产地描述中仅列举东北草地覆盖的行政区，这部分内容本书主要着重于县（市、区、旗），凡出现地级市（盟）名的，本书中均仅指其所辖城区，不包含其所辖县级行政区区域，特此说明。

　　在本书出版之际，编者还要向在本书研究、撰写和出版过程中给予关心和鼓励，以及提供大力支持和帮助的侯向阳研究员、杨允菲教授、王艳教授、卜军教授、于景华研究员、唐中华教授和科学出版社致以诚挚的谢意！

鉴于认识水平所限，书中不足之处在所难免，热切期盼有关专家和读者不吝赐教。

主 编

2022 年 5 月

目 录

第一章　绪　论

草地是全球分布最广的陆地生态系统之一，其面积约占全球陆地生态系统总面积的
1/3（Bengtsson et al.，2019），因此，草地在维持陆地生态系统的稳定和生态环境安全方
面起着重要的作用。草地的重要性不仅体现在它广阔的面积，还在于它为人类提供各式
各样的生态系统服务。例如，草地植物可以用来放牧或刈割饲养牲畜，进而生产肉、奶、
毛皮等畜产品，许多草地植物还具有药用、食用和工业用等多种经济生产潜力，这些草
地植物资源是支撑牧民生活、增加牧民收入、实现牧区可持续发展的重要物质基础。

第一节　东北草地植物资源调查的必要性

植物资源指在目前的社会经济技术条件下人类可以利用与可能利用的所有植物的
总和。作为第一性生产者，植物是生物圈物质循环和能量流动的物质基础，支撑着全人
类社会、经济、文化的可持续发展。我国是世界第二大草地资源国，拥有天然草地面积
近 400 万 km^2，约占国土总面积的 40%。其中，东北地区分布有 40 多万平方千米，主
要包括呼伦贝尔草地、松嫩草地、科尔沁草地和锡林郭勒草地，直接影响着京津冀地区
的生态环境质量及东北平原粮食主产区和老工业基地城市群的生态安全，是我国重要的
生态屏障。东北草地植物资源丰富，据估算，仅维管植物就达 1500 余种，包括数目众
多的单属科、单种科、寡种科、少种科。从用途上讲，这些植物资源不仅可以为发展畜
牧业提供不可替代的饲草资源，还可以为农作物育种提供优良的基因资源，同时，大多
数植物也可作为能源、医药和食品等工业的原料，具有直接的经济价值。要想尽可能发
挥草地植物资源的价值和优势，以及草地资源潜在的生产力，必须摸清其本底情况。然
而，最后一次全国性草场资源普查是在 20 世纪 80 年代进行的，是以畜牧业发展为主要
导向，重点关注草地植物的饲草资源功能，经过 30 多年的变迁，尤其是人为的过牧和
农田开垦、开矿等使土地利用格局发生了巨大的变化，草地植物资源也随之发生了重大
变化。可以说，基于 80 年代普查资料的草地植物资源信息是不能满足当前国家与地方
各级机构以及当地居民对草地植物管理与可持续利用需求的，一次系统与规范的草地植
物资源调查急需进行。因此，以东北草地生态系统为单元，以植物资源和生境状况等为
调查对象，运用现代调查技术手段，摸清东北草地植物资源的布局和变迁情况已成当务
之急。东北地区开展草地植物资源调查，有利于国家生物资源和生态安全决策，对国家
经济持续稳定发展和生态文明建设具有重要意义。

一、保护和拯救的需要

近年来，由于气候变化和人类的过度放牧、盲目开垦、乱挖药材、无节制地开矿等

活动的影响，东北草地面积减少、植被退化严重，一些优良的野生植物资源几近枯竭。根据各地草原管理部门 2005 年提供的统计数据，20 世纪 80～90 年代，东北草地总面积达 4000 多万公顷，其中，退化面积达 33.6%。内蒙古赤峰地区、吉林西部地区退化草地面积已达各自草地总面积的 80% 以上；呼伦贝尔市 4 个主要牧业旗县草地退化面积为 53.6%。目前，东北草地仍以每年 1%～2% 的速度退化，平均干草产量由原来的 1500～2000kg/hm^2 下降至 450～600kg/hm^2，产量下降达 70% 以上。东北草地物种变化也较大。松嫩草地的地带性植被——贝加尔针茅草原基本消失；30 多年前尚存于锡林郭勒草地的单花郁金香种群已很难找到，或可能已灭绝，加之无人工栽培，人类很可能永远失去对这些珍稀植物资源开发利用的机会。昔日水草丰美的大草原已经被大面积的低产农田和盐碱化、沙化、退化草地取代。如果不及时进行抢救性修复和保护，这些珍贵的野生植物资源将濒临灭绝。因此迅速对该地区现存野生植物资源进行抢救性调查和整理，摸清家底，分门别类地列出濒危或已经灭绝的东北地区草地植物名录，完成调查报告，对东北野生草地植物资源的保护和科学利用具有极其重要的意义。

二、科学利用的需求

东北草地野生植物资源非常丰富，其中很多植物具有抗寒、耐旱、耐盐碱等抗性或优良品质性状，是优质饲草、草坪草和花卉等新品种选育的优良育种材料和基因源。例如，以野生扁蓿豆和'肇东苜蓿'互为父母本育成的'农牧 801'和'农牧 803'紫花苜蓿品种，在我国北方高纬度地区，表现出较强的抗寒、抗旱和高产品质。从野生草地资源驯化而来的优良牧草品种，如羊草、秣食豆和无芒雀麦等都为草食家畜生产作出了巨大的贡献。同时，某些野生种质资源又可以扩大农作物育种的遗传背景，为提高粮食产量和品质服务，如野生大豆资源赋予了大豆优异抗性性状。另外，东北草地拥有我国北方特有的药材种类，如柴胡、防风和阿魏等；东北草地野生植物资源还是能源植物、香料植物等多用途工业原料的重要来源。

三、保障我国粮食主产区生态安全的需要

近年来，华北、东北、西北地区有大量农田受到风沙侵袭，粮食生产低而不稳，严重影响了粮食生产。东北地区是我国粮食主产区，每年粮食总产量超过 1 亿 t，占全国粮食总产量的 20%，是我国最重要的粮食生产基地。而东北草地则是我国构建"三区四带"生态安全战略格局的重点生态功能区。以东北草地作为我国北方重要的防风固沙带，正是这一粮食主产区最重要的生态安全保护屏障，对我国粮食安全至关重要。另外，充分发挥草地的生态主体功能，从人类对清新空气、清洁水源、宜人气候等生态产品的需求角度入手，对东北地区草地植物资源进行调查并提出保护和利用的对策，充分发挥草地的生态主体功能，是抵抗风沙、保证有效降水、防止水土流失、恢复地力、保持东北农区土地可持续利用的最根本保障。这充分体现出东北草地对卫护京津地区、东北平原粮食主产区以及老工业基地城市群的生态安全的重要战略意义。

四、促进畜牧业安全生产及健康养殖的需要

东北地区不仅是粮食主产区，同时也是我国畜牧养殖业最主要的基地之一。据统计，2011 年末，东北地区奶牛存栏总量达 450 万头之多，占全国总规模的 1/3 以上；肉牛养殖规模达 2000 万头左右，约占全国肉牛养殖规模的 1/5；肉羊养殖规模达 4000 多万只，占全国肉羊养殖规模的 15%～20%。通过对我国"粮-猪农业"和草地农业的综合分析表明，在我国饲料用粮的巨大需求量成为我国粮食生产主要压力的情况下，充分挖掘饲草、饲粮资源，建立草地农业系统，将人食与畜食分开，走节粮型、非粮型饲料道路是减小粮食生产压力、确保饲粮安全的一个有效措施。同时，以天然草原放牧或者饲喂天然优质饲草生产出的健康无污染畜禽产品，具有广阔的发展空间。东北草地饲草植物资源的种类、数量和质量的摸底和有效开发利用，对该地区畜牧业安全生产和健康养殖具有重要意义。

五、草地科学人才培养和学科建设的需求

在以往的科学研究中，针对草地科学范畴中关于经典植物分类学方面的基础研究，科研经费投入相对较少，重视程度不够，造成目前全国的植物学和植物分类学等基础学科人才凋零，导致经典植物分类及其相关学科发展严重滞后。希望该项目的实施，能及时唤起社会各界对这类学科的重视，加强相关人才的培养，这对于东北草地植物资源乃至全国植物资源的基础研究具有深远的意义。

综上所述，东北地区是我国重要的草地资源分布区之一，国家急需掌握最新的草地植物资源状况作为制定社会生产可持续发展的战略部署依据。但有关东北草地植物资源现状的资料严重缺乏，而且已有资料陈旧且不系统，管理方式和传播方式相对落后，亟待从内容上进行更新，同时利用新的技术和方法加以整理、归纳，并进行电子化、数字化、信息化和网络化。此外，东北草地退化、沙化、盐碱化的形势异常严峻，有效利用面积逐渐减少，部分珍稀物种濒危乃至丧失。因此，开展东北草地植物多样性和资源保护，加强该区域草地植物资源调查，促进区域生态环境改善迫在眉睫。

第二节　国内外草地植物资源的调查历史、现状与趋势①

草地植物资源调查是对草地植物资源的数量、质量、空间分布、环境条件和利用现状进行调查，并依据调查数据和调查结论提出开发利用、保护对策的一项科学研究工作。草地资源调查能为草地的科学经营管理、畜牧业养殖和环境保护等提供基础支持，对人类社会与自然界和谐发展具有重要意义。随着社会需求的不断改变和科学技术日新月异的更新，关于草地植物资源调查的战略需求和技术手段也在发生巨大变化。为此，本节分析了国内外有关植物资源调查工作的历史现状及其发展趋势，旨在为草地生物资源合理开发利用，以及制定国家经济持续稳定发展的战略方针提供科学参考。

---

① 本节内容出自吕林有、赵艳和于国庆 2016 年发表的《国内外草地植物资源调查现状与趋势》，略有修改。

一、国际植物资源调查研究历史的现状与发展趋势

（一）植物资源调查研究已经成为发达国家战略行为

欧美发达国家一贯重视包括草地植物资源在内的生物资源调查。伴随着分类学的起源与发展，这些国家的学者很早就开展了生物标本采集和命名工作，至 20 世纪中叶，已陆续完成对各自国家生物资源的清查和编目，*Natural Grasslands: Introduction and Western Hemisphere*（Coupland，1992）和 *Natural Grasslands: Eastern Hemisphere and Resumé*（Coupland，1993）等有关专著总结了这一时期的植物资源调查研究成果。美国则在 19 世纪末就开始了对草地植物资源的系统调查，Carpenter（1940）总结了这一时期的调查和考察结果，较全面地介绍了美国的高草草原植物资源。近些年来，随着全球变化、生物入侵及人类活动导致的生物多样性急剧丧失，很多国家从战略层面上更加重视生物多样性的保护和生物资源的合理开发利用，纷纷制定相应政策和法律，并进一步加强了生物资源和生态群落调查的力度，投入大量的人力和物力（Maddock，2005；Usher，2003；Blackmore，2002）。鉴于生物资源容易受到环境变化的影响，欧美等发达国家经常资助包括草地植物资源在内的自然资源调查与数据更新。例如，美国加利福尼亚州草地稀有种数据库每年更新一次，以供政府部门决策及公众及时了解资源状况。

（二）植物资源调查与采集的概念从单一学科调查向多学科综合调查转变

过去对某一地区植物资源的调查主要以采集生物标本为主，以分类学研究为认识该地区植物资源的主要手段。现在植物资源的概念已经扩大到植物的试验材料、活体种质资源、遗传资源等方面；对植物遗传资源的收集也越来越受到重视（Thormann et al.，2012）。例如，新西兰政府组织编写的新西兰生物多样性策略中，将遗传资源的收集与保护列为重要的一项。另外，生物资源调查从单一学科调查（如植物调查或动物调查）向多学科综合调查转变。当前的植物资源调查已不再局限于物种编目，不同组织水平上功能特性的测定已成为不可或缺的重要内容，这些性状包括形态解剖、生长发育、生理生化、化学计量组成和物质与能量循环等千余种决定生态系统结构与功能的指标（Ellers et al.，2012；Kleunen et al.，2010；Deyn et al.，2008；Chapin，2003），以期对所调查地区的生物多样性资源及生态群落获得更全面的认识。

（三）植物资源调查已从面上调查集中到"关键"和"热点"地区

以前，国际上的植物资源调查主要在比较大的范围和地区开展，以普遍调查为主。在现在生物多样性急剧丧失的背景下，为了更有效、及时地保护生物资源，植物资源调查开始集中到"关键"和"热点"地区。例如，美国密苏里植物园一直致力于连接南北美洲的关键地区——中美洲地区的植物调查，编撰了 *Flora Mesoamerica*；近年来，我国主导了《泛喜马拉雅植物志》国际合作编研项目，项目组对喜马拉雅周边地区植被进行了重点考察。对于草地资源，欧亚大陆草原、非洲的塞伦盖蒂（Serengeti）草原、北美洲的高草草原和南美洲的潘帕斯草原等早已是国际上著名的生物多样性"关键"和"热点"地区（Wilson et al.，2012），有关植物资源及生态群落的调查在一些国

家已经逐步展开。

（四）植物资源调查日趋全球化

目前，西方发达国家对植物资源和生态群落调查的范围早已超出本国（或地区）的范围，而是面向全球，呈现出全球化和多学科综合考察的趋势，并带有科学研究、社会发展、国家战略以及商业的多重性质。中国丰富而独特的生物资源更是吸引了西方发达国家的注意。例如，2006～2010 年，美国国家科学基金会（NSF）资助了美中草原生物多样性与生态系统功能合作研究项目。2004～2010 年，德国研究联合会（DFG）资助了中德草原生态系统物质循环合作研究项目。除对我国草地资源的关注外，美国国家科学基金会从 1991 年起便开始资助"四川西部及西藏东南部高等植物及菌物生物多样性研究"项目，对我国生物资源进行调查，并在 2003 年延续性支持对该地区的研究。同样，从 2003 年起，由美国加利福尼亚科学院主持，美国国家科学基金资助的生物多样性调查项目"中国云南西部热点地区高黎贡山生物多样性调查"也在顺利开展。日本自 20 世纪 80 年代起一直致力于对包括中国部分地区在内的喜马拉雅地区生物多样性的调查与研究。韩国近 10 年来在东南亚地区也展开了广泛的植物资源调查，目前至少已经完成了对柬埔寨大部分木本植物的采集和调查，并建成了 DNA 条形码数据库。

（五）网络与 3S 技术等现代信息技术已广泛应用于植物资源调查

3S［即遥感技术（RS）、地理信息系统（GIS）和全球定位系统（GPS）］技术在资源调查及监测方面显示出极大的优势。传统的草地植物资源调查一直采用路线调查、定位调查和样方调查，这些方法存在着调查时间长、受人为因素影响大、可靠性和客观性差、难以满足和适应现代科技发展需要的缺点。国外除了继续采用传统的路线调查、样方调查和定位调查之外，3S 技术被广泛应用到标本采集、生物多样性调查和植物资源清查等方面。例如，Paruelo 和 Golluscio（1994）利用多波段扫描影像快速评估了阿根廷帕特高尼西北部的草地资源。德国波恩大学作物科学与资源保护学院的相关学者对数字图像处理、遥感、产量预测、精确定位等在草原管理中的应用进行了探讨，从最新的传感器技术中快速采集草地资源标本数据，继而完善试验和相关知识（Schellbe et al., 2008）。国际上，3S 技术在草地资源调查和监测方面的应用越来越广泛，显著提高了调查的效率和准确性。此外，一些现代新数据处理技术与网络等传播展示技术，如数字化标本技术、数据库技术、Meta 分析、GAP 分析、快速野外调查等，也正不断应用于生物资源领域，可使生物资源调查与信息提取更快速、更准确，系统性、实时性进一步增强。

二、国内植物资源调查研究历史现状与发展趋势

（一）新中国成立前国外主导的旨在掠夺中国植物资源的考察研究和我国科学家少量的自主性考察研究

近代中国的植物资源研究最开始是由外国人主导的。早在 17 世纪末期，一些西方国家就开始了相关的调查、采集和描述。1698 年，法国传教士巴多明（Daminicus Parennin）

来到我国，在旅居中国的 18 年间，他经常将在我国内蒙古和东北地区的观察结果函告巴黎。自此以后至新中国成立前，先后有来自德国、比利时、法国、美国等的使团、商队、传教士、学者和旅行家到我国内蒙古、东北三省和西藏等地采集草原植物标本或进行植物区系研究。他们将采集的标本送到圣彼得堡植物园、巴黎植物园、柏林植物园、美国自然博物馆以及欧洲的各大标本馆。在此期间，日本也不甘落后，相关机构多次组织规模不等的调查团和探险队，对我国东北地区的植物资源，特别是草原植物资源进行了系统的考察和研究，整理成《东蒙古的牧草和杂草》《东蒙古植物名录Ⅰ》《察绥植物名录》《东乌珠穆沁植物调查报告》等。1943 年岩田悦行不仅将植被类型进行了划分，每个类型都给出了详细的样方资料，而且还详细报道了调查区的植物资源，分别描述了主要饲用植物、药用植物、有毒有害植物、救荒植物、防沙植物、观赏植物，对重要的饲用植物还进行了适口性分级，并分析了这些植物的化学成分。他们采集的标本多保存在日本京都大学。以上各国对我国草原植物的调查和考察，在客观上对了解我国草原资源的分布与历史状况有一定的帮助。

新中国成立前，我国老一辈的植物学家秦仁昌、刘慎谔、耿以礼都曾参与外国调查团或单独对我国的草原植物资源进行过考察。1929 年，在刘慎谔的领导下，静生生物调查所的学者们独立地调查了我国西北五省（自治区）和内蒙古的植物。1937 年，吴征镒参加北平政府组织的中国西北科学考察团，沿集宁-包头-巴彦淖尔进行标本采集。1949年，崔友文到察哈尔右翼中旗、呼和浩特一带考察，根据考察结果编著了《华北经济植物志要》（崔友文，1953）。他们的记录和考察报告都是我们了解当时植物区系组成和植被演替不可多得的珍贵资料。

（二）新中国成立后我国完全自主的系统大规模草地植物调查

新中国成立后，应国家生产建设的需要，各级政府、科研机构和大专院校组织了多次包括植物资源在内的专项或综合考察。1952 年，中央有关部门联合组织了牧区调查团，对锡林郭勒盟草原进行了考察。草场组在草地经营学家王栋教授的领导下，对锡林郭勒盟北部草地进行了广泛的调查，共采集标本 418 份，由中国科学院植物研究所鉴定出 262种，依据适口性、生长季节及分布范围编制了"内蒙古锡林郭勒盟牧场饲料植物及其适口性调查表"（内部资料）。1956 年，由北京大学李继侗领队，率领该校师生在呼伦贝尔盟谢尔塔拉一带考察，绘出了 1∶25 000 的植被图，编写了"内蒙古呼伦贝尔谢尔塔拉种畜场植被调查报告"（内部资料）。1956～1959 年，中国科学院与苏联科学院合作进行了黑龙江流域的综合考察，植物专业组由刘慎谔教授领导，赵大昌、南寅镐等参与。他们在《黑龙江流域及其毗邻地区自然条件》中详细介绍了这一地区植被类型和植物分布状况。几乎在同时，内蒙古自治区畜牧厅草原勘测总队、内蒙古自治区科学技术委员会分别组织了内蒙古的草原勘测和资源植物普查工作，绘制了 1∶200 000 的植被图和土壤图，发行了内蒙古自治区 1∶1 000 000 植被图，编撰了《内蒙古主要野生饲用植物简介》，以及"内蒙古野生种子植物名录""内蒙古经济植物手册"等内部资料，发现了多个新种或变种。1961～1964 年，中国科学院组织了中国科学院内蒙古宁夏综合考察队，对内蒙古中东部进行了全面考察，总结编撰了"综合考察专集"中的 8 个分册。根据考察资料，中国科学院内蒙古宁夏综合考察队组织编写了《内蒙古植被》（中国科学院内蒙古宁夏综合考察队，1985）。1973～1977年，中国科学院组织了中国科学院黑龙江省土地资源考察队，对呼伦贝尔盟牧业4旗的草原作了全面考察，根据考察结果编写了《呼伦贝尔盟、大兴安岭地区资源的地植物学评价》和《呼伦贝尔牧区草场植被资源及其利用方向的探讨》等。除了这些大规模的考察之外，一些科研机构和大专院校还充分利用地域优势，经常进行植物采集和研究工作。例如，中国科学院林业土壤研究所（中国科学院沈阳应用生态研究所的前身）在刘慎谔教授的领导下，对我国东北地区进行了多年的植物标本采集和区系研究工作，组织编写了《东北木本植物图志》、《东北草本植物志》（第1～12卷）、《东北植物检索表》，发现新种和新变种20多种。

　　1979年以后，国家科委和国家农委下达全国统一草地资源调查的任务，由各省（自治区、直辖市）畜牧（农牧）厅（局）组织技术力量完成各自的草地资源调查任务，然后进行全国汇总。在中国科学院和中国农业科学院分别设立了南方草场资源调查科技办公室和北方草场资源调查办公室，对全国草地资源调查进行技术指导和协调。该调查属于详查性质，北方草地按《重点牧区草场资源调查大纲和技术规程》、南方和华北农区按《中国南方草场资源调查方法导论及技术规程》，采用常规调查和遥感调查相结合的方法，以县（旗）为单位开展调查。最终分别完成《1∶100万中国草地资源图集》《中国草地资源》《中国草地资源数据》《1∶400万中国草地资源图》《中国草地植物资源》等中国第一批较完整的草地资源成果。上述所有这些调查和考察，尽管范围、精度和内容存在差异，调查方法和手段不尽完善，但调查成果对指导当时的草地畜牧生产，给草地畜牧业生产建设与规划以及重点牧场规划提供了重要的科学依据。而且，在这个过程中培养了一大批草地资源调查必需的植物分类学、植物资源学等方面的人才。

（三）国家30年大规模系统性草地植物资源调查中断，草地植物资源数据更新滞后

　　20世纪80年代后，国家层面上的草地植物资源大规模调查基本终止。国家林业局（现称国家林业和草原局）在摸清家底之后，先后启动的两次全国重点保护野生植物资源调查基本也不涉及草地，而有关草地的零星小规模的调查也多是针对某些专项资源，如冯淑华（2009）对东北野生植物资源，黄明进等（2010）对我国甘草药用植物资源，刘果厚和王树森（1996）对内蒙古香料植物资源，李君山等（1999）对内蒙古风毛菊属药用植物资源，罗布桑和布和胡（1996）对内蒙古自治区蒙医药用龙胆科植物资源，任翠梅等（2011）对大庆地区主要盐生能源植物资源等的调查。近30年正是国家经济突飞猛进的时期，草原土地利用方式发生了巨大变化，尤其是农田开垦、城市用地、公路用地以及各类资源矿的开采，加之全球气候变化，毫无疑问草地植物资源也随之发生了重大变化，但人们不清楚所有这些人类经济活动及气候变化对草地植物资源究竟产生了何种影响。可以说，基于20世纪80年代的普查的草地植物资源信息是不能满足当前国家以及地方各级机构对草地资源管理与合理开发利用需求的。草地植物资源数据更新的严重滞后，将会影响国家生物资源和生态安全决策，以及国家经济持续稳定发展方针的制定。因此，全面查清当前草地植物资源布局和变迁情况已成当务之急。

（四）高新技术出现和应用，草地资源信息平台发展与不足并存

随着现代信息技术，特别是 3S 技术的出现，草地资源信息服务系统逐步得以发展。朱进忠等（1996）开发了新疆草地资源管理信息系统；吴全等（2001）构建了中国西部草地资源信息系统；袁清等（2004）基于中国草地类型图、土壤类型图、行政区划图、年均降水量图、年平均气温图、≥10℃积温图、高程图、植被指数图等栅格图件，应用 Java 技术，构建了我国第一个基于 WebGIS 的中国草原资源网络地理信息系统；冯妍等（2004）开发了中国草地重要有毒植物信息系统；2006 年中国科学院植物研究所联合近 20 家科研单位开发了中国数字植物标本馆，较全面地提供了植物标本及相关植物学信息，为国内外同行间交流与合作、政府及民间的植物多样性保护提供了重要参考资料；白英卿（2006）基于计算机网络平台构建了三江源区草地植物资源信息库和信息管理系统；王力等（2007）建立了青藏高原东南部天然草地主要有毒有害植物数据库及其信息管理系统；刘喆惠和游松财（2010）综合利用气象数据、草地数据、社会经济统计数据，基于 WebGIS 构建了藏北草地生态信息系统。

以上平台的建设与发布对草地植物资源数据的收集及信息普及起到了重要作用，但也存在诸多问题：①由于多年研究的积累，草地植物静态信息和动态变化信息的量非常大，已有的信息管理方式很难适应学科发展的要求，尤其不便于从宏观上深入分析研究草地植物群落与环境的关系，不便于分析系统变化规律及趋势；②草地植物信息分散，海量数据散布在不同地区、不同场所，不利于资料数据的充分利用；③难以及时了解草地植物资源的总体状况和动态变化；④草地植物信息，尤其是动态信息不共享；⑤利用互联网（Internet）在网页（Web）上进行数据发布，为用户提供草地植物资源空间数据浏览、查询和分析的草地植物资源发布信息平台仍非常缺乏。

三、结束语

基于对国内外草地植物资源调查历史现状和发展趋势的比较分析，结合国家生态安全决策和社会经济发展需求，今后我国草地植物资源调查研究应更注重多学科综合调查，不应仅仅局限于物种编目上，对不同组织特征和功能特性的测定也要加大力度，并要做到及时更新、适时发布，完善数据库及信息平台建设，为草地植物资源多元化信息查询、数据分析和研究提供基础数据，最终达到草地植物资源信息高效利用和共享的目的，即系统、综合、共享、实效。

第二章　东北草地植物资源概述

东北草地是我国北方生态安全屏障的重要组成部分和重要的畜牧业生产基地（那佳等，2019）。东北草地的植物资源在促进国家经济发展方面发挥着十分重要的作用（李忠海等，2001）。东北草地拥有饲用、食用、药用、生态治理用等各类植物近 1300 种，是我国极其重要的植物资源库。但随着人类活动强度的加剧以及气候变化的影响，东北草地面临着草地面积减少、生产力下降等较严重的问题，草地资源现状发生了明显变化（Hoffmann et al.，2016；姜晔等，2010）。因此，加强东北草地植物资源的调查研究和保护，全面掌握东北草地现有资源状况，对我国生态安全、粮食安全和国民经济发展具有重要意义。

第一节　东北草地植物的分类学组成

一、物种组成

根据项目建立的东北草地野生植物资源数据库，整理出东北草地的植物名录，确定东北草地共有野生维管植物 96 科 464 属 1293 种（表 2-1）。其中，蕨类植物 5 科 6 属 13 种，裸子植物 2 科 4 属 6 种，被子植物 89 科 454 属 1274 种（不含变种、亚种、变型，下同）。

表 2-1　东北草地植物组成

类型		科数	属数	种数	亚种数	变种数	变型数
蕨类植物		5	6	13	0	0	0
裸子植物		2	4	6	0	0	0
被子植物	双子叶植物	74	356	1010	2	51	13
	单子叶植物	15	98	264	0	8	2
合计		96	464	1293	2	59	15

二、科组成

由表 2-2 可知，在区域内分布的 96 科植物中，含 100 种以上植物的大科有 2 个，分别为菊科和禾本科；含 51~100 种植物的科有 4 个，分别为豆科、蔷薇科、毛茛科、莎草科；含 21~50 种植物的科有 9 个，分别为唇形科、藜科、蓼科、百合科、石竹科、十字花科、伞形科、玄参科和杨柳科；以上 15 个较大的科包括 297 属 937 种，分别占东北草地属、种数的 64.01% 和 72.47%，而科数仅占东北草地总科数的 15.63%，这表明东北草地维管植物趋向于集中在少数科内。

表 2-2 东北草地植物科的组成

科的数量等级	科的组成
>100 种（2 科）	菊科 Compositae（57/211）、禾本科 Gramineae（58/128）
51～100 种（4 科）	豆科 Leguminosae（21/74）、蔷薇科 Rosaceae（17/69）、毛茛科 Ranunculaceae（13/60）、莎草科 Cyperaceae（9/54）
21～50 种（9 科）	唇形科 Labiatae（23/48）、藜科 Chenopodiaceae（14/45）、蓼科 Polygonaceae（5/44）、百合科 Liliaceae（11/41）、石竹科 Caryophyllaceae（13/40）、十字花科 Cruciferae（19/35）、伞形科 Umbelliferae（22/34）、玄参科 Scrophulariaceae（13/33）、杨柳科 Salicaceae（2/21）
11～20 种（11 科）	报春花科 Primulaceae（4/17）、紫草科 Boraginaceae（10/16）、桔梗科 Campanulaceae（4/16）、堇菜科 Violaceae（1/14）、龙胆科 Gentianaceae（6/14）、牻牛儿苗科 Geraniaceae（2/12）、景天科 Crassulaceae（4/11）、虎耳草科 Saxifragaceae（8/11）、大戟科 Euphorbiaceae（4/11）、旋花科 Convolvulaceae（4/11）、鸢尾科 Iridaceae（2/11）
6～10 种（10 科）	茜草科 Rubiaceae（2/10）、萝藦科 Asclepiadaceae（3/8）、木贼科 Equisetaceae（2/7）、桦木科 Betulaceae（4/7）、茄科 Solanaceae（4/7）、鼠李科 Rhamnaceae（2/6）、柳叶菜科 Onagraceae（4/6）、车前科 Plantaginaceae（1/6）、败酱科 Valerianaceae（2/6）、灯心草科 Juncaceae（1/6）
2～5 种（39 科）	桑科 Moraceae（3/5）、荨麻科 Urticaceae（2/5）、罂粟科 Papaveraceae（4/5）、白花丹科 Plumbaginaceae（2/5）、兰科 Orchidaceae（4/5）、松科 Pinaceae（3/4）、榆科 Ulmaceae（2/4）、苋科 Amaranthaceae（1/4）、金丝桃科 Hypericaceae（1/4）、蒺藜科 Zygophyllaceae（3/4）、亚麻科 Linaceae（1/4）、卫矛科 Celastraceae（2/4）、香蒲科 Typhaceae（1/4）、卷柏科 Selaginellaceae（1/3）、芍药科 Paeoniaceae（1/3）、芸香科 Rutaceae（3/3）、远志科 Polygalaceae（1/3）、槭树科 Aceraceae（1/3）、葡萄科 Vitaceae（2/3）、锦葵科 Malvaceae（3/3）、杜鹃花科 Ericaceae（2/3）、木犀科 Oleaceae（2/3）、花荵科 Polemoniaceae（1/3）、忍冬科 Caprifoliaceae（2/3）、天南星科 Araceae（3/3）、黑三棱科 Sparganiaceae（1/3）、麻黄科 Ephedraceae（1/2）、檀香科 Santalaceae（1/2）、小檗科 Berberidaceae（2/2）、凤仙花科 Balsaminaceae（1/2）、瑞香科 Thymelaeaceae（2/2）、柽柳科 Tamaricaceae（2/2）、鹿蹄草科 Pyrolaceae（2/2）、马鞭草科 Verbenaceae（2/2）、列当科 Orobanchaceae（1/2）、川续断科 Dipsacaceae（1/2）、泽泻科 Alismataceae（2/2）、水麦冬科 Juncaginaceae（1/2）、鸭跖草科 Commelinaceae（2/2）
1 种（21 科）	蕨科 Pteridiaceae（1/1）、蹄盖蕨科 Athyriaceae（1/1）、球子蕨科 Onocleaceae（1/1）、胡桃科 Juglandaceae（1/1）、壳斗科 Fagaceae（1/1）、马齿苋科 Portulacaceae（1/1）、防己科 Menispermaceae（1/1）、无患子科 Sapindaceae（1/1）、椴树科 Tiliaceae（1/1）、胡颓子科 Elaeagnaceae（1/1）、千屈菜科 Lythraceae（1/1）、杉叶藻科 Hippuridaceae（1/1）、山茱萸科 Cornaceae（1/1）、睡菜科 Menyanthaceae（1/1）、夹竹桃科 Apocynaceae（1/1）、紫葳科 Bignoniaceae（1/1）、透骨草科 Phrymaceae（1/1）、五福花科 Adoxaceae（1/1）、花蔺科 Butomaceae（1/1）、薯蓣科 Dioscoreaceae（1/1）、雨久花科 Pontederiaceae（1/1）

注：括号内的数字表示属数/种数

三、属组成

东北草地分布的 464 属植物中，含 21～50 种的有 4 属，分别为蒿属、薹草属、蓼属和委陵菜属；含 11～20 种的有 10 属，分别为风毛菊属、柳属、葱属、毛茛属、堇菜属、早熟禾属、黄耆属、沙参属、老鹳草属和蒲公英属（表 2-3）。以上 14 个大属共计 276 种，占东北草地总种数的 21.35%，而属数仅占东北草地总属数的 3.02%。

表 2-3　东北草地植物属的组成

属的数量等级	属的组成
21~50 种（4 属）	蒿属 *Artemisia*（47）、薹草属 *Carex*（30）、蓼属 *Polygonum*（28）、委陵菜属 *Potentilla*（28）
11~20 种（10 属）	风毛菊属 *Saussurea*（19）、柳属 *Salix*（18）、葱属 *Allium*（17）、毛茛属 *Ranunculus*（14）、堇菜属 *Viola*（14）、早熟禾属 *Poa*（14）、黄耆属 *Astragalus*（13）、沙参属 *Adenophora*（12）、老鹳草属 *Geranium*（11）、蒲公英属 *Taraxacum*（11）
6~10 种（33 属）	酸模属 *Rumex*（10）、繁缕属 *Stellaria*（10）、野豌豆属 *Vicia*（10）、婆婆纳属 *Veronica*（10）、鸢尾属 *Iris*（10）、藜属 *Chenopodium*（9）、虫实属 *Corispermum*（9）、胡枝子属 *Lespedeza*（9）、棘豆属 *Oxytropis*（9）、蓟属 *Cirsium*（9）、鸦葱属 *Scorzonera*（9）、绣线菊属 *Spiraea*（8）、大戟属 *Euphorbia*（8）、拉拉藤属 *Galium*（8）、黄芩属 *Scutellaria*（8）、马先蒿属 *Pedicularis*（8）、藨草属 *Scirpus*（8）、猪毛菜属 *Salsola*（7）、唐松草属 *Thalictrum*（7）、天门冬属 *Asparagus*（7）、隐子草属 *Cleistogenes*（7）、莎草属 *Cyperus*（7）、铁线莲属 *Clematis*（6）、白头翁属 *Pulsatilla*（6）、柴胡属 *Bupleurum*（6）、点地梅属 *Androsace*（6）、龙胆属 *Gentiana*（6）、鹅绒藤属 *Cynanchum*（6）、车前属 *Plantago*（6）、千里光属 *Senecio*（6）、麻花头属 *Serratula*（6）、灯心草属 *Juncus*（6）、拂子茅属 *Calamagrostis*（6）
2~5 种（173 属）	问荆属 *Equisetum*（5）、石竹属 *Dianthus*（5）、麦瓶草属 *Silene*（5）、乌头属 *Aconitum*（5）、地榆属 *Sanguisorba*（5）、锦鸡儿属 *Caragana*（5）、鼠李属 *Rhamnus*（5）、珍珠菜属 *Lysimachia*（5）、报春花属 *Primula*（5）、蓍属 *Achillea*（5）、鬼针草属 *Bidens*（5）、菊属 *Chrysanthemum*（5）、旋覆花属 *Inula*（5）、披碱草属 *Elymus*（5）、针茅属 *Stipa*（5）、桦木属 *Betula*（4）、苜蓿属 *Ulmus*（4）、蒿子属 *Thermopsis*（4）、碱蓬属 *Suaeda*（4）、苋属 *Amaranthus*（4）、银莲花属 *Anemone*（4）、翠雀属 *Delphinium*（4）、金丝桃属 *Hypericum*（4）、碎米荠属 *Cardamine*（4）、糖芥属 *Erysimum*（4）、瓦松属 *Orostachys*（4）、山楂属 *Crataegus*（4）、蚊子草属 *Filipendula*（4）、李属 *Prunus*（4）、山黧豆属 *Lathyrus*（4）、亚麻属 *Linum*（4）、补血草属 *Limonium*（4）、獐牙菜属 *Swertia*（4）、打碗花属 *Calystegia*（4）、青兰属 *Dracocephalum*（4）、糙苏属 *Phlomis*（4）、百里香属 *Thymus*（4）、败酱属 *Patrinia*（4）、紫菀属 *Aster*（4）、蓝刺头属 *Echinops*（4）、飞蓬属 *Erigeron*（4）、苦荬菜属 *Ixeris*（4）、山莴苣属 *Lactuca*（4）、火绒草属 *Leontopodium*（4）、橐吾属 *Ligularia*（4）、百合属 *Lilium*（4）、芨芨草属 *Achnatherum*（4）、冰草属 *Agropyron*（4）、剪股颖属 *Agrostis*（4）、雀麦属 *Bromus*（4）、画眉草属 *Eragrostis*（4）、羊茅属 *Festuca*（4）、鹅观草属 *Roegneria*（4）、狗尾草属 *Setaria*（4）、香蒲属 *Typha*（4）、卷柏属 *Selaginella*（3）、杨属 *Populus*（3）、榆属 *Ulmus*（3）、桑属 *Morus*（3）、蔓蓼属 *Fallopia*（3）、卷耳属 *Cerastium*（3）、假繁缕属 *Pseudostellaria*（3）、滨藜属 *Atriplex*（3）、地肤属 *Kochia*（3）、楼斗菜属 *Aquilegia*（3）、驴蹄草属 *Caltha*（3）、升麻属 *Cimicifuga*（3）、金莲花属 *Trollius*（3）、芍药属 *Paeonia*（3）、花旗竿属 *Dontostemon*（3）、独行菜属 *Lepidium*（3）、蔊菜属 *Rorippa*（3）、八宝属 *Hylotelephium*（3）、景天属 *Sedum*（3）、茶藨子属 *Ribes*（3）、栒子属 *Cotoneaster*（3）、岩黄耆属 *Hedysarum*（3）、草木犀属 *Melilotus*（3）、远志属 *Polygala*（3）、槭属 *Acer*（3）、卫矛属 *Euonymus*（3）、花荵属 *Polemonium*（3）、柳叶菜属 *Epilobium*（3）、当归属 *Angelica*（3）、葛缕子属 *Carum*（3）、旋花属 *Convolvulus*（3）、菟丝子属 *Cuscuta*（3）、勿忘草属 *Myosotis*（3）、益母草属 *Leonurus*（3）、地瓜苗属 *Lycopus*（3）、水苏属 *Stachys*（3）、茄属 *Solanum*（3）、小米草属 *Euphrasia*（3）、狗娃花属 *Heteropappus*（3）、山柳菊属 *Hieracium*（3）、马兰属 *Kalimeris*（3）、狗舌草属 *Tephroseris*（3）、萱草属 *Hemerocallis*（3）、黄精属 *Polygonatum*（3）、看麦娘属 *Alopecurus*（3）、芦苇属 *Phragmites*（3）、碱茅属 *Puccinellia*（3）、黑三棱属 *Sparganium*（3）、荸荠属 *Eleocharis*（3）、木贼属 *Hippochaete*（2）、落叶松属 *Larix*（2）、麻黄属 *Ephedra*（2）、百蕊草属 *Thesium*（2）、木蓼属 *Atraphaxis*（2）、丝石竹属 *Gypsophila*（2）、剪秋罗属 *Lychnis*（2）、女娄菜属 *Melandrium*（2）、轴藜属 *Axyris*（2）、驼绒藜属 *Ceratoides*（2）、紫堇属 *Corydalis*（2）、庭荠属 *Alyssum*（2）、南芥属 *Arabis*（2）、大蒜芥属 *Sisymbrium*（2）、菥蓂属 *Thlaspi*（2）、金腰属 *Chrysosplenium*（2）、地蔷薇属 *Chamaerhodos*（2）、蔷薇属 *Rosa*（2）、珍珠梅属 *Sorbaria*（2）、大豆属 *Glycine*（2）、米口袋属 *Gueldenstaedtia*（2）、鸡眼草属 *Kummerowia*（2）、苜蓿属 *Medicago*（2）、扁蓿豆属 *Melissitus*（2）、骆驼蓬属 *Peganum*（2）、凤仙花属 *Impatiens*（2）、蛇葡萄属 *Ampelopsis*（2）、蛇床属 *Cnidium*（2）、山芹属 *Ostericum*（2）、茴芹属 *Pimpinella*（2）、杜鹃花属 *Rhododendron*（2）、丁香属 *Syringa*（2）、茜草属 *Rubia*（2）、斑种草属 *Bothriospermum*（2）、齿缘草属 *Eritrichium*（2）、假鹤虱属 *Hackelia*（2）、鹤虱属 *Lappula*（2）、薄荷属 *Mentha*（2）、香茶菜属 *Plectranthus*（2）、裂叶荆芥属 *Schizonepeta*（2）、天仙子属 *Hyoscyamus*（2）、柳穿鱼属 *Linaria*（2）、腹水草属 *Veronicastrum*（2）、列当属 *Orobanche*（2）、忍冬属 *Lonicera*（2）、缬草属 *Valeriana*（2）、蓝盆花属 *Scabiosa*（2）、风铃草属 *Campanula*（2）、豚草属 *Ambrosia*（2）、苍术属 *Atractylodes*（2）、蟹甲草属 *Cacalia*（2）、还阳参属 *Crepis*（2）、泽兰属 *Eupatorium*（2）、蝟菊属 *Olgaea*（2）、苦苣菜属 *Sonchus*（2）、苍耳属 *Xanthium*（2）、黄鹌菜属 *Youngia*（2）、水麦冬属 *Triglochin*（2）、藜芦属 *Veratrum*（2）、蒺藜草属 *Cenchrus*（2）、马唐属 *Digitaria*（2）、茅香属 *Hierochloe*（2）、大麦属 *Hordeum*（2）、赖草属 *Leymus*（2）、黍属 *Panicum*（2）、狼尾草属 *Pennisetum*（2）、锋芒草属 *Tragus*（2）、扁莎属 *Pycreus*（2）、舌唇兰属 *Platanthera*（2）

属的数量等级	属的组成
1 种（244 属）	蕨属 *Pteridium*（1）、蹄盖蕨属 *Athyrium*（1）、球子蕨属 *Onoclea*（1）、云杉属 *Picea*（1）、松属 *Pinus*（1）、胡桃属 *Juglans*（1）、赤杨属 *Alnus*（1）、榛属 *Corylus*（1）、虎榛子属 *Ostryopsis*（1）、栎属 *Quercus*（1）、朴属 *Celtis*（1）、大麻属 *Cannabis*（1）、葎草属 *Humulus*（1）、冷水花属 *Pilea*（1）、大黄属 *Rheum*（1）、马齿苋属 *Portulaca*（1）、鹅肠菜属 *Malachium*（1）、米努草属 *Minuartia*（1）、莫石竹属 *Moehringia*（1）、王不留行属 *Vaccaria*（1）、沙蓬属 *Agriophyllum*（1）、假木贼属 *Anabasis*（1）、雾冰藜属 *Bassia*（1）、盐生草属 *Halogeton*（1）、盐爪爪属 *Kalidium*（1）、盐角草属 *Salicornia*（1）、侧金盏花属 *Adonis*（1）、蓝堇草属 *Leptopyrum*（1）、小檗属 *Berberis*（1）、鲜黄连属 *Jeffersonia*（1）、蝙蝠葛属 *Menispermum*（1）、白屈菜属 *Chelidonium*（1）、角茴香属 *Hypecoum*（1）、罂粟属 *Papaver*（1）、山芥属 *Barbarea*（1）、匙荠属 *Bunias*（1）、亚麻荠属 *Camelina*（1）、香芥属 *Clausia*（1）、播娘蒿属 *Descurainia*（1）、葶苈属 *Draba*（1）、芝麻菜属 *Eruca*（1）、菘蓝属 *Isatis*（1）、球果芥属 *Neslia*（1）、燥原荠属 *Ptilotrichum*（1）、红景天属 *Rhodiola*（1）、落新妇属 *Astilbe*（1）、溲疏属 *Deutzia*（1）、梅花草属 *Parnassia*（1）、扯根菜属 *Penthorum*（1）、山梅花属 *Philadelphus*（1）、虎耳草属 *Saxifraga*（1）、龙牙草属 *Agrimonia*（1）、沼委陵菜属 *Comarum*（1）、草莓属 *Fragaria*（1）、水杨梅属 *Geum*（1）、苹果属 *Malus*（1）、悬钩子属 *Rubus*（1）、山莓草属 *Sibbaldia*（1）、两型豆属 *Amphicarpaea*（1）、甘草属 *Glycyrrhiza*（1）、木蓝属 *Indigofera*（1）、菜豆属 *Phaseolus*（1）、槐属 *Sophora*（1）、苦马豆属 *Swainsonia*（1）、野决明属 *Thermopsis*（1）、车轴草属 *Trifolium*（1）、牻牛儿苗属 *Erodium*（1）、白刺属 *Nitraria*（1）、蒺藜属 *Tribulus*（1）、铁苋菜属 *Euphorbia*（1）、叶底珠属 *Securinega*（1）、地构叶属 *Speranskia*（1）、白鲜属 *Dictamnus*（1）、芸香草属 *Haplophyllum*（1）、黄檗属 *Phellodendron*（1）、文冠果属 *Xanthoceras*（1）、南蛇藤属 *Celastrus*（1）、枣属 *Zizyphus*（1）、葡萄属 *Vitis*（1）、椴树属 *Tilia*（1）、木槿属 *Hibiscus*（1）、锦葵属 *Malva*（1）、苘麻属 *Abutilon*（1）、草瑞香属 *Diarthron*（1）、狼毒属 *Stellera*（1）、沙棘属 *Hippophae*（1）、红砂属 *Reaumuria*（1）、柽柳属 *Tamarix*（1）、千屈菜属 *Lythrum*（1）、柳兰属 *Chamaenerion*（1）、露珠草属 *Circaea*（1）、月见草属 *Oenothera*（1）、杉叶藻属 *Hippuris*（1）、梾木属 *Cornus*（1）、羊角芹属 *Aegopodium*（1）、峨参属 *Anthriscus*（1）、山茴香属 *Carlesia*（1）、毒芹属 *Cicuta*（1）、滇芎活属 *Eriocycla*（1）、阿魏属 *Ferula*（1）、牛防风属 *Heracleum*（1）、香芹属 *Libanotis*（1）、藁本属 *Ligusticum*（1）、水芹属 *Oenanthe*（1）、石防风属 *Peucedanum*（1）、防风属 *Saposhnikovia*（1）、泽芹属 *Sium*（1）、迷果芹属 *Sphallerocarpus*（1）、岩茴香属 *Tilingia*（1）、窃衣属 *Torilis*（1）、单侧花属 *Orthilia*（1）、鹿蹄草属 *Pyrola*（1）、松毛翠属 *Phyllodoce*（1）、海乳草属 *Glaux*（1）、驼舌草属 *Goniolimon*（1）、梣属 *Fraxinus*（1）、腺鳞草属 *Anagallidium*（1）、扁蕾属 *Gentianopsis*（1）、花锚属 *Halenia*（1）、肋柱花属 *Lomatogonium*（1）、荇菜属 *Nymphoides*（1）、罗布麻属 *Apocynum*（1）、萝藦属 *Metaplexis*（1）、杠柳属 *Periploca*（1）、牵牛属 *Pharbitis*（1）、钝背草属 *Amblynotus*（1）、琉璃草属 *Cynoglossum*（1）、砂引草属 *Messerschmidia*（1）、紫筒草属 *Stenosolenium*（1）、附地菜属 *Trigonotis*（1）、莸属 *Caryopteris*（1）、黄荆属 *Vitex*（1）、筋骨草属 *Ajuga*（1）、水棘针属 *Amethystea*（1）、风轮菜属 *Clinopodium*（1）、香薷属 *Elsholtzia*（1）、鼬瓣花属 *Galeopsis*（1）、连钱草属 *Glechoma*（1）、兔唇花属 *Lagochilus*（1）、野芝麻属 *Lamium*（1）、扭藿香属 *Lophanthus*（1）、荆芥属 *Nepeta*（1）、脓疮草属 *Panzerina*（1）、鼠尾草属 *Salvia*（1）、香科科属 *Teucrium*（1）、曼陀罗属 *Datura*（1）、枸杞属 *Lycium*（1）、芯芭属 *Cymbaria*（1）、通泉草属 *Mazus*（1）、沟酸浆属 *Mimulus*（1）、疗齿草属 *Odontites*（1）、松蒿属 *Phtheirospermum*（1）、地黄属 *Rehmannia*（1）、鼻花属 *Rhinanthus*（1）、阴行草属 *Siphonostegia*（1）、角蒿属 *Incarvillea*（1）、透骨草属 *Phryma*（1）、接骨木属 *Sambucus*（1）、五福花属 *Adoxa*（1）、牧根草属 *Asyneuma*（1）、桔梗属 *Platycodon*（1）、猫儿菊属 *Achyrophorus*（1）、牛蒡属 *Arctium*（1）、莎菀属 *Arctogeron*（1）、短星菊属 *Brachyactis*（1）、翠菊属 *Callistephus*（1）、飞廉属 *Carduus*（1）、东风菜属 *Doellingeria*（1）、线叶菊属 *Filifolium*（1）、乳菀属 *Galatella*（1）、牛膝菊属 *Galinsoga*（1）、女蒿属 *Hippolytia*（1）、假苍耳属 *Iva*（1）、大丁草属 *Leibnitzia*（1）、栉叶蒿属 *Neopallasia*（1）、毛连菜属 *Picris*（1）、祁州漏芦属 *Rhaponticum*（1）、绢蒿属 *Seriphidium*（1）、豨莶属 *Siegesbeckia*（1）、水飞蓟属 *Silybum*（1）、兔儿伞属 *Syneilesis*（1）、山牛蒡属 *Synurus*（1）、菊蒿属 *Tanacetum*（1）、婆罗门参属 *Tragopogon*（1）、三肋果属 *Tripleurospermum*（1）、碱菀属 *Tripolium*（1）、女菀属 *Turczaninowia*（1）、泽泻属 *Alisma*（1）、慈姑属 *Sagittaria*（1）、花蔺属 *Butomus*（1）、知母属 *Anemarrhena*（1）、铃兰属 *Convallaria*（1）、顶冰花属 *Gagea*（1）、绵枣儿属 *Scilla*（1）、菝葜属 *Smilax*（1）、薯蓣属 *Dioscorea*（1）、雨久花属 *Monochoria*（1）、射干属 *Belamcanda*（1）、鸭跖草属 *Commelina*（1）、竹叶子属 *Streptolirion*（1）、臭草属 *Melica*（1）、芨芨草属 *Achnatherum*（1）、冰草属 *Agropyron*（1）、荩草属 *Arthraxon*（1）、野古草属 *Arundinella*（1）、燕麦属 *Avena*（1）、茵草属 *Beckmannia*（1）、孔颖草属 *Bothriochloa*（1）、隐花草属 *Crypsis*（1）、虎尾草属 *Chloris*（1）、龙常草属 *Diarrhena*（1）、野稗属 *Echinochloa*（1）、偃麦草属 *Elytrigia*（1）、冠芒草属 *Enneapogon*（1）、野黍属 *Eriochloa*（1）、甜茅属 *Glyceria*（1）、异燕麦属 *Helictotrichon*（1）、牛鞭草属 *Hemarthria*（1）、落草属 *Koeleria*（1）、假稻属 *Leersia*（1）、银穗草属 *Leucopoa*（1）、臭草属 *Melica*（1）、莠竹属 *Microstegium*（1）、芒属 *Miscanthus*（1）、乱子草属 *Muhlenbergia*（1）、䅟草属 *Phalaris*（1）、棒头草属 *Polypogon*（1）、沙鞭属 *Psammochloa*（1）、囊颖草属 *Sacciolepis*（1）、大油芒属 *Spodiopogon*（1）、钝基草属 *Timouria*（1）、草沙蚕属 *Tripogon*（1）、三毛草属 *Trisetum*（1）、菰属 *Zizania*（1）、菖蒲属 *Acorus*（1）、天南星属 *Arisaema*（1）、半夏属 *Pinellia*（1）、球柱草属 *Bulbostylis*（1）、羊胡子草属 *Eriophorum*（1）、飘拂草属 *Fimbristylis*（1）、水莎草属 *Juncellus*（1）、杓兰属 *Cypripedium*（1）、手参属 *Gymnadenia*（1）、绶草属 *Spiranthes*（1）

注：括号内的数字表示种数

第二节　东北草地植物区系的组成

根据吴征镒（1991）的属分布区类型的划分方法，东北草地植物 464 个属的分布区类型可划分为 15 个类型 15 个亚型（表 2-4）。

表 2-4　东北草地属的分布区类型

分布区类型	该区属数	全国属数	占全国同类型属数的比例（%）	占该区总属数的比例（%）
1 世界分布	61	104	58.65	13.15
2 泛热带分布	42	316	13.29	9.05
3 热带亚洲和热带美洲间断	1	62	1.61	0.22
4 旧世界热带分布	3	147	2.04	0.65
4-1 热带亚洲、非洲或大洋洲间断分布	1	30	3.33	0.22
5 热带亚洲至热带大洋洲分布	2	147	1.36	0.43
6 热带亚洲至热带非洲分布	6	149	4.03	1.29
7 热带亚洲分布	2	442	0.45	0.43
8 北温带分布	126	213	59.15	27.15
8-1 环北极分布	2	10	20.00	0.43
8-2 北极-高山分布	2	14	14.29	0.43
8-4 北温带和南温带间断分布"全温带"	40	57	70.18	8.62
8-5 欧亚和南美温带间断分布	4	5	80.00	0.86
8-6 地中海、东亚、新西兰和墨西哥-智利间断分布	1	1	100.00	0.22
9 东亚和北美洲间断分布	21	123	17.07	4.53
10 旧世界温带分布	48	114	42.11	10.34
10-1 地中海区、西亚（或中亚）和东亚间断分布	7	25	28.00	1.51
10-2 地中海区和喜马拉雅间断分布	1	8	12.50	0.22
10-3 欧亚和南部非洲（有时也在大洋洲）间断分布	8	17	47.06	1.72
11 温带亚洲分布	24	55	43.64	5.17
12 地中海、西亚至中亚分布	18	152	11.84	3.88
12-2 地中海区至中亚和墨西哥间断分布	2	2	100.00	0.43
12-3 地中海区至温带、热带亚洲，大洋洲和南美洲间断分布	2	5	40.00	0.43
13 中亚分布	9	69	13.04	1.94
13-1 中亚东部（亚洲中部）分布	4	12	33.33	0.86
13-2 中亚至喜马拉雅	3	26	11.54	0.65
14 东亚分布	9	73	12.33	1.94
14（SH）中国-喜马拉雅	4	141	2.84	0.86
14（SJ）中国-日本	6	85	7.06	1.29
15 中国特有分布	5	257	1.95	1.08
总计	464	2861		100.00

热带性质属（2~7 型）共 57 属，占东北草地总属数的 12.28%，其中，泛热带分布最多，有 42 个属，占东北草地热带性质总属数的 73.68%。热带性质属中大戟属（8 种）

含种数最多，其他属含种数均少于 5 种。

温带分布(8~14 型)所包含的属数最多，共有 341 个属，占东北草地总属数的 73.49%，是东北草地植物区系的主体分布类型，处于绝对优势。其中，北温带分布包含的属数最多，共计 126 属 406 种，占东北草地总属数的 27.16%。含 10 种以上的属依次为蒿属（47 种）、委陵菜属（28 种）、风毛菊属（19 种）、柳属（18 种）、葱属（17 种）和蒲公英属（11 种）。

中国特有分布型（15 型）共 5 属，分别为虎榛子属、地构叶属、文冠果属、山茴香属和知母属，占东北草地总属数的 1.08%，表明东北草地的特有现象不明显。

第三节　植物资源分类

人类对植物资源有广泛的需求，衣食住行、医药保健、农业发展、生态建设、工业原料、文化生活、度假休闲等各个方面皆与植物密切相关。我国东北草地植物资源丰富，从用途上讲，有些植物是发展畜牧业不可替代的饲草资源，有些植物可以作为医药和食品等的工业原料，还有些植物可以作为保护生态环境的重要资源。然而，由于近些年自然气候的改变和人为因素的影响，草地受到不同程度的干扰，发生了不同程度的退化，草地的生态环境和植物资源已经受到极其严重的威胁（满卫东等，2020）。因此，全面掌握植物资源种类、分布等相关数据，有助于人们更全面地了解与认识植物资源的价值与多样性，同时为保护草地、合理利用草地资源提供参考与依据。对某一地区的植物资源进行分类，应根据该地区植物资源的整体构成和特色综合考虑（哈斯巴根，2002）。我们依据 2014 年"东北草地植物资源专项调查"的数据，结合东北草地资源的实际情况，将东北草地植物资源分为 6 类，分别为饲用植物资源、食用植物资源、药用植物资源、生态治理用植物资源、有毒有害植物、外来入侵植物。

一、饲用植物资源

饲用植物泛指可直接放牧利用或采集、刈割加工后饲喂畜禽的各类植物。饲用植物是发展畜牧业的主要饲料来源之一（Bengtsson et al.，2019）。其茎、叶、花、果实、种子含较高的蛋白质、脂肪、维生素、矿物质等营养物质（郑清岭等，2016a；张玉明和蔚威义，1993）。饲用植物资源是东北草地植物资源中贮量最大、种类最多的一类资源，也是东北草地最重要的一类植物资源，它既在一定程度上满足了北方畜牧业巨大的牧草需求，又提供了丰富的牧草种质资源。因此，掌握东北草地饲用植物的组成特点、饲用价值等信息对东北草地饲用植物资源的开发和当地畜牧业的发展具有重要的现实意义。

二、食用植物资源

食用植物资源是指可以直接或间接为人类食用的植物资源。无论植物的任何结构组织或其加工品，只要能够被人类食用，都可被称为食用植物。随着人们生活水平和健康意识的提升，人们对健康饮食方式更加重视，自然孕育的绿色野生食用植物成为人们热衷的消费食品。野生食用植物的营养成分含量通常多于栽培植物，合理开发利用野生食用植物资源能够缓解当前社会发展能源紧缺的问题（陈锋和于翠翠，2018；王英伟，2017）。草原地区不适合农耕，东北草地的牧民素来以肉奶类食物为主，缺少蔬果类食物，富含维生素及其他营养元素的野生食用植物就成为替代栽培蔬果类植物的重要食物来源。东北草地食用植物资源种类较多，有较高的开发利用价值（哈斯巴根和苏亚拉图，2008）。因此，开展东北草地的食用植物资源调查对管理和利用当地野生植物资源具有重要的现实意义。

三、药用植物资源

药用植物资源是自然资源中对人类有直接或间接医疗作用及保健护理功能的植物总称。其中广义的药用植物资源包括农林栽培和可利用的野生植物，而狭义的药用植物资源通常指的是野生原料植物。药用植物自古以来就用于治疗和预防疾病（Chi et al.，2017）。随着社会的进步及人民生活水平的日渐提高，健康和生活质量越来越受到人们的重视，医疗和保健方面的需求日益增加，人们对药用植物资源的需求量也逐渐加大。东北草地是药用植物资源的重要产地，拥有悠久的中草药利用史。中草药是中华文明之瑰宝，在数千年的中华医药史上光辉璀璨，历久弥坚。东北草地药用植物种类丰富，且有很多著名的药材，如甘草、麻黄、柴胡、沙参、防风等。因此，东北草地的野生药用植物资源在全国中药材市场中占有比较重要的地位。

四、生态治理用植物资源

根据植物资源的地域性特点，生态治理用植物资源主要包括防风固沙植物资源、盐碱化治理用植物资源、水土保持用植物资源。防风固沙植物一般生长在物理性干旱的生态环境，在固定沙丘、流动沙丘上形成的群落，一般都属于旱生性群落，群落组成的优势种都具有适应干旱和沙地的形态特征和生理功能，如盐蒿、根茎冰草、赖草等。盐碱化治理用植物多指一类具有较强抗盐（抗碱）能力，能够在高盐（高碱）性生境中生长并完成生活史的盐生植物，如碱蓬、碱茅属植物。水土保持用植物范围宽泛，指能够生长在山顶、坡面、河岸上，能够起到防治水土流失功能的植物。我国可用于生态修复的植物资源十分丰富，可用于草原生态系统恢复的水土保持和生态防护的植物资源超过7000种（周悦等，2016）。乡土植物在生态修复中扮演着重要的作用，对保持生态系统的完整性和稳定性发挥着主导作用（翟海波，2017）。近年来，东北草地面临着沙化、盐碱化和水土流失等一系列突出的生态问题（白茹珍和王呼和，2008）。因此，对东北草地生态修复用植物资源进行深入的调查研究和评价是十分紧迫和必要的。

五、有毒有害植物

有毒有害植物一般指在自然状态下，能对人和家畜等产生伤害作用的植物，包括引起机械性损伤或导致机体产生中毒效应，这种中毒效应是广泛的，全身或局部、急性或慢性的器质性及功能性损伤均应列入中毒效应。有毒有害植物可通过化感作用抑制其他牧草生长，导致天然草地中家畜喜食的优良牧草种类和数量减少，而有毒有害植物比例上升，增加了家畜误食有毒有害植物的概率（郭蓉等，2021）。但实际上，有毒有害植物的毒性只是它的属性之一，有毒有害植物还是一类具有特殊开发价值的资源，可通过研究其有效成分，进行医药、植物源农药以及其他化工产品的开发（荣杰等，2012）。一些有毒有害植物经过加工处理或配合使用，可成为药物或食物（柴来智等，1993）。因此，应对东北草地有毒有害植物开展调查，利用科学合理的手段抑制和防除有毒有害植物在东北草地的蔓延，以确保家畜安全采食，同时发挥有毒有害植物积极的一面，让这些植物变"害"为"利"，以提高东北草地有毒有害植物的利用性能。

六、外来入侵植物

外来入侵植物是指通过有意或无意的人类活动被引入到自然分布区以外，在自然分布区外的自然、半自然生态系统或生境中建立种群，并对引入地的生物多样性造成威胁、影响或破坏的植物物种。外来入侵植物入侵以后往往会对农业生产造成直接的经济损失，甚至对生态系统和人类健康造成危害。东北草地是我国东北重要的生态涵养地，维系着东北平原粮食主产区以及东北老工业基地城市群的生态安全。外来入侵物种的名录是阐明入侵现象的原因和后果的基础（Pimentel et al.，2005；Mack et al.，2000），同时也与自然保护息息相关（Goodwin et al.，1999）。外来入侵植物入侵东北草地已经造成比较严重的危害，但由于缺乏对东北草地外来入侵植物的物种组成、生境及入侵途径等全面、系统的了解，对这些外来入侵植物的防治还缺乏针对性和科学性（石洪山等，2016）。因此，调查外来入侵植物在东北草地的现状对阻止其危害具有重要意义。

七、东北草地植物资源统计

对东北草地六类植物资源进行统计（表2-5），结果表明，数量最多的为饲用植物资源，共889种，占东北草地总种数的68.76%；其次为药用植物资源，共563种，占东北草地总种数的43.54%；然后是食用植物资源，共212种，占东北草地总种数的16.40%；生态治理用植物资源较少，共172种，占东北草地总种数的13.30%；有毒有害植物有159种，占东北草地总种数的12.30%；外来入侵植物共30种，占东北草地总种数的2.32%。目前，东北草地植物资源的利用主要侧重于饲用，而药用、食用、生态治理用植物资源

表 2-5 东北草地植物资源分类

类型	科数	占东北草地总科数的比例（%）	属数	占东北草地总属数的比例（%）	种数（种）	占东北草地总种数的比例（%）
饲用植物资源	54	56.25	249	53.66	889	68.75
食用植物资源	61	63.54	159	34.27	212	16.40
药用植物资源	81	84.38	303	65.30	563	43.54
生态治理用植物资源	39	40.63	82	17.67	172	13.30
有毒有害植物	39	40.63	68	14.66	159	12.30
外来入侵植物	11	11.46	24	5.17	30	2.32

未得到充分利用，这些植物资源也有较大的利用潜力，应增加对这几类植物资源的研究和开发，促使东北草地的植物资源得到更合理且充分的利用。由于外来入侵植物具有繁殖力强、扩张快速等特性，对东北草地的 30 种外来入侵植物也要重点关注，预防其大面积扩散，进而危害东北草地的质量。

第三章　东北草地饲用植物资源

饲用植物是指在一定范围内,凡是可供畜禽直接或加工后饲用的各种植物的总称。饲用植物的饲用部分可以是整株植物,也可以是植物的某一部分,如地上的茎、叶、花、果实、种子以及地下的根或根状茎等。饲用植物资源是经济植物的一个类群,是自然资源中生物资源的重要组成部分(富象乾,1982)。我国饲用植物资源十分丰富,仅草地饲用植物就达 246 科 1545 属 6704 种,其中包括豆科 1231 种和禾本科 1127 种(侯向阳,2013)。随着经济的发展,人们的消费水平和健康意识也逐渐提高,对畜禽产品质量的要求也越来越高,不仅要安全、美味,也要营养丰富、均衡。正所谓"种好草,养好牛,产好奶",若要保障畜产品品质和安全,源头上就必须提供优质的饲草(王丹等,2016)。然而,我国优质牧草的产量严重不足,无法满足国内养殖业的需求。据统计,2020 年我国进口干草累计 169.4 万 t,进口金额高达 6.07 亿美元(荷斯坦奶农俱乐部网,2021)。因此,急需大力开发利用现有的饲用植物资源,培育更多优质的牧草品种,以促进我国草产业和畜牧业的发展,进而满足人们对优质畜禽产品的需求。

东北地区土地辽阔、植物资源丰富,饲用植物资源是其中贮量最大、分布最广、种类最多的一类植物资源(主要为禾本科、豆科、菊科、蔷薇科和莎草科等的植物),为东北地区发展草食畜牧业提供了丰富的饲草资源。饲用植物富含蛋白质、脂肪、维生素、矿物质、氨基酸和多糖等营养物质,同时一些饲用植物也含有药用活性成分,能够有效改善畜禽机体功能,促进畜禽生长,增强畜禽免疫力,提高畜禽繁殖性能,改善畜产品品质等(王焕,2021;Hintsa et al.,2018;Lee,2018;Kalber et al.,2011;Jin et al.,1998)。因此,掌握东北地区饲用植物的种类、组成、地理分布、饲用价值及利用方式等,不但可以充分认识、挖掘、利用和保护东北草地野生饲用植物资源,而且对于保障和促进当地畜牧业经济发展,优化和改善生态环境以及培育优质牧草新品种都具有重要意义。

第一节　饲用植物组成

编者对我国东北地区的草地植物进行了现场调查和标本采集,依据《中国饲用植物志》和《中国饲用植物》等整理出东北地区的主要饲用植物 889 种,并建立了东北地区草地饲用植物数据库。编者根据数据库的信息将东北草地饲用植物按科属进行了分类统计,并分析了其科属组成。东北草地共有饲用植物 889 种,隶属于 54 科 249 属。其中,蕨类植物 8 种,隶属于 2 科 3 属;裸子植物 3 种,隶属于 2 科 2 属;被子植物中双子叶植物 635 种,隶属于 40 科 167 属,单子叶植物 243 种,隶属于 10 科 77 属(表 3-1)。

表 3-1　东北草地饲用植物组成统计

类型		科		属		种	
		数量	占比（%）	数量	占比（%）	数量	占比（%）
蕨类植物		2	3.70	3	1.21	8	0.90
裸子植物		2	3.70	2	0.80	3	0.34
被子植物	双子叶植物	40	74.08	167	67.07	635	71.43
	单子叶植物	10	18.52	77	30.92	243	27.33
合计		54	100	249	100	889	100

对东北草地饲用植物的科进行统计（表 3-2），结果表明，包含植物种类最多的科为菊科、禾本科、豆科和蔷薇科包含植物种类也较多。包含 10 种及以上的科有 18 个，包含 5~9 种的科有 7 个，包含 2~4 种的科有 17 个，仅含 1 种植物的科有 12 个。

表 3-2　东北草地饲用植物科组成

科名	种数（种）	占饲用植物总种数的比例（%）
菊科 Compositae	180	20.25
禾本科 Gramineae	133	14.96
豆科 Leguminosae	80	9.00
蔷薇科 Rosaceae	56	6.30
莎草科 Cyperaceae	51	5.74
藜科 Chenopodiaceae	46	5.17
蓼科 Polygonaceae	40	4.50
百合科 Liliaceae	29	3.26
石竹科 Caryophyllaceae	27	3.04
唇形科 Labiatae	23	2.59
玄参科 Scrophulariaceae	23	2.59
十字花科 Cruciferae	21	2.36
伞形科 Umbelliferae	15	1.69
毛茛科 Ranunculaceae	14	1.57
牻牛儿苗科 Geraniaceae	12	1.35
茜草科 Rubiaceae	12	1.35
鸢尾科 Iridaceae	11	1.24
萝藦科 Asclepiadaceae	10	1.12
木贼科 Equisetaceae	7	0.79
旋花科 Convolvulaceae	7	0.79
车前科 Plantaginaceae	7	0.79
灯心草科 Juncaceae	6	0.67
榆科 Ulmaceae	5	0.56
荨麻科 Urticaceae	5	0.56
苋科 Amaranthaceae	5	0.56
杨柳科 Salicaceae	4	0.45

续表

科名	种数（种）	占饲用植物总种数的比例（%）
桑科 Moraceae	4	0.45
亚麻科 Linaceae	4	0.45
卫矛科 Celastraceae	4	0.45
茄科 Solanaceae	4	0.45
香蒲科 Typhaceae	4	0.45
景天科 Crassulaceae	3	0.34
蒺藜科 Zygophyllaceae	3	0.34
远志科 Polygalaceae	3	0.34
锦葵科 Malvaceae	3	0.34
紫草科 Boraginaceae	3	0.34
黑三棱科 Sparganiaceae	3	0.34
麻黄科 Ephedraceae	2	0.22
龙胆科 Gentianaceae	2	0.22
马鞭草科 Verbenaceae	2	0.22
水麦冬科 Juncaginaceae	2	0.22
鸭跖草科 Commelinaceae	2	0.22
蕨科 Pteridiaceae	1	0.11
松科 Pinaceae	1	0.11
壳斗科 Fagaceae	1	0.11
马齿苋科 Portulacaceae	1	0.11
鼠李科 Rhamnaceae	1	0.11
葡萄科 Vitaceae	1	0.11
柽柳科 Tamaricaceae	1	0.11
柳叶菜科 Onagraceae	1	0.11
报春花科 Primulaceae	1	0.11
夹竹桃科 Apocynaceae	1	0.11
花荵科 Polemoniaceae	1	0.11
雨久花科 Pontederiaceae	1	0.11

注：比例之和不为 100% 是数据修约所致

第二节 常见饲用植物种类

以下列出东北草地常见饲用植物 105 种，其中禾本科 33 种，豆科 24 种，菊科 10 种，其他科 38 种。每一种饲用植物均包含学名、别名、生境、产地、分布、饲用价值及利用方式等内容。本节未标注出处的营养成分数据均出自《中国饲用植物志》第 1~6 卷（贾慎修，1987，1989，1991，1992，1995，1997）。

1. 羊草 Leymus chinensis (Trin.) Tzvel.

别名：碱草

生境：盐碱草地，沙质草地，路旁。

产地：黑龙江省龙江、齐齐哈尔、安达、大庆、杜尔伯特、肇东、兰西、林甸、肇源、肇州、泰来、富裕、甘南、拜泉、克东、克山、依安，吉林省长岭、前郭尔罗斯、通榆、洮南、大安、乾安、扶余、农安、镇赉、白城，内蒙古额尔古纳、乌兰浩特、扎赉特旗、扎鲁特旗、翁牛特旗、科尔沁右翼前旗、通辽市科尔沁区、赤峰市松山区、陈巴尔虎旗、新巴尔虎左旗、新巴尔虎右旗、科尔沁左翼后旗、科尔沁左翼中旗、巴林左旗、巴林右旗、阿鲁科尔沁旗、克什克腾旗、鄂温克旗、扎兰屯、莫旗、阿荣旗、霍林郭勒、林西、敖汉旗、喀喇沁旗、多伦、锡林浩特、东乌珠穆沁旗、西乌珠穆沁旗、阿巴嘎旗、正蓝旗、镶黄旗。

分布：中国（黑龙江、吉林、辽宁、内蒙古、河北、山西、陕西、新疆），朝鲜半岛，蒙古，俄罗斯。

饲用价值及利用方式：重要的优质饲草。适口性好，为牛羊喜食。营养含量①丰富，拔节期粗蛋白含量 16.17%，粗脂肪含量 2.76%，粗纤维含量 42.25%，同时富含各种微量元素。可放牧、刈割或青贮。

2. 无芒雀麦 Bromus inermis Leyss.

别名：普康雀麦

生境：干旱草地，林缘，路旁。

产地：黑龙江省大庆，内蒙古根河、科尔沁右翼前旗、克什克腾旗、宁城、通辽市科尔沁区、巴林右旗、额尔古纳、陈巴尔虎旗、新巴尔虎左旗、新巴尔虎右旗、扎鲁特旗、巴林左旗、多伦、锡林浩特、东乌珠穆沁旗、西乌珠穆沁旗、正镶白旗、阿巴嘎旗。

分布：中国（黑龙江、吉林、辽宁、内蒙古、河北、山西、陕西、甘肃、青海、新疆、山东、江苏、四川、贵州、云南、西藏），日本，蒙古，俄罗斯；中亚，欧洲。

饲用价值及利用方式：优等饲用植物。适口性好，各种家畜喜食。营养丰富，抽穗期粗蛋白含量 11.00%，粗脂肪含量 2.81%，粗纤维含量 32.26%，钙含量 0.74%，磷含量 0.20%。植株高大，耐牧性强，可放牧或刈割。

3. 小叶章 Calamagrostis angustifolia Kom.

别名：苦房草

生境：草甸，沼泽化草甸，湿地。

产地：黑龙江省佳木斯、牡丹江、富锦、鸡西、哈尔滨市道外区、肇州、肇源、龙江、泰来、富裕、齐齐哈尔、甘南、克东、依安、拜泉，吉林省长岭、前郭尔罗斯、白城、通榆、镇赉、大安，内蒙古克什克腾旗、科尔沁左翼后旗、额尔古纳、陈巴尔虎旗、扎兰屯。

---

① 除特别注明外，营养物质含量均指干物质中含量或占比。

分布：中国（黑龙江、吉林、辽宁、内蒙古），朝鲜半岛，俄罗斯。

饲用价值及利用方式：优等饲用植物。植株茎叶柔软，适口性好，各种家畜喜食。营养物质丰富，孕穗期粗蛋白含量 18.61%，粗脂肪含量 2.88%，粗纤维含量 35.51%。可放牧、刈割或青贮。

4. 大叶章 Calamagrostis langsdorffii (Link) Trin.

别名：苫房草
生境：草甸，沼泽化草甸，湿地。
产地：黑龙江省佳木斯、牡丹江、富锦、鸡西、哈尔滨市道外区、肇州、肇源、泰来、甘南、克东、依安、拜泉，内蒙古额尔古纳、扎赉特旗、扎鲁特旗、科尔沁右翼前旗、科尔沁右翼中旗、科尔沁左翼后旗、巴林右旗、克什克腾旗、根河、赤峰市松山区、新巴尔虎右旗、扎兰屯、东乌珠穆沁旗。
分布：中国（黑龙江、吉林、辽宁、内蒙古、河北、山西、陕西、新疆、湖北、四川），朝鲜半岛，日本，蒙古，俄罗斯；中亚，欧洲，北美洲。
饲用价值及利用方式：良等饲用植物。叶量大，抽穗期前适口性较好，各种家畜喜食。营养物质较为丰富，成熟期粗蛋白含量 7.56%，粗脂肪含量 0.93%，钙含量 0.16%，磷含量 0.32%。植株高大，再生性强，生长快，宜刈割。

5. 披碱草 Elymus dahuricus Turcz.

生境：碱性草地，干草原，路旁。
产地：黑龙江省安达、杜尔伯特、肇东、克山、青冈、龙江、克东、依安，吉林省长岭、前郭尔罗斯、通榆，内蒙古宁城、额尔古纳、新巴尔虎左旗、新巴尔虎右旗、科尔沁右翼前旗、扎鲁特旗、克什克腾旗、阿鲁科尔沁旗、巴林右旗、阿荣旗、莫旗、扎兰屯、林西、翁牛特旗、多伦、霍林郭勒、正镶白旗、东乌珠穆沁旗。
分布：中国（黑龙江、吉林、辽宁、内蒙古、河北、山西、陕西、甘肃、青海、新疆、河南、四川），朝鲜半岛，日本，俄罗斯。
饲用价值及利用方式：中等饲用植物。青鲜时家畜喜食，花期后草质粗糙，家畜多不采食。营养成分较为丰富，抽穗期粗蛋白含量 14.94%，粗脂肪含量 2.67%，粗纤维含量 29.61%。可放牧或花期前刈割。

6. 垂穗披碱草 Elymus nutans Griseb.

生境：草甸草原，典型草原，路旁，林缘。
产地：黑龙江省哈尔滨、齐齐哈尔、牡丹江、绥化、安达、杜尔伯特、肇东、克山、青冈、龙江、克东、依安，吉林省长春、长岭、前郭尔罗斯、通榆、延吉，内蒙古扎兰屯、莫旗、呼伦贝尔市海拉尔区、满洲里、赤峰、锡林郭勒。
分布：中国（黑龙江、吉林、内蒙古、河北、陕西、甘肃、青海、四川、新疆、西藏），俄罗斯，土耳其，蒙古，印度。
饲用价值及利用方式：良等饲用植物。质地柔软，无硬毛，适口性好，花期前家畜喜食。营养成分较为丰富，抽穗期粗蛋白含量 9.65%，粗脂肪含量 2.14%，粗纤维含量 26.50%。可放牧或刈割。

7. 短芒大麦草 Hordeum brevisubulatum (Trin.) Link

别名：野大麦

生境：草地，湿地，耕地旁，路旁。

产地：黑龙江省杜尔伯特、克山、安达、泰来、龙江、富裕、讷河、拜泉、甘南、齐齐哈尔，吉林省长岭、洮南、大安、白城、双辽、镇赉，内蒙古额尔古纳、科尔沁左翼后旗、翁牛特旗、通辽、科尔沁右翼前旗、乌兰浩特、克什克腾旗、新巴尔虎左旗、新巴尔虎右旗、阿荣旗、锡林浩特、东乌珠穆沁旗、阿巴嘎旗。

分布：中国（黑龙江、吉林、辽宁、内蒙古、陕西、宁夏、甘肃、青海、新疆、西藏），蒙古，俄罗斯；中亚。

饲用价值及利用方式：优等饲用植物。草质柔软，适口性好，各种家畜喜食。营养成分较为丰富，营养期粗蛋白含量 15.30%，粗脂肪含量 3.43%，粗纤维含量 26.20%，同时富含各种氨基酸。植株高大，可放牧或刈割。

8. 星星草 Puccinellia tenuiflora (Griseb.) Scribn. et Merr.

生境：盐碱低洼草地，碱斑。

产地：黑龙江省安达、大庆、肇州、林甸、肇东、肇源、青冈、杜尔伯特、泰来、富裕、齐齐哈尔、龙江、甘南、拜泉、克东、克山、依安，吉林省前郭尔罗斯、洮南、通榆、镇赉、大安、乾安、农安、白城，内蒙古科尔沁左翼后旗、额尔古纳、鄂温克旗、科尔沁右翼前旗、科尔沁右翼中旗、扎赉特旗、通辽、巴林右旗、翁牛特旗、敖汉旗、新巴尔虎右旗、新巴尔虎左旗、克什克腾旗、阿荣旗、奈曼旗、阿鲁科尔沁旗、多伦。

分布：中国（黑龙江、吉林、内蒙古、河北、山西、甘肃、青海、新疆、安徽），蒙古，俄罗斯；中亚。

饲用价值及利用方式：良等饲用植物。植株茎秆柔弱，叶量大，适口性好，家畜喜食。营养含量丰富，抽穗期粗蛋白含量可达 17.00%，粗脂肪含量 2.61%，钙含量 0.18%，磷含量 0.30%，粗纤维和粗灰分含量低。在夏秋两季具有抓膘效用。可放牧或刈割。

9. 沙芦草 Agropyron mongolicum Keng

别名：蒙古冰草

生境：干草原，沙地。

产地：内蒙古科尔沁右翼前旗、科尔沁左翼后旗、阿鲁科尔沁旗、翁牛特旗、额尔古纳、正蓝旗。

分布：中国（黑龙江、内蒙古、山西、陕西、甘肃）。

饲用价值及利用方式：优等饲用植物。抽穗期前家畜喜食。营养成分较高，粗蛋白含量 13.07%，粗脂肪含量 3.03%，粗纤维含量 27.03%，其有机物质消化率也较高。以自然采食为主。

10. 狼针草 Stipa baicalensis Rosh.

别名：贝加尔针茅

生境：草甸草原，干草原。

产地：黑龙江省富裕、大庆、安达、肇东、齐齐哈尔、肇源、肇州、杜尔伯特、林甸、龙江、泰来、克山，吉林省镇赉、前郭尔罗斯、洮南、大安、乾安、内蒙古突泉、科尔沁右翼前旗、根河、通辽市科尔沁区、克什克腾旗、赤峰市松山区、额尔古纳、扎鲁特旗、巴林右旗、翁牛特旗、扎兰屯、莫旗、多伦、东乌珠穆沁旗、正蓝旗、阿巴嘎旗。

分布：中国（黑龙江、吉林、辽宁、内蒙古、河北、山西、陕西、甘肃、青海、西藏），蒙古，俄罗斯。

饲用价值及利用方式：良等饲用植物。在春季和颖果脱落后适口性较好，各种家畜采食。抽穗期前营养物质含量较为丰富，此时粗蛋白含量 13.90%，粗脂肪含量 3.05%，粗纤维含量 31.70%。以自然采食为主。

11. 长芒草 Stipa bungeana Trin.

别名：本氏针茅

生境：干旱、沙质草原。

产地：内蒙古鄂温克旗、新巴尔虎左旗。

分布：中国（辽宁、内蒙古、河北、山西、甘肃、青海、新疆、江苏、安徽、河南、西藏），蒙古；中亚。

饲用价值及利用方式：中等饲用植物。幼嫩时适口性较好，家畜喜食。营养成分较丰富，花期粗蛋白含量 11.13%，粗脂肪含量 3.98%。可放牧或刈割。

12. 糙隐子草 Cleistogenes squarrosa (Trin.) Keng

别名：兔子毛

生境：典型草原，丘陵坡地，沙地。

产地：黑龙江省安达、齐齐哈尔、富裕、泰来、龙江、依安，吉林省长岭、前郭尔罗斯、洮南、通榆、大安、扶余，内蒙古新巴尔虎左旗、新巴尔虎右旗、赤峰市松山区、科尔沁右翼前旗、巴林右旗、翁牛特旗、陈巴尔虎旗、鄂温克旗、克什克腾旗、乌兰浩特、科尔沁左翼后旗、科尔沁右翼中旗、林西、阿鲁科尔沁旗、多伦、二连浩特、东乌珠穆沁旗、苏尼特左旗、苏尼特右旗、正蓝旗、镶黄旗、阿巴嘎旗。

分布：中国（黑龙江、吉林、辽宁、内蒙古、河北、山西、陕西、甘肃、新疆、山东），蒙古，俄罗斯；中亚。

饲用价值及利用方式：优等饲用植物。适口性好，青绿时各种家畜喜食。拔节期营养物质含量最高，粗蛋白含量可达 19.31%，粗脂肪含量 5.73%，同时富含各种氨基酸。以自然采食为主。

13. 羊茅 Festuca ovina L.

别名：酥油草

生境：干旱草地，沙地。

产地：内蒙古根河、克什克腾旗、巴林右旗、额尔古纳、科尔沁右翼前旗、新巴尔虎左旗、扎兰屯、阿荣旗。

分布：中国（黑龙江、吉林、辽宁、内蒙古、陕西、宁夏、甘肃、新疆、山东、安徽、四川、云南、西藏），俄罗斯，朝鲜半岛，日本，蒙古；欧洲，北美洲。

饲用价值及利用方式：良等饲用植物。抽穗期前适口性较好，各种家畜喜食，羊尤其喜食。营养较丰富，抽穗期粗蛋白含量 11.91%，粗脂肪含量 2.29%，粗纤维含量 35.07%。羊茅返青早，茎叶丰富，耐牧性强，是早春重要牧草。

14. 草地早熟禾 Poa pratensis L.

别名：狭颖早熟禾、多花早熟禾、绿早熟禾、扁杆早熟禾

生境：低湿草地，林缘。

产地：黑龙江省克山，内蒙古根河、科尔沁右翼前旗、额尔古纳、新巴尔虎右旗、新巴尔虎左旗、乌兰浩特、科尔沁左翼后旗、克什克腾旗、宁城、陈巴尔虎旗、鄂温克旗、扎兰屯。

分布：中国（黑龙江、吉林、辽宁、内蒙古、河北、山西、陕西、甘肃、青海、新疆、山东、江苏、安徽、河南、湖北、江西、四川、贵州、云南、西藏），朝鲜半岛，日本，蒙古，俄罗斯，土耳其，伊朗；中亚。

饲用价值及利用方式：优等饲用植物。抽穗期前全株为家畜喜食，后期适口性下降，家畜仅采食植株上半部。营养成分较为丰富，花期粗蛋白含量 10.80%，粗脂肪含量 4.30%，粗纤维含量 45.60%。耐牧性强且茎叶不易脱落，故可放牧或刈割。

15. 鹅观草 Roegneria kamoji (Ohwi) Ohwi

生境：干草原，碱性湿地，林间，路边。

产地：内蒙古喀喇沁旗、科尔沁右翼前旗、赤峰市松山区、陈巴尔虎旗、额尔古纳、鄂温克旗、乌兰浩特、扎兰屯、阿荣旗、扎鲁特旗、科尔沁左翼后旗、敖汉旗。

分布：中国（全国各地），朝鲜半岛，日本。

饲用价值及利用方式：优等饲用植物。叶质柔软，抽穗期前适口性好，家畜喜食。营养物质较为丰富，孕穗期粗蛋白含量 18.84%，粗脂肪含量 3.21%，粗纤维含量 30.30%（孔庆馥和白云龙，1990）。以自然采食为主。

16. 芨芨草 Achnatherum splendens (Trin.) Nevski

生境：微碱性草地，干旱坡地。

产地：吉林省大安、前郭尔罗斯、长岭，内蒙古新巴尔虎左旗、新巴尔虎右旗、科尔沁右翼前旗、科尔沁右翼中旗、扎兰屯、鄂温克旗、翁牛特旗、额尔古纳、克什克腾旗、锡林浩特、二连浩特、东乌珠穆沁旗、西乌珠穆沁旗、苏尼特左旗、苏尼特右旗、

镶黄旗、阿巴嘎旗。

分布：中国（吉林、内蒙古、陕西、宁夏、甘肃、青海、新疆、西藏），日本，蒙古，俄罗斯，伊朗；中亚。

饲用价值及利用方式：中等饲用植物。茎叶粗糙，适口性较差，抽穗期前家畜采食，成熟后家畜仅食其穗，霜降后茎叶为各种家畜采食。花期前营养成分较多，粗蛋白含量15.16%，粗脂肪含量1.98%，粗纤维含量34.73%，钙含量0.37%，磷含量0.16%。芨芨草植株高大，在冬季积雪覆盖后，是家畜重要的饲草。可放牧或刈割。

17. 鹬草 Phalaris arundinacea L.

生境：碱性湿草地。

产地：黑龙江省讷河，吉林省农安、镇赉，内蒙古陈巴尔虎旗、鄂温克旗、扎赉特旗、扎鲁特旗、额尔古纳、根河、科尔沁右翼前旗、通辽市科尔沁区、扎兰屯。

分布：中国（黑龙江、吉林、辽宁、内蒙古、河北、山西、陕西、甘肃、新疆、山东、江苏、浙江、江西、湖南、四川），朝鲜半岛，日本，蒙古，俄罗斯，土耳其，阿富汗，伊朗；中亚，欧洲，北美洲。

饲用价值及利用方式：优等饲用植物。抽穗期前草质柔嫩，适口性好，家畜喜食，后期草质粗老，饲用价值显著降低。营养丰富，花期粗蛋白含量15.40%，粗脂肪含量3.14%，粗纤维含量34.16%，钙含量1.03%，磷含量0.17%，富含生物碱，有助于家畜保持健康。可放牧或刈割。

18. 光稃茅香 Hierochloe glabra Trin.

生境：湿草地，沙地。

产地：吉林省长岭、前郭尔罗斯，内蒙古乌兰浩特、科尔沁右翼前旗、扎赉特旗、科尔沁左翼后旗、通辽市科尔沁区、扎兰屯、莫旗。

分布：中国（黑龙江、吉林、辽宁、内蒙古、河北、山西、青海、新疆），蒙古，俄罗斯。

饲用价值及利用方式：良等饲用植物。适口性较高，从返青到植株枯黄家畜均喜食。营养物质较为丰富，粗蛋白含量10%，粗脂肪含量5%，粗纤维含量低于其他禾草，占干物质的21%。耐践踏性强，植株较为低矮，多以放牧利用为主。

19. 冰草 Agropyron cristatum (L.) Gaertn.

生境：沙地，干旱草地。

产地：黑龙江省大庆、齐齐哈尔、安达、杜尔伯特、肇东、青冈、林甸、肇源，吉林省长岭、前郭尔罗斯、洮南、白城、通榆、镇赉，内蒙古额尔古纳、赤峰市松山区、根河、通辽市科尔沁区、鄂温克旗、陈巴尔虎旗、新巴尔虎左旗、新巴尔虎右旗、科尔沁左翼中旗、科尔沁左翼后旗、科尔沁右翼中旗、扎鲁特旗、奈曼旗、克什克腾旗、林西、巴林左旗、巴林右旗、阿鲁科尔沁旗、敖汉旗、翁牛特旗、喀喇沁旗、霍林郭勒、锡林浩特、二连浩特、东乌珠穆沁旗、西乌珠穆沁旗、苏尼特右旗、阿巴嘎旗、正蓝旗、正镶白旗、镶黄旗。

分布：中国（黑龙江、吉林、辽宁、内蒙古、河北、山西、陕西、宁夏、甘肃、青海、新疆），蒙古，俄罗斯，土耳其，伊朗；中亚，欧洲。

饲用价值及利用方式：良等饲用植物。适口性较好，各种家畜喜食。营养成分较为丰富，抽穗期粗蛋白含量 16.93%，粗脂肪含量 3.64%，粗纤维含量 37.65%。可放牧或刈割。

20. 菭草 Koeleria cristata (L.) Pers.

生境：沙质草地。
产地：黑龙江省大庆、安达、杜尔伯特，内蒙古新巴尔虎右旗、根河、翁牛特旗、克什克腾旗、科尔沁左翼后旗、扎赉特旗、扎鲁特旗、科尔沁右翼前旗、新巴尔虎左旗、乌兰浩特、通辽市科尔沁区、额尔古纳、鄂温克旗、陈巴尔虎旗、扎兰屯、莫旗、巴林右旗、多伦、东乌珠穆沁旗、正蓝旗。

分布：中国（黑龙江、吉林、辽宁、内蒙古、河北、山西、青海、新疆、西藏），朝鲜半岛，日本，蒙古，俄罗斯，土耳其，伊朗；中亚。

饲用价值及利用方式：优等饲用植物。草质柔软，适口性好，各种家畜均喜食。营养成分丰富，盛花期粗蛋白含量 9.20%，粗脂肪含量 1.90%，粗纤维含量 37.30%，且消化率高于其他禾草，具有抓膘效用。可自然采食或刈割。

21. 野古草 Arundinella hirta (Thunb.) Tanaka

别名：红眼疤
生境：退化碱性草地。
产地：黑龙江省安达、大庆、肇东、杜尔伯特、肇源、明水、泰来、龙江，吉林省长岭、洮南、通榆、镇赉、大安、乾安、前郭尔罗斯，内蒙古陈巴尔虎旗、扎赉特旗、科尔沁右翼前旗、科尔沁右翼中旗、科尔沁左翼中旗、科尔沁左翼后旗、巴林右旗、翁牛特旗、通辽市科尔沁区、鄂温克旗、宁城、霍林郭勒、扎兰屯、阿荣旗、扎鲁特旗。

分布：中国（黑龙江、吉林、辽宁、内蒙古），朝鲜半岛，日本，蒙古，俄罗斯。

饲用价值及利用方式：中等饲用植物。抽穗前植株柔嫩，适口性好，各种家畜喜食，后期草质变硬，大家畜仅采食植株上部枝叶。营养物质含量偏低，孕蕾期粗蛋白含量 4.70%，粗脂肪含量 1.00%，粗纤维含量 39.70%。可放牧或抽穗期刈割。

22. 假苇拂子茅 Calamagrostis pseudophragmites (Hall. f.) Koel.

别名：假苇子
生境：沙质草地。
产地：黑龙江省杜尔伯特、肇东、兰西、青冈、明水、安达、林甸、肇源、肇州，吉林省镇赉，内蒙古宁城、额尔古纳、鄂温克旗、扎兰屯、阿荣旗、莫旗。

分布：中国（黑龙江、吉林、辽宁、内蒙古、河北、山西、陕西、甘肃、新疆、河南、湖北、四川、贵州、云南、西藏），朝鲜半岛，日本，蒙古，俄罗斯，伊朗，印度，巴基斯坦；中亚，欧洲。

饲用价值及利用方式：中等饲用植物。抽穗期前家畜喜食，后期家畜几乎不采食。营养较为丰富，花期粗蛋白含量 6.92%，粗脂肪含量 2.81%，粗纤维含量 33.05%，富含各种微量元素。以自然采食为主，花期时家畜采食后容易患上"毛球病"，忌采食过多。

23. 偃麦草 Elytrigia repens (L.) Desv. ex Nevski

别名：速生草
生境：干草原，弃荒地，路边，林缘。
产地：黑龙江省哈尔滨、牡丹江、齐齐哈尔、佳木斯、肇东、林甸，内蒙古额尔古纳、鄂温克旗、新巴尔虎左旗、根河、扎兰屯。
分布：中国（黑龙江、辽宁、内蒙古、甘肃、青海、新疆、西藏），朝鲜半岛，日本，蒙古，俄罗斯；中亚，欧洲，北美洲。

饲用价值及利用方式：良等饲用植物。叶量丰富，抽穗期前适口性较好，家畜喜食。营养成分较为丰富，成熟期粗蛋白含量 13.40%，粗脂肪含量 2.90%，粗纤维含量 29.00%。可放牧或花期前刈割。

24. 多枝剪股颖 Agrostis divaricatissima Mez

别名：歧序剪股颖、蒙古剪股颖
生境：水旁，低洼草地，沼泽草甸。
产地：内蒙古额尔古纳、新巴尔虎左旗、新巴尔虎右旗、巴林右旗、宁城、科尔沁左翼后旗、科尔沁右翼前旗、科尔沁右翼中旗、喀喇沁旗、阿鲁科尔沁旗、扎兰屯、莫旗、多伦、东乌珠穆沁旗、正蓝旗。
分布：中国（黑龙江、内蒙古、河北），蒙古，俄罗斯。

饲用价值及利用方式：良等饲用植物。除花期外，牛羊均喜食。成熟期粗蛋白含量 1.55%，粗脂肪含量 7.02%，粗纤维含量 33.10%，钙含量 0.24%，磷含量 0.10%。以自然采食为主。

25. 虎尾草 Chloris virgata Swartz

别名：刷子头、棒锤草
生境：盐碱草地，碱斑地块。
产地：黑龙江省安达、齐齐哈尔、大庆、肇东、兰西、青冈、明水、肇州、龙江、泰来、富裕，吉林省长岭、前郭尔罗斯、洮南、通榆、镇赉、大安、乾安、扶余、农安，内蒙古科尔沁右翼前旗、科尔沁右翼中旗、巴林右旗、新巴尔虎左旗、新巴尔虎右旗、扎兰屯、阿荣旗、莫旗、乌兰浩特、突泉、扎鲁特旗、库伦旗、通辽市科尔沁区、翁牛特旗、林西、阿鲁科尔沁旗、敖汉旗、喀喇沁旗、赤峰市松山区、锡林浩特、二连浩特、东乌珠穆沁旗、苏尼特左旗、苏尼特右旗、镶黄旗、阿巴嘎旗。
分布：中国（全国各地），遍布世界温带至热带地区。
饲用价值及利用方式：良等饲用植物。草质柔软，适口性好。营养成分较为丰富，成熟期粗蛋白含量 10.98%，粗脂肪含量 1.78%，粗纤维含量 25.94%，钙含量 0.13%，磷含量 0.56%。以自然采食为主。

26. 赖草 Leymus secalinus (Georgi) Tzvel.

生境：沙质草地，路旁，林缘。

产地：黑龙江省泰来、甘南、龙江，吉林省长岭、洮南、通榆、镇赉、大安，内蒙古赤峰市松山区、翁牛特旗、克什克腾旗、巴林右旗、通辽市科尔沁区、科尔沁左翼后旗、鄂温克旗、新巴尔虎左旗、新巴尔虎右旗、多伦、锡林浩特、二连浩特、东乌珠穆沁旗、苏尼特左旗、苏尼特右旗、正镶白旗。

分布：中国（黑龙江、吉林、辽宁、内蒙古、河北、山西、陕西、甘肃、青海、新疆、四川、西藏），朝鲜半岛，日本，蒙古，俄罗斯；中亚。

饲用价值及利用方式：良等饲用植物。草质稍粗糙，幼嫩时适口性较好，家畜喜食。营养较丰富，抽穗期粗蛋白含量 13.01%，粗脂肪含量 2.30%，粗纤维含量 34.01%，钙含量 0.26%，磷含量 0.12%。以自然采食为主。

27. 画眉草 Eragrostis pilosa (L.) Beauv.

别名：蚊子草、星星草

生境：干旱草地，沙地。

产地：黑龙江省齐齐哈尔、安达、肇东，吉林省前郭尔罗斯、大安、通榆，内蒙古赤峰市松山区、新巴尔虎右旗、额尔古纳、莫旗、宁城、新巴尔虎左旗、扎兰屯、阿荣旗、乌兰浩特、突泉、科尔沁右翼中旗、巴林右旗、阿鲁科尔沁旗、翁牛特旗、敖汉旗。

分布：中国（全国各地），遍布北半球温带地区。

饲用价值及利用方式：优等饲用植物。叶量多且草质柔软，适口性好，青绿时各种家畜喜食。其干物质含有丰富的营养物质，花期粗蛋白含量 12.40%，粗脂肪含量 2.37%，粗纤维含量 30.05%。以自然采食为主。

28. 牛鞭草 Hemarthria sibirica (Gand.) Ohwi

生境：碱性草原低湿地块，路旁。

产地：黑龙江省安达、大庆、杜尔伯特、明水、泰来、龙江、富裕、齐齐哈尔，吉林省长岭、前郭尔罗斯、洮南、通榆、大安、镇赉，内蒙古扎兰屯、科尔沁右翼前旗、科尔沁左翼后旗、巴林右旗、巴林左旗、扎鲁特旗、翁牛特旗、科尔沁左翼中旗、科尔沁右翼中旗、克什克腾旗、阿鲁科尔沁旗。

分布：中国（黑龙江、吉林、辽宁、内蒙古、北京、天津、陕西、河北、华中、华南、西南），朝鲜半岛，日本，俄罗斯。

饲用价值及利用方式：中等饲用植物。抽穗期前植物纤维含量稍低，适口性较好，家畜喜食，此时粗蛋白含量 5.79%，粗脂肪含量 2.19%，钙磷含量 0.27%。以自然采食为主。

29. 大油芒 Spodiopogon sibiricus Trin.

别名：山黄管、大荻

生境：碱性草原低湿地块，林下。

产地：黑龙江省杜尔伯特、大庆、肇东、肇源、安达、克东，吉林省长岭、前郭尔罗斯、洮南、镇赉、通榆，内蒙古科尔沁左翼后旗、额尔古纳、阿鲁科尔沁旗、林西、巴林左旗、乌兰浩特、鄂温克旗、扎赉特旗、科尔沁右翼前旗、科尔沁右翼中旗、霍林郭勒、宁城、翁牛特旗、喀喇沁旗、巴林右旗、克什克腾旗、扎兰屯、阿荣旗、扎鲁特旗、多伦。

分布：中国（黑龙江、吉林、辽宁、内蒙古、河北、山西、陕西、甘肃、山东、江苏、安徽、浙江、河南、湖北、江西、湖南），朝鲜半岛，日本，蒙古，俄罗斯。

饲用价值及利用方式：中等饲用植物。草质偏硬，适口性较好，抽穗前家畜喜食。营养物质含量中等，营养期粗蛋白含量 7.52%，粗脂肪含量 2.09%，粗纤维含量 31.93%。植株高大，生物量高，再生性强，可在花期前刈割。

30. 野青茅 Calamagrostis arundinacea (L.) Roth.

别名：亨利野青茅、短舌野青茅、房县野青茅、湖北野青茅、台湾野青茅、长序野青茅

生境：草甸，低湿地。

产地：内蒙古宁城、额尔古纳、科尔沁右翼前旗、根河、翁牛特旗、扎兰屯、阿荣旗、莫旗、多伦。

分布：中国（黑龙江、吉林、辽宁、内蒙古、河北、陕西、甘肃、江苏、浙江、湖北、江西、湖南、广西、四川、贵州、云南、台湾），朝鲜半岛，日本，俄罗斯，土耳其；欧洲。

饲用价值及利用方式：中等饲用植物。草质稍糙，适口性一般，抽穗期前各种家畜喜食。营养物质含量中等，抽穗期粗蛋白含量 9.09%，粗脂肪含量 2.71%。本种属上繁草且再生草质量较高，宜于刈割。

31. 野稗 Echinochloa crusgalli (L.) Beauv.

别名：稗、水稗草

生境：弃荒地，碱斑，沟边。

产地：黑龙江省大庆、安达，吉林省镇赉、白城、长岭，内蒙古扎鲁特旗、巴林右旗、额尔古纳、翁牛特旗、科尔沁左翼后旗、林西、多伦。

分布：中国（全国各地），遍布世界温带、亚热带和热带地区。

饲用价值及利用方式：优等饲用植物。植株柔嫩，适口性好，叶量丰富，各种家畜喜食。抽穗期粗蛋白含量 8.72%，粗脂肪含量 1.07%，粗纤维含量 36.00%，钙含量 0.52%，磷含量 0.24%，富含各种微量元素及氨基酸。可放牧或刈割。

32. 狗尾草 Setaria viridis (L.) Beauv.

别名：谷莠子

生境：弃荒地，路旁。

产地：黑龙江省齐齐哈尔、杜尔伯特、安达、大庆、肇东、兰西、明水、肇源、依安、富裕、泰来、甘南，吉林省长岭、前郭尔罗斯、通榆、洮南、镇赉、大安、乾安、扶余，内蒙古额尔古纳、科尔沁右翼前旗、鄂温克旗、乌兰浩特、新巴尔虎左旗、新巴尔虎右旗、扎兰屯、莫旗、阿荣旗、克什克腾旗、突泉、科尔沁左翼中旗、科尔沁左翼后旗、科尔沁右翼中旗、扎鲁特旗、库伦旗、通辽市科尔沁区、开鲁、翁牛特旗、巴林左旗、巴林右旗、林西、阿鲁科尔沁旗、喀喇沁旗、敖汉旗、赤峰市松山区、多伦、锡林浩特、霍林郭勒、二连浩特、东乌珠穆沁旗、苏尼特右旗、正蓝旗、正镶白旗。

分布：中国（全国各地），世界温带至热带地区。

饲用价值及利用方式：良等饲用植物。茎叶柔软，适口性良好，各种家畜喜食。在雨水充足的情况下生长快，产量高。抽穗期和成熟期粗蛋白含量 6.87%，粗脂肪含量 1.29%，粗纤维含量 37.20%，钙含量 0.55%，磷含量 0.18%，富含各种氨基酸及微量元素。可放牧或刈割。

33. 金色狗尾草 Setaria glauca (L.) Beauv.

别名：恍莠莠、硬稃狗尾草

生境：干旱草地，弃荒地，路旁。

产地：黑龙江省肇东、肇源、大庆、青冈、明水、安达、龙江、齐齐哈尔、富裕、克山、讷河、甘南，吉林省长岭、前郭尔罗斯、通榆、洮南、大安、乾安、扶余、农安，内蒙古新巴尔虎左旗、扎兰屯、阿荣旗、莫旗、突泉、巴林左旗、巴林右旗、阿鲁科尔沁旗、科尔沁左翼中旗、科尔沁左翼后旗、科尔沁右翼中旗、科尔沁右翼前旗、扎鲁特旗、翁牛特旗、敖汉旗、喀喇沁旗、林西。

分布：中国（黑龙江、吉林、辽宁、内蒙古、河北、新疆、江苏、广东、海南、云南、西藏），俄罗斯；中亚。

饲用价值及利用方式：良等饲用植物。幼嫩时适口性好，各种家畜喜食。营养较为丰富，抽穗期粗蛋白含量 11.63%，粗脂肪含量 2.55%，粗纤维含量 34.33%，钙含量 0.63%，磷含量 0.19%。可放牧或刈割。

34. 糙叶黄耆 Astragalus scaberrimus Bunge

别名：春黄耆、粗糙紫云英

生境：干草原，沙质草地。

产地：黑龙江省龙江，吉林省通榆、洮南，内蒙古科尔沁右翼前旗、乌兰浩特、陈巴尔虎旗、新巴尔虎右旗、新巴尔虎左旗、克什克腾旗、突泉、科尔沁左翼中旗、库伦旗、扎鲁特旗、霍林郭勒、开鲁、苏尼特右旗、阿巴嘎旗。

分布：中国（黑龙江、吉林、辽宁、内蒙古、河北、山西、陕西、甘肃、山东、河南），蒙古，俄罗斯。

饲用价值及利用方式：良等饲用植物。花期时，羊喜食其花，夏季食其嫩枝叶，可食率 50%～80%。花期结束后适口性及采食率降低。花期粗蛋白含量 25.62%，粗纤维含量 29.84%，粗脂肪含量 2.15%（程鸿，1990）。以自然采食为主。

35. 斜茎黄耆 Astragalus adsurgens Pall.

别名：直立黄芪

生境：灌丛，林缘，向阳山坡，碱性草地。

产地：黑龙江省肇东、肇源、大庆、克山、安达、杜尔伯特、兰西、青冈、明水、林甸、泰来、齐齐哈尔、龙江、甘南、富裕、依安，吉林省前郭尔罗斯、洮南、通榆、镇赉、大安、乾安，内蒙古额尔古纳、翁牛特旗、扎鲁特旗、赤峰、陈巴尔虎旗、鄂温克旗、新巴尔虎左旗、新巴尔虎右旗、扎兰屯、阿荣旗、莫旗、科尔沁左翼中旗、科尔沁右翼中旗、突泉、通辽、开鲁、巴林左旗、巴林右旗、克什克腾旗、阿鲁科尔沁旗、敖汉旗、喀喇沁旗、多伦、霍林郭勒、锡林浩特、二连浩特、东乌珠穆沁旗、西乌珠穆沁旗、苏尼特左旗、苏尼特右旗、正蓝旗、镶黄旗、正镶白旗、阿巴嘎旗。

分布：中国（黑龙江、吉林、辽宁、内蒙古、河北、山西、陕西、甘肃、河南、四川、云南），朝鲜半岛，日本，蒙古，俄罗斯。

饲用价值及利用方式：优等饲用植物。适口性好，营养价值几乎等同于紫花苜蓿，孕蕾期粗蛋白含量 22.33%，粗脂肪含量 1.99%，粗纤维含量 21.36%，而且必需氨基酸的含量占到氨基酸总量的 25.00%（韩建国和马春晖，1998）。需要注意的是，斜茎黄耆植株含有脂肪族硝基化合物，在家畜体内可代谢为 β-硝基丙酸和 β-硝基丙醇等有毒物质，虽然反刍动物的瘤胃微生物可将其分解，但最好与其他饲料混合饲喂。对单胃动物和禽类属于低毒饲草，在日粮中占比较低为宜，一般在 6%～40%。适宜刈割或青贮饲喂。

36. 草木犀黄耆 Astragalus melilotoides Pall.

别名：草木犀状黄芪、扫帚苗、马梢

生境：路旁，向阳干山坡，草甸草原。

产地：吉林省镇赉、长岭、大安，内蒙古赤峰市松山区、额尔古纳、科尔沁右翼前旗、陈巴尔虎旗、新巴尔虎左旗、新巴尔虎右旗、鄂温克旗、乌兰浩特、科尔沁右翼中旗、扎鲁特旗、翁牛特旗、克什克腾旗、巴林左旗、巴林右旗、敖汉旗、喀喇沁旗、多伦、锡林浩特、霍林郭勒、东乌珠穆沁旗、西乌珠穆沁旗、苏尼特左旗、正镶白旗、阿巴嘎旗。

分布：中国（黑龙江、吉林、辽宁、内蒙古、河北、山西、陕西、甘肃、河南），蒙古，俄罗斯。

饲用价值及利用方式：良等饲用植物。叶量较少，植株幼嫩时，牛马尤为喜食茎上部及枝叶。花期后茎枝变硬，叶片易脱落且粗糙，家畜多采食其花序和种子。营养丰富，分枝期粗蛋白含量 28.75%，粗脂肪含量 6.76%，粗纤维含量 21.97%，粗灰分含量 4.92%，钙磷含量 3.12%。可放牧或刈割。

37. 黄耆 Astragalus membranaceus Bunge

别名：膜荚黄芪、东北黄芪

生境：草甸，山坡草地，灌丛，林缘，疏林下。

产地：黑龙江省泰来，吉林省通榆、洮南、乾安，内蒙古阿荣旗、巴林左旗、巴林右旗、乌兰浩特、额尔古纳、克什克腾旗、科尔沁右翼前旗、陈巴尔虎旗、科尔沁左翼中旗、翁牛特旗。

分布：中国（黑龙江、吉林、辽宁、内蒙古、河北、山西、甘肃、四川、西藏），朝鲜半岛，蒙古，俄罗斯。

饲用价值及利用方式：良等饲用植物。适口性较好，各种家畜采食。营养期粗蛋白含量 12.99%，粗脂肪含量 5.07%，粗纤维含量 24.13%。以自然采食为主。

38. 兴安黄耆 Astragalus dahuricus (Pall.) DC.

别名：达呼里黄芪、达乌里紫云英

生境：干草原，荒草地。

产地：黑龙江省齐齐哈尔，吉林省扶余，内蒙古额尔古纳、扎鲁特旗、科尔沁右翼前旗、莫旗、翁牛特旗、赤峰市松山区、宁城、克什克腾旗、陈巴尔虎旗、突泉、科尔沁右翼中旗、多伦、苏尼特右旗、正镶白旗。

分布：中国（黑龙江、吉林、辽宁、内蒙古、河北、山西、陕西），朝鲜半岛，蒙古，俄罗斯。

饲用价值及利用方式：良等饲用植物。鲜草或干草为牛马喜食。营养丰富，粗蛋白含量 19.57%，粗脂肪含量 2.71%，粗纤维含量 14.93%（王栋，1989）。可放牧或刈割，抑或作绿肥。

39. 小叶锦鸡儿 Caragana microphylla Lam.

别名：雪里洼

生境：沙质草地，固定沙丘，干山坡，草甸草原。

产地：吉林省大安，内蒙古扎鲁特旗、翁牛特旗、赤峰、通辽、克什克腾旗、陈巴尔虎旗、鄂温克旗、新巴尔虎左旗、新巴尔虎右旗、科尔沁右翼中旗、突泉、奈曼旗、锡林浩特、东乌珠穆沁旗、西乌珠穆沁旗、苏尼特左旗、镶黄旗、正镶白旗、正蓝旗、阿巴嘎旗。

分布：中国（吉林、辽宁、内蒙古、河北、陕西、甘肃），蒙古，俄罗斯。

饲用价值及利用方式：良等饲用灌木。幼嫩时花、叶、皮尤为牛羊喜食。具有较高的营养价值，营养期粗蛋白含量 31.59%，粗脂肪含量 4.48%，粗纤维含量 23.24%，无氮浸出物 19.62%，粗灰分 8.8%。多以自然采食为主。

40. 甘草 Glycyrrhiza uralensis Fisch.

别名：甜甘草、红甘草、甜草根

生境：沙地，碱性草地。

　　产地：黑龙江省泰来、肇源、肇东、肇州、杜尔伯特、安达、林甸，吉林省前郭尔罗斯、扶余、乾安、通榆、长岭、大安、洮南、镇赉，内蒙古通辽、扎鲁特旗、翁牛特旗、赤峰、科尔沁左翼后旗、科尔沁左翼中旗、科尔沁右翼中旗、林西、巴林左旗、巴林右旗、喀喇沁旗、多伦、东乌珠穆沁旗、苏尼特右旗、正镶白旗、阿巴嘎旗。

　　分布：中国（黑龙江、吉林、辽宁、内蒙古、河北、山西、陕西、甘肃、新疆），蒙古，俄罗斯；中亚。

　　饲用价值及利用方式：良等饲用植物。分枝期粗蛋白含量 19.53%，粗脂肪含量 6.73%，粗纤维含量 22.57%，钙磷含量 1.46%，现蕾前家畜尤喜食（王栋，1989）。生长初期的甘草可采食其全株，花期以采集花序为主。因青绿时单宁含量较高，适口性差，且家畜在采食其果实后，会出现腹部疼痛、吐水现象，故主要在花期时刈割。

41. 米口袋 Gueldenstaedtia verna (Georgi) Boriss.

　　别名：少花米口袋、米布袋
　　生境：向阳草地，干山坡，沙砾质地，草甸草原，路旁。
　　产地：黑龙江省大庆、尚志、泰来、齐齐哈尔、龙江、依安，吉林省长岭、前郭尔罗斯、洮南、通榆、镇赉、大安、扶余，内蒙古科尔沁左翼中旗、科尔沁右翼前旗、科尔沁右翼中旗、乌兰浩特、阿荣旗、陈巴尔虎旗、新巴尔虎左旗、新巴尔虎右旗、额尔古纳、扎赉特旗、巴林右旗、克什克腾旗、敖汉旗、赤峰、宁城、鄂温克旗、扎兰屯、扎鲁特旗、通辽、霍林郭勒、开鲁、多伦、东乌珠穆沁旗、苏尼特右旗。
　　分布：中国（黑龙江、吉林、辽宁、内蒙古、河北、山西、陕西、甘肃、山东、江苏、河南、湖北、广西、四川、云南），朝鲜半岛，俄罗斯。
　　饲用价值及利用方式：中等饲用植物。全株被毛，质地粗糙，生物量较低，适口性较差，但营养价值较高，粗蛋白含量 11.86%，粗脂肪含量 3.06%，粗纤维含量 16.54%，钙磷含量 3.12%（程鸿，1990）。植物低矮不宜刈割，可放牧。

42. 山竹岩黄耆 Hedysarum fruticosum Pall. var. mongolicum Turcz.

　　别名：山竹子
　　生境：沙质草地，半固定沙丘，固定沙丘。
　　产地：内蒙古克什克腾旗、新巴尔虎左旗、新巴尔虎右旗、科尔沁左翼后旗、科尔沁右翼中旗、多伦、东乌珠穆沁旗。
　　分布：中国（辽宁、内蒙古），蒙古。
　　饲用价值及利用方式：优等饲用植物。枝叶繁茂，生物量大且营养丰富，富含粗蛋白及家畜生长发育必需的氨基酸，粗蛋白含量 12.04%，粗脂肪含量 3.01%，粗纤维含量 21.12%（陈默君和贾慎修，2002）。在花期前，适口性良好，适宜各种家畜采食，后期茎秆木质化程度变高，不适宜小家畜采食。可放牧或刈割。

43. 山岩黄耆 Hedysarum alpinum L.

　　别名：中国岩黄耆、粗壮岩黄耆

生境：湿草地，草甸。

产地：内蒙古额尔古纳、扎鲁特旗、根河、陈巴尔虎旗、鄂温克旗、科尔沁右翼前旗、阿鲁科尔沁旗、巴林右旗、克什克腾旗、扎兰屯、东乌珠穆沁旗。

分布：中国（黑龙江、内蒙古），朝鲜半岛，蒙古，俄罗斯。

饲用价值及利用方式：良等饲用植物。花期前茎叶柔软，家畜喜食，花期后，叶易脱落，适口性与采食率皆下降。叶量大，产量高，营养丰富，营养期粗蛋白含量18.82%，粗脂肪含量3.01%，粗纤维含量21.12%，粗灰分9.64%，钙磷含量3.34%。可放牧或刈割。

44. 鸡眼草 **Kummerowia striata** (Thunb.) Schindl.

别名：掐不齐

生境：溪流旁，路旁。

产地：黑龙江省兰西、明水、安达、齐齐哈尔、泰来、拜泉、克山，吉林省前郭尔罗斯、通榆、洮南、扶余，内蒙古新巴尔虎左旗、扎兰屯、乌兰浩特、突泉、科尔沁左翼后旗、科尔沁右翼中旗、赤峰市松山区、翁牛特旗。

分布：中国（黑龙江、吉林、辽宁、内蒙古、河北、江苏、福建、湖北、湖南、四川、贵州、云南），朝鲜半岛，日本，俄罗斯。

饲用价值及利用方式：优等饲用植物。适口性好，青鲜草家畜均喜食，且不会造成反刍家畜的瘤胃臌胀病。粗蛋白含量14.39%，粗脂肪含量4.07%，粗纤维含量31.19%，钙磷含量 1.2%，含有丰富的苏氨酸、甲硫氨酸、异亮氨酸等必需氨基酸及钾、锰、锌等微量元素（王栋，1989）。可放牧或刈割。

45. 五脉山黧豆 **Lathyrus quinquenervius** (Miq.) Litv. ex Kom. et Alis.

生境：湿草地，草甸。

产地：黑龙江省大庆、安达、明水、林甸、肇源、泰来、富裕、齐齐哈尔、龙江、甘南，吉林省长岭、通榆、洮南、大安、前郭尔罗斯、镇赉、白城，内蒙古额尔古纳、扎兰屯、乌兰浩特、鄂温克旗、陈巴尔虎旗、科尔沁右翼前旗、科尔沁右翼中旗、扎赉特旗、阿鲁科尔沁旗、巴林右旗、宁城、科尔沁左翼后旗、扎鲁特旗。

分布：中国（黑龙江、吉林、辽宁、内蒙古、山西、陕西、甘肃、青海），朝鲜半岛，日本，俄罗斯。

饲用价值及利用方式：良等饲用植物。适口性良好。营养价值较高，初花期刈割时干草营养成分最佳，此时粗蛋白含量23.02%，粗脂肪含量2.68%，粗纤维含量24.59%，粗灰分含量9.39%。该属植物种子有毒，所以最好在花期刈割。该种再生性好但不耐践踏，宜刈割，不宜放牧。

46. 胡枝子 **Lespedeza bicolor** Turcz.

别名：萩、胡枝条、扫皮、随军茶

生境：山坡，林下。

产地：内蒙古科尔沁右翼前旗、扎赉特旗、宁城、鄂温克旗、额尔古纳、新巴尔虎右旗、扎兰屯、阿荣旗、莫旗、突泉、科尔沁左翼中旗、科尔沁左翼后旗、扎鲁特旗、奈曼旗、赤峰、翁牛特旗、巴林左旗、巴林右旗、林西、阿鲁科尔沁旗、克什克腾旗、敖汉旗、喀喇沁旗、多伦。

分布：中国（黑龙江、吉林、辽宁、内蒙古、河北、山西、陕西、甘肃、山东、江苏、安徽、浙江、福建、河南、湖南、广东、广西、台湾），朝鲜半岛，日本，蒙古，俄罗斯。

饲用价值及利用方式：优等饲用植物。枝叶繁茂，适口性好，营养价值高，初花期粗蛋白含量14.1%，粗脂肪含量3.6%，粗纤维含量24.7%，且氨基酸含量丰富，开花期的氨基酸含量较紫花苜蓿高，同时该种的消化率要高于其他灌木类饲草，反刍动物对其有机质的消化率为53.3%～57.6%。可放牧或刈割。

47. 兴安胡枝子 Lespedeza davurica (Laxm.) Schindl.

别名：达乌里胡枝子、牤牛茶、牛筋子
生境：沙质草地，碱性草甸草原。
产地：黑龙江省肇东、大庆、杜尔伯特、明水、安达、肇州、泰来、富裕、齐齐哈尔、甘南、龙江、克东、依安，吉林省长岭、前郭尔罗斯、通榆、洮南、镇赉、大安、乾安、扶余，内蒙古陈巴尔虎旗、新巴尔虎左旗、新巴尔虎右旗、科尔沁右翼前旗、科尔沁右翼中旗、额尔古纳、阿荣旗、鄂温克旗、翁牛特旗、扎赉特旗、科尔沁左翼后旗、巴林左旗、巴林右旗、林西、克什克腾旗、宁城、扎兰屯、莫旗、乌兰浩特、突泉、扎鲁特旗、霍林郭勒、开鲁、阿鲁科尔沁旗、多伦、锡林浩特、东乌珠穆沁旗、西乌珠穆沁旗、苏尼特右旗、正蓝旗、正镶白旗、阿巴嘎旗、镶黄旗。

分布：中国（黑龙江、吉林、辽宁、内蒙古、河北、山西、陕西、山东、江苏、安徽、河南、湖北、四川、云南），朝鲜半岛，日本，俄罗斯。

饲用价值及利用方式：优等饲用植物。花期前为各种家畜喜食，花期后，茎枝木质化，适口性下降，采食率下降。分枝期粗蛋白含量18.05%，粗脂肪含量4.92%，粗纤维含量24.26%（王栋，1989）。可放牧或刈割。

48. 尖叶胡枝子 Lespedeza juncea (L. f.) Pers.

别名：细叶胡枝子、尖叶铁扫帚野鸡草、扁坐、夜关门
生境：沙质草地，碱性草甸草原。
产地：黑龙江省安达、肇东、克山、大庆、林甸、齐齐哈尔、龙江、泰来、富裕、甘南、拜泉、依安，吉林省前郭尔罗斯、长岭、通榆、洮南、镇赉、大安、乾安，内蒙古新巴尔虎左旗、新巴尔虎右旗、科尔沁左翼后旗、科尔沁右翼前旗、科尔沁右翼中旗、扎赉特旗、巴林右旗、克什克腾旗、宁城、翁牛特旗、扎鲁特旗、喀喇沁旗、敖汉旗、额尔古纳、根河、鄂温克旗、扎兰屯、莫旗、阿荣旗、乌兰浩特、突泉、通辽市科尔沁区、多伦、西乌珠穆沁旗、正蓝旗。

分布：中国（黑龙江、吉林、辽宁、内蒙古、河北、山西、甘肃、山东），朝鲜半

岛，日本，蒙古，俄罗斯。

饲用价值及利用方式：优等饲用植物。适口性较好，尤其在现蕾前期，各种家畜喜食。花期后，植株基部茎秆木质化，但营养含量依然丰富。花期后粗蛋白含量 14.04%，粗脂肪含量 6.23%，粗纤维含量 40.70%。可放牧或刈割。

49. 野苜蓿 **Medicago falcata** L.

别名：黄花苜蓿
生境：草甸草原，干草原。
产地：黑龙江省肇州、齐齐哈尔，吉林省长岭，内蒙古陈巴尔虎旗、新巴尔虎右旗、新巴尔虎左旗、鄂温克旗、巴林右旗、克什克腾旗、翁牛特旗、喀喇沁旗、阿巴嘎旗。
分布：中国（黑龙江、吉林、辽宁、内蒙古、河北、山西、陕西、甘肃、新疆），俄罗斯；中亚，欧洲。
饲用价值及利用方式：优等饲用植物。适口性好，为各种家畜喜食。花期粗蛋白含量 26.1%，粗脂肪含量 4.8%，粗纤维含量 14.8%，且氨基酸种类齐全、含量丰富，消化率可达 70%～80%。富含多种维生素和微量元素，以及一些未知促生长因子，对家畜生长发育均有良好作用。因含有大量的皂苷（0.5%～3.5%）且粗蛋白含量较高而含糖量低，不宜单独饲喂或青贮，多与其他禾草混合利用。

50. 白花草木犀 **Melilotus albus** Desr.

别名：白香草木犀、白甜车轴草
生境：荒地，沟边空地，路旁，草地，耕地旁。
产地：黑龙江省肇东、兰西、青冈、明水、肇州，内蒙古赤峰市松山区、科尔沁右翼前旗、科尔沁左翼后旗、克什克腾旗、翁牛特旗、陈巴尔虎旗、鄂温克旗、新巴尔虎左旗、扎鲁特旗、多伦、锡林浩特、西乌珠穆沁旗。
分布：原产于欧洲和西亚，现我国黑龙江、吉林、辽宁、内蒙古、河北、陕西、甘肃、四川有分布。
饲用价值及利用方式：良等饲用植物。茎叶繁茂，质地细嫩，营养丰富，分枝期粗蛋白含量 17.58%，粗脂肪含量 1.95%，粗纤维含量 30.04%（孔庆馥和白云龙，1990）。白花草木犀植株体内含有香豆素，具有苦味，调制成干草后香豆素会大量散失，适口性更好，故主要用于刈割或青贮。需要注意的是，霉变的白花草木犀不可饲喂！

51. 草木犀 **Melilotus suaveolens** Ledeb.

别名：黄花草木犀、野苜蓿、铁扫把、黄香草木犀
生境：河边，湿草地，林缘，路旁，荒地，向阳山坡。
产地：黑龙江省安达、肇东、兰西、青冈、明水、杜尔伯特、肇州、泰来、富裕、齐齐哈尔、甘南、龙江、拜泉、克东、克山、依安，吉林省前郭尔罗斯、通榆、洮南、镇赉、大安、扶余，内蒙古翁牛特旗、扎鲁特旗、根河、额尔古纳、鄂温克旗、科尔沁左翼后旗、科尔沁右翼中旗、赤峰市松山区、宁城、科尔沁右翼前旗、陈巴尔虎旗、新

巴尔虎左旗、新巴尔虎右旗、克什克腾旗、通辽市科尔沁区、开鲁、阿鲁科尔沁旗、巴林右旗、扎兰屯、乌兰浩特、敖汉旗、喀喇沁旗、多伦、锡林浩特、东乌珠穆沁旗、西乌珠穆沁旗、阿巴嘎旗。

分布：中国（黑龙江、吉林、辽宁、内蒙古、河北、山西、陕西、甘肃、宁夏、四川、云南、西藏），朝鲜半岛，蒙古，俄罗斯；中亚。

饲用价值及利用方式：同白花草木犀。

52. 扁蓿豆 Melissitus ruthenica (L.) C. W. Chang

别名：花苜蓿
生境：碱性干草原，碱性草甸草原。
产地：黑龙江省杜尔伯特、大庆、青冈、明水、安达、富裕、泰来、龙江、甘南，吉林省通榆、长岭、洮南、镇赉、乾安、前郭尔罗斯、白城，内蒙古赤峰市松山区、新巴尔虎右旗、新巴尔虎左旗、科尔沁右翼前旗、额尔古纳、鄂温克旗、科尔沁右翼中旗、科尔沁左翼后旗、通辽市科尔沁区、陈巴尔虎旗、科尔沁左翼中旗、扎鲁特旗、开鲁、巴林左旗、巴林右旗、阿鲁科尔沁旗、林西、克什克腾旗、翁牛特旗、敖汉旗、喀喇沁旗、多伦、锡林浩特、霍林郭勒、东乌珠穆沁旗、西乌珠穆沁旗、苏尼特右旗、镶黄旗、正蓝旗、正镶白旗、阿巴嘎旗。

分布：中国（黑龙江、吉林、辽宁、内蒙古、河北、山西、陕西、甘肃、四川），蒙古，俄罗斯。

饲用价值及利用方式：优等饲用植物。适口性好，各种家畜均喜食。花期粗蛋白含量 17.35%，粗脂肪含量 4.62%，粗纤维含量 38.73%，还富含动物需要的必需氨基酸。可放牧、刈割或青贮。

53. 多叶棘豆 Oxytropis myriophylla (Pall.) DC.

别名：鸡翎草、达兰-奥日图哲、狐尾藻棘豆
生境：沙质草地。
产地：黑龙江省杜尔伯特、齐齐哈尔、龙江，吉林省长岭、前郭尔罗斯、洮南、镇赉，内蒙古乌兰浩特、科尔沁左翼后旗、额尔古纳、通辽市科尔沁区、鄂温克旗、科尔沁右翼前旗、科尔沁右翼中旗、突泉、阿荣旗、陈巴尔虎旗、新巴尔虎左旗、新巴尔虎右旗、扎赉特旗、克什克腾旗、翁牛特旗、赤峰市松山区、巴林右旗、莫旗、扎鲁特旗、多伦、锡林浩特、霍林郭勒、东乌珠穆沁旗。

分布：中国（黑龙江、吉林、辽宁、内蒙古、河北），蒙古，俄罗斯。

饲用价值及利用方式：低等饲用植物。返青早，在早春时牛羊喜食。粗蛋白含量仅有 8.21% 左右，粗脂肪含量 2.51%，粗纤维含量 36.44%，钙磷含量 0.78%。在果期，植株可采食量增加且营养含量较高，但仍低于大多数豆科植物。以放牧利用为主。

54. 野火球 Trifolium lupinaster L.

别名：野火荻、野火萩、野车轴草

生境：碱性草甸，干草原。

产地：黑龙江省富裕、拜泉、克东，内蒙古科尔沁右翼前旗、科尔沁右翼中旗、额尔古纳、通辽、鄂温克旗、扎鲁特旗、巴林左旗、巴林右旗、宁城、陈巴尔虎旗、新巴尔虎左旗、扎兰屯、莫旗、林西、克什克腾旗、阿鲁科尔沁旗、喀喇沁旗、多伦、东乌珠穆沁旗。

分布：中国（黑龙江、吉林、辽宁、内蒙古、河北），朝鲜半岛，日本，蒙古，俄罗斯；中亚。

饲用价值及利用方式：优等饲用植物。草质较硬，茎叶粗糙，质地中等，为各种家畜采食。营养丰富，粗蛋白含量9.98%，粗脂肪含量2.58%，粗纤维含量26.01%，矿物质含量较高，尤其是钙含量可达到1.48%，为家畜的钙质饲草（王栋，1989）。可放牧或刈割。

55. 东方野豌豆 Vicia japonica A. Gray

别名：山落豆秧、日本野豌豆、道日那音-给希
生境：林缘，路旁，坡地。
产地：内蒙古科尔沁右翼前旗、额尔古纳、扎赉特旗、巴林右旗、翁牛特旗、多伦。
分布：中国（黑龙江、吉林、辽宁、内蒙古），朝鲜半岛，日本，俄罗斯。

饲用价值及利用方式：优等饲用植物。适口性好，青嫩至干枯均适宜家畜采食。营养丰富，花期粗蛋白含量21.69%，粗脂肪含量2.22%，粗纤维含量27.31%（肖文一和刘中源，1993）。可用于放牧、刈割，或与其他饲草混合青贮。

56. 山野豌豆 Vicia amoena Fisch. ex DC.

别名：透骨草、落豆秧、豆豆苗、芦豆苗
生境：草甸，灌丛，林缘，林下。
产地：黑龙江省齐齐哈尔、安达、肇东、泰来、拜泉，吉林省大安、前郭尔罗斯、通榆，内蒙古科尔沁右翼前旗、科尔沁左翼后旗、扎鲁特旗、克什克腾旗、额尔古纳、通辽、宁城、新巴尔虎左旗、新巴尔虎右旗、扎兰屯、阿荣旗、科尔沁右翼中旗、多伦、霍林郭勒、东乌珠穆沁旗、西乌珠穆沁旗。

分布：中国（黑龙江、吉林、辽宁、内蒙古、河北、山西、陕西、甘肃、宁夏、青海、山东、江苏、安徽、河南、湖北、四川），朝鲜半岛，日本，蒙古，俄罗斯。

饲用价值及利用方式：优等饲用植物。适口性好，各种家畜均喜食。茎叶繁茂，营养丰富，粗蛋白含量17.11%，粗脂肪含量1.90%，矿物质、氨基酸、维生素的含量与紫花苜蓿相似（王栋，1989）。因生长缓慢，不宜放牧，可刈割。

57. 广布野豌豆 Vicia cracca L.

别名：小落豆秧、细叶野豌豆
生境：碱性草甸，干草原，林缘。
产地：黑龙江省青冈、明水、富裕，吉林省长岭、前郭尔罗斯、洮南，内蒙古根河、

陈巴尔虎旗、新巴尔虎左旗、额尔古纳、鄂温克旗、扎赉特旗、巴林右旗、克什克腾旗、翁牛特旗、宁城、科尔沁右翼前旗、科尔沁右翼中旗、扎兰屯、多伦、霍林郭勒、东乌珠穆沁旗、西乌珠穆沁旗。

分布：中国（黑龙江、吉林、辽宁、内蒙古、河北、陕西、甘肃、新疆、安徽、浙江、福建、河南、湖北、江西、广东、广西、四川、贵州、西藏），朝鲜半岛，日本，俄罗斯，土耳其；中亚，欧洲，北美洲。

饲用价值及利用方式：与东方野豌豆相似。

58. 全叶马兰 Kalimeris integrifolia Turcz. ex DC.

别名：全叶鸡儿肠
生境：盐碱草甸，干草原。
产地：黑龙江省大庆、齐齐哈尔、肇东、安达、兰西、青冈、明水、杜尔伯特、肇源、肇州、龙江、泰来、依安、富裕、讷河、甘南、拜泉、克东、克山，吉林省长岭、前郭尔罗斯、通榆、洮南、镇赉、大安、乾安、扶余、农安、白城，内蒙古额尔古纳、根河、科尔沁右翼前旗、科尔沁右翼中旗、喀喇沁旗、科尔沁左翼后旗、翁牛特旗、扎兰屯、巴林右旗、敖汉旗、陈巴尔虎旗、通辽市科尔沁区、扎鲁特旗、莫旗、阿荣旗、突泉。

分布：中国（黑龙江、吉林、辽宁、内蒙古、河北、山西、陕西、山东、江苏、安徽、浙江、河南、湖北、湖南、四川），朝鲜半岛，日本，俄罗斯。

饲用价值及利用方式：优等饲用植物。适口性好，青、干草各种家畜均喜食。全株几乎都可供家畜食用，花期过后，植株并不明显硬化，可较长时间保持质地柔软。营养成分较高，干草粗蛋白含量 13.79%，粗脂肪含量 3.19%，粗纤维含量 27.82%。以自然采食为主。

59. 冷蒿 Artemisia frigida Willd.

别名：小白蒿
生境：沙质草地。
产地：黑龙江省肇东、肇州、杜尔伯特、安达、大庆、齐齐哈尔，吉林省通榆、前郭尔罗斯、大安、镇赉、洮南，内蒙古扎鲁特旗、科尔沁右翼前旗、科尔沁右翼中旗、突泉、乌兰浩特、科尔沁左翼后旗、阿鲁科尔沁旗、巴林右旗、扎赉特旗、赤峰市松山区、根河、额尔古纳、鄂温克旗、陈巴尔虎旗、新巴尔虎左旗、新巴尔虎右旗、科尔沁左翼中旗、林西、库伦旗、翁牛特旗、克什克腾旗、喀喇沁旗、多伦、锡林浩特、二连浩特、东乌珠穆沁旗、西乌珠穆沁旗、苏尼特左旗、苏尼特右旗、正蓝旗、正镶白旗、阿巴嘎旗。

分布：中国（黑龙江、吉林、辽宁、内蒙古、河北、山西、陕西、宁夏、甘肃、青海、新疆、西藏），蒙古，俄罗斯，土耳其，伊朗；中亚，北美洲。

饲用价值及利用方式：良等饲用植物。饲用价值和营养价值较高，但受生长发育期影响较大。早春萌发，地上部分全部可食，但此时植株矮小，因而家畜采食不多；5～6

月枝叶逐渐长大而繁盛，家畜喜食；7 月具有花序的枝条向上迅速生长，并部分开花，此时气味较浓，可食性下降，家畜仅采食其铺于地面的茎叶及具有花序的枝条上部；9 月结实以后，气味减少，家畜喜食。开花期粗蛋白含量 10.53%，粗脂肪含量 5.92%，粗纤维含量 36.96%。以自然采食为主。

60. 黄花蒿 Artemisia annua L.

别名：香蒿、草蒿、青蒿、臭蒿、黄蒿、黄香蒿、莫林-沙里尔日、康帕

生境：弃荒地，路旁。

产地：黑龙江省肇东、依安、克山、齐齐哈尔、甘南，吉林省前郭尔罗斯，内蒙古新巴尔虎左旗、翁牛特旗、额尔古纳、突泉、扎赉特旗、扎兰屯、阿荣旗、阿鲁科尔沁旗、克什克腾旗、多伦、镶黄旗、正镶白旗、东乌珠穆沁旗、苏尼特左旗。

分布：中国（全国各地）；遍布欧亚温带、寒温带及亚热带，北美洲。

饲用价值及利用方式：中等饲用植物。适口性较差，青鲜时含有蓝桉醇、青蒿酮和异青蒿酮等挥发性物质，全株具强烈气味，各种牲畜均不食。冬春地上部分保存较好，枯黄的植株为骆驼所乐食，为羊所采食。富含无氮浸出物（主要是较易消化的碳水化合物），但粗蛋白和钙、磷的含量都较贫乏，营养价值较低。开花期粗蛋白含量 5.20%，粗脂肪含量 2.78%，粗纤维含量 28.97%。以自然采食为主。

61. 万年蒿 Artemisia sacrorum Ledeb.

别名：白蒿、白莲蒿、香蒿、铁秆蒿、蚊艾

生境：石砾质山坡，杂木林下，灌丛，荒地。

产地：黑龙江省大庆、杜尔伯特、安达、富裕、肇东、肇源、齐齐哈尔，吉林省大安、通榆、镇赉，内蒙古鄂温克旗、科尔沁左翼后旗、额尔古纳、科尔沁右翼前旗、科尔沁右翼中旗、突泉、扎赉特旗、翁牛特旗、巴林左旗、巴林右旗、林西、克什克腾旗、喀喇沁旗、阿鲁科尔沁旗、宁城、赤峰、陈巴尔虎旗、新巴尔虎右旗、扎兰屯、莫旗、阿荣旗、乌兰浩特、扎鲁特旗、多伦、霍林郭勒、东乌珠穆沁旗、西乌珠穆沁旗、苏尼特右旗、正镶白旗、阿巴嘎旗。

分布：中国（全国各地），朝鲜半岛，日本，蒙古，俄罗斯，阿富汗，印度，巴基斯坦，尼泊尔；中亚。

饲用价值及利用方式：优等饲用植物。适口性中等，羊、骆驼喜食，马也喜食，牛多不采食。冬春季节马喜食。霜打后适口性有所提高。粗蛋白含量高于禾本科牧草，纤维素含量较少，生长后期纤维素含量增加也不显著，开花期纤维素含量 14.16%，结实期纤维素含量 21.56%（齐广和张卫国，2015）。脂肪含量较高。是秋季家畜抓膘及春季恢复体膘的优良牧草。以自然采食为主。

62. 蒙古蒿 Artemisia mongolica Fisch. ex Bess.

别名：蒙蒿、狭叶蒿、狼尾蒿、水红蒿、蒙古-沙里尔日

生境：碱性草甸，干草原，路旁。

产地： 黑龙江省富裕、杜尔伯特、大庆、齐齐哈尔、依安、安达、肇东、肇州、明水、泰来、克山、甘南、拜泉，吉林省洮南、镇赉、大安、前郭尔罗斯、通榆，内蒙古额尔古纳、鄂温克旗、科尔沁右翼前旗、科尔沁右翼中旗、突泉、科尔沁左翼后旗、赤峰市松山区、翁牛特旗、扎赉特旗、乌兰浩特、新巴尔虎左旗、扎兰屯、阿荣旗、扎鲁特旗、多伦、锡林浩特、东乌珠穆沁旗、正蓝旗、镶黄旗、正镶白旗。

分布： 中国（黑龙江、吉林、辽宁、内蒙古、河北、山西、陕西、宁夏、甘肃、青海、新疆、山东、江苏、安徽、福建、河南、湖北、江西、湖南、广东、四川、贵州、台湾），蒙古，朝鲜半岛，日本，俄罗斯。

饲用价值及利用方式： 中等饲用植物。适口性不高，春季幼苗马、牛、羊均采食，夏季枝茎粗硬，而其他优良牧草均已生长茂盛，此时家畜几乎不采食。在下霜后和冬季，各种家畜均采食，小家畜尤喜食。开花期粗蛋白含量12.58%，粗脂肪含量4.99%，粗纤维含量23.88%。可放牧或刈割。

63. 野艾蒿 Artemisia umbrosa (Bess.) Turcz.

别名： 野艾、荫地蒿、小叶艾、狭叶艾、苦艾、色古得尔音-沙里尔日、哲尔日格-荽哈

生境： 山坡，林缘，路旁，干旱草原坡地，碱性草甸。

产地： 黑龙江省安达、大庆、肇东、兰西、青冈、讷河、龙江、甘南、拜泉、克东、克山、依安，吉林省长岭、前郭尔罗斯、通榆、洮南、扶余、镇赉、乾安，内蒙古额尔古纳、根河、鄂温克旗、科尔沁右翼前旗、科尔沁右翼中旗、扎赉特旗、突泉、乌兰浩特、科尔沁左翼后旗、巴林右旗、克什克腾旗、翁牛特旗、阿荣旗、扎兰屯、扎鲁特旗。

分布： 中国（黑龙江、吉林、辽宁、内蒙古、河北、山西、陕西、甘肃、山东、江苏、安徽、河南、湖北、江西、湖南、广东、广西、四川、贵州、云南），朝鲜半岛，日本，蒙古，俄罗斯。

饲用价值及利用方式： 优等饲用植物，但饲用价值因生育期而异。幼嫩时质地柔软，但含辛味，适口性较差，夏末秋初适口性增强，为家畜喜食。晚秋枯萎后，适口性优良，为晚秋和冬季的优质牧草之一。其种子营养价值较高，对牛、羊、猪有较好的催肥效果。含有丰富的维生素、多种氨基酸、矿物质、叶绿素、生长素和未知生长因子等。因此，艾蒿可制成干草粉作为精饲料添加剂。可放牧或刈割。

64. 线叶菊 Filifolium sibiricum (L.) Kitam.

别名： 兔毛蒿

生境： 碱性草甸草原，干草原。

产地： 黑龙江省克东、泰来、富裕、肇东、肇源、大庆、安达、齐齐哈尔、林甸、杜尔伯特，吉林省镇赉、前郭尔罗斯、通榆，内蒙古额尔古纳、科尔沁右翼前旗、科尔沁右翼中旗、扎赉特旗、突泉、乌兰浩特、扎鲁特旗、宁城、根河、通辽市科尔沁区、新巴尔虎左旗、新巴尔虎右旗、科尔沁左翼后旗、陈巴尔虎旗、鄂温克旗、扎兰屯、阿荣旗、莫旗、林西、翁牛特旗、克什克腾旗、巴林右旗、多伦、霍林郭勒、东乌珠穆沁

旗、西乌珠穆沁旗。

分布：中国（黑龙江、吉林、辽宁、内蒙古、河北、山西），朝鲜半岛，蒙古，俄罗斯。

饲用价值及利用方式：低等饲用植物。植株质地较粗糙，适口性差，青鲜状态一般不为家畜所采食。秋季霜冻后，植株变成红色或暗褐色时，马、羊采食。枯草期的茎叶非常脆弱，易于折碎，因而不宜刈割，利用率较低。营养物质含量较低，结实期粗蛋白含量7.95%，粗脂肪含量5.50%，粗纤维含量24.62%。以自然采食为主。

65. 山莴苣 *Lactuca indica* L.

别名：山苦菜、北山莴苣
生境：低湿草甸，沙质草原，路旁，弃荒地。
产地：黑龙江省大庆、安达、齐齐哈尔、富裕、依安、讷河、泰来、甘南、拜泉，吉林省长岭、大安、乾安、前郭尔罗斯、扶余、镇赉，内蒙古喀喇沁旗、科尔沁左翼后旗、科尔沁右翼中旗、通辽市科尔沁区、额尔古纳、新巴尔虎左旗、新巴尔虎右旗、扎兰屯、阿荣旗、突泉、霍林郭勒。

分布：中国（黑龙江、吉林、辽宁、内蒙古、河北、山西、陕西、甘肃、青海、新疆、河南、西藏），蒙古，俄罗斯，哈萨克斯坦，乌兹别克斯坦，伊朗，阿富汗，印度；欧洲。

饲用价值及利用方式：高产优质青饲料。叶量大，脆嫩多汁。茎叶中含有白色乳汁，微带苦味，适口性良好，为各种家畜喜食。营养价值较高，现蕾期粗蛋白含量21.85%，粗脂肪含量5.27%，粗纤维含量17.28%。除青饲外，也可晒制干草粉。青贮效果较好，草质柔软易于压紧，青贮山莴苣呈金黄色，具芳香气味，有微酸味，猪和兔均喜食。

66. 苣荬菜 *Sonchus brachyotus* DC.

别名：曲麻菜、苦荬菜
生境：碱性草甸，弃荒地，路旁。
产地：黑龙江省安达、肇东、肇源、大庆、青冈、明水、泰来、依安、克山、讷河、齐齐哈尔、龙江、甘南、克东、拜泉，吉林省长岭、前郭尔罗斯、镇赉、大安、扶余、农安、通榆，内蒙古赤峰市松山区、阿鲁科尔沁旗、巴林右旗、扎鲁特旗、翁牛特旗、科尔沁右翼前旗、科尔沁右翼中旗、额尔古纳、新巴尔虎左旗、新巴尔虎右旗、突泉、克什克腾旗、喀喇沁旗、莫旗、多伦、霍林郭勒、锡林浩特、东乌珠穆沁旗、西乌珠穆沁旗、正镶白旗。

分布：中国（黑龙江、吉林、辽宁、内蒙古、河北、山西、陕西、山东），朝鲜半岛，日本，蒙古，俄罗斯。

饲用价值及利用方式：优等饲用植物。适口性好，全株为各种家畜喜食，尤适于做猪、禽饲料。花期茎叶质地细嫩，各种家畜也甚喜食。苣荬菜粗蛋白含量中等，花期粗蛋白含量占鲜物质含量的2.94%，粗脂肪含量1.15%，粗纤维含量5.61%，花期时用其喂猪，可节省精饲料。可放牧或刈割。采集期5～9月，割取全株，切碎生喂，也可整株饲喂。

67. 苦苣菜 Sonchus oleraceus L.

别名：苦菜、苦荬菜

生境：种植地，林地。

产地：黑龙江省泰来，内蒙古科尔沁右翼中旗、克什克腾旗、扎鲁特旗、开鲁、翁牛特旗、赤峰市松山区、多伦。

分布：原产于欧洲，现我国黑龙江、吉林、辽宁、内蒙古、河北、陕西、甘肃、青海、新疆、江苏、河南、湖北、广东、四川有分布。

饲用价值及利用方式：优等饲用植物。茎叶柔嫩多汁，嫩茎叶含水量高达 90%，无刺，无毛，稍有苦味，适口性好，牛、马少采食，其他家畜喜食。植株含有较多的维生素 C，且秋季时维生素 C、胡萝卜素的含量较春夏两季高。能量价值中等。茎叶繁茂，叶量大，抽茎之前为茂密的叶丛，至花期，其植株仍较脆嫩。花期粗蛋白含量 16.98%，粗脂肪含量 5.95%，粗纤维含量 19.75%。不耐畜禽践踏，耐牧性差，以花期前刈割利用为宜。除青饲外，还可晒制青干草，制成草粉或青贮利用。

68. 问荆 Equisetum arvense L.

别名：节节草、笔头草、土麻黄

生境：草甸，河边，沟旁，荒地。

产地：黑龙江省大庆、兰西、泰来、龙江、甘南、依安，吉林省长岭、前郭尔罗斯、洮南、镇赉，内蒙古根河、额尔古纳、科尔沁左翼后旗、科尔沁右翼前旗、科尔沁右翼中旗、扎鲁特旗、库伦旗、翁牛特旗、敖汉旗、巴林左旗、巴林右旗、阿鲁科尔沁旗、克什克腾旗、喀喇沁旗、新巴尔虎左旗、新巴尔虎右旗、扎兰屯、多伦、霍林郭勒。

分布：中国（黑龙江、吉林、辽宁、内蒙古、河北、山西、陕西、甘肃、宁夏、青海、新疆、山东、江苏、安徽、浙江、福建、河南、湖北、江西、四川、贵州、云南、西藏），朝鲜半岛，日本，俄罗斯；欧洲，北美洲。

饲用价值及利用方式：低等饲用植物。其饲用部分全部为茎，植株整个生长季都很柔软，可利用时间较长。营养物质少，营养期粗蛋白含量 2.66%，粗纤维含量 5.53%，粗脂肪含量 0.29%。春季放牧，牛羊均喜食；夏季 6～7 月可刈割，供各季利用。

69. 萹蓄蓼 Polygonum aviculare L.

别名：扁猪牙、多茎萹蓄、竹叶草、扁竹

生境：草地，荒地，路旁，河边沙地。

产地：黑龙江省大庆、肇东、兰西、肇源、肇州、齐齐哈尔、泰来、依安、克山、富裕、龙江、甘南、拜泉、克东，吉林省洮南、长岭、前郭尔罗斯、通榆、大安、乾安、扶余、农安，内蒙古额尔古纳、科尔沁右翼前旗、扎鲁特旗、克什克腾旗、陈巴尔虎旗、新巴尔虎左旗、新巴尔虎右旗、扎兰屯、阿荣旗、莫旗、突泉、科尔沁左翼后旗、多伦、

锡林浩特、霍林郭勒、东乌珠穆沁旗、西乌珠穆沁旗、苏尼特右旗、正蓝旗、正镶白旗、阿巴嘎旗。

分布：中国（全国各地）；遍布北半球温带地区。

饲用价值及利用方式：良等饲用植物。茎叶柔软，适口性良好，生育期长，干、鲜草牛、羊均喜食。干草粗蛋白含量 15.45%，粗纤维含量 27.46%，粗脂肪含量 2.13%。以自然采食为主。

70. 酸模叶蓼 Polygonum lapathifolium L.

别名：斑蓼、大马蓼
生境：荒地，沟旁，湿草地。
产地：黑龙江省泰来、齐齐哈尔，吉林省长岭、镇赉、大安，内蒙古额尔古纳、新巴尔虎右旗、新巴尔虎左旗、扎兰屯、扎鲁特旗、克什克腾旗、翁牛特旗、鄂温克旗、陈巴尔虎旗、乌兰浩特、突泉、东乌珠穆沁旗。
分布：中国（黑龙江、吉林、辽宁、内蒙古、河北、山西、山东、安徽、湖北、广东、西藏），朝鲜半岛，日本，蒙古，俄罗斯，土耳其，伊朗；南亚，欧洲，北美洲。
饲用价值及利用方式：中等饲用植物。开花前茎叶柔嫩多汁，各种家畜采食；结实后，茎生叶老化并大量干枯，饲用价值明显下降。果期粗蛋白含量 12.53%，粗纤维含量 19.3%，粗脂肪含量 2.73%（谷奉天等，2003）。种子富含淀粉，也是很好的精饲料。以自然采食为主。

71. 分叉蓼 Polygonum divaricatum L.

别名：酸溜溜、酸巴浆、叉分蓼
生境：山坡草地，灌丛。
产地：黑龙江省肇东、杜尔伯特、齐齐哈尔、克山、富裕，吉林省前郭尔罗斯、洮南、镇赉，内蒙古鄂温克旗、额尔古纳、科尔沁右翼前旗、赤峰市松山区、敖汉旗、喀喇沁旗、宁城、翁牛特旗、乌兰浩特、克什克腾旗、阿鲁科尔沁旗、扎鲁特旗、科尔沁左翼后旗、新巴尔虎左旗、新巴尔虎右旗、扎兰屯、科尔沁左翼中旗、科尔沁右翼中旗、巴林左旗、巴林右旗、林西、多伦、锡林浩特、霍林郭勒、东乌珠穆沁旗、西乌珠穆沁旗、正蓝旗、正镶白旗、阿巴嘎旗。
分布：中国（黑龙江、吉林、辽宁、内蒙古、河北、山西、山东），朝鲜半岛，蒙古，俄罗斯。
饲用价值及利用方式：中等饲用植物。青绿时植物柔嫩多汁，但味微酸，适口性一般，各种家畜采食。青鲜时粗蛋白含量 19.25%，粗纤维含量 19.82%，粗脂肪含量 4.16%（黑龙江省野生经济植物图志编辑委员会，1963）。以自然采食为主。

72. 西伯利亚蓼 Polygonum sibiricum Laxm.

别名：剪刀股、西伯利亚神血宁
生境：沙质盐碱地，盐生草甸，路边。

产地：黑龙江省泰来、大庆、兰西、安达、林甸、甘南、杜尔伯特、肇源、肇州，吉林省长岭、前郭尔罗斯、洮南、通榆、大安、镇赉，内蒙古阿鲁科尔沁旗、通辽、赤峰、扎鲁特旗、额尔古纳、新巴尔虎左旗、新巴尔虎右旗、鄂温克旗、喀喇沁旗、科尔沁右翼中旗、东乌珠穆沁旗。

分布：中国（黑龙江、吉林、辽宁、内蒙古、河北、山东、甘肃、四川、云南、西藏），蒙古，俄罗斯，哈萨克斯坦。

饲用价值及利用方式：中等饲用植物。嫩枝叶羊喜食，骆驼喜采食花序，牛、马不吃，秋末适口性有所提高，至入冬前为家畜所采食。营养物质较为丰富，营养期粗蛋白含量 15.12%，粗纤维含量 19.41%，粗脂肪含量 3.31%（谷奉天等，2003）。多以自然采食为主。

73. 马齿苋 Portulaca oleracea L.

别名：蚂蚱菜、马齿菜、马苋菜
生境：干旱硬质荒地，田间，路边。
产地：黑龙江省兰西、泰来，吉林省长岭、前郭尔罗斯、通榆、洮南，内蒙古宁城、扎兰屯、通辽、科尔沁左翼中旗、科尔沁右翼中旗、阿鲁科尔沁旗、敖汉旗、赤峰。
分布：中国（全国各地）；遍布世界温带、热带地区。
饲用价值及利用方式：优等饲用植物。茎叶肥厚多汁。青绿时微带酸味，适口性好，猪尤喜食。营养成分丰富，花期粗蛋白含量 21.88%，粗纤维含量 12.52%，粗脂肪含量 4.17%，铁元素和多种氨基酸含量丰富。以自然采食为主。

74. 滨藜 Atriplex patens (Litv.) Iljin

生境：碱性草地，路旁。
产地：黑龙江省泰来、大庆、杜尔伯特，吉林省乾安、前郭尔罗斯、镇赉、通榆，内蒙古科尔沁左翼后旗、鄂温克旗、科尔沁右翼中旗、克什克腾旗、额尔古纳、科尔沁右翼前旗、赤峰市松山区、翁牛特旗、新巴尔虎左旗、新巴尔虎右旗。
分布：中国（黑龙江、吉林、辽宁、内蒙古、河北、陕西、甘肃、宁夏、青海、新疆），蒙古，俄罗斯；中亚。
饲用价值及利用方式：中等饲用植物。青绿时适口性不好，干枯后适口性较好，牛、羊喜食。种子成熟期粗蛋白含量 8.06%，粗纤维含量 30.50%，粗脂肪含量 2.49%（程鸿，1990）。以自然采食为主。

75. 灰绿藜 Chenopodium glaucum L.

别名：小灰菜
生境：草地，弃荒地。
产地：黑龙江省安达、林甸、杜尔伯特、肇州、克东、肇东，吉林省长岭、前郭尔罗斯、镇赉，内蒙古陈巴尔虎旗、鄂温克旗、额尔古纳、翁牛特旗、科尔沁左翼后旗、宁城、克什克腾旗、新巴尔虎左旗、新巴尔虎右旗、科尔沁左翼中旗、科尔沁右翼中旗、赤峰市松山区、多伦、正镶白旗。

分布：中国（全国各地）；遍布南北半球温带地区。

饲用价值及利用方式：中等饲用植物。全草肉质多汁，富含水分，因体内含有盐分，具有一定的咸味，幼嫩时牛、羊可采食，尤其为骆驼所喜食。营养价值较丰富，花期粗蛋白含量 25.81%，粗纤维含量 10.79%，粗脂肪含量 4.15%。可放牧或刈割青饲。

76. 藜 Chenopodium album L.

别名：灰菜
生境：弃荒地，路旁。
产地：黑龙江省大庆、肇东、肇源、齐齐哈尔、泰来、依安、富裕、甘南、克东、拜泉、克山、杜尔伯特，吉林省镇赉、扶余、通榆、长岭、洮南、大安、乾安，内蒙古额尔古纳、赤峰、翁牛特旗、克什克腾旗、陈巴尔虎旗、鄂温克旗、新巴尔虎左旗、新巴尔虎右旗、扎兰屯、莫旗、突泉、科尔沁左翼后旗、扎鲁特旗、喀喇沁旗、多伦、东乌珠穆沁旗、苏尼特左旗、阿巴嘎旗。
分布：中国（全国各地）；遍布世界热带及温带地区。
饲用价值及利用方式：中等饲用植物。青绿时质地鲜嫩柔软，无特殊气味，适口性较好，牛、羊均喜食，猪尤喜食。营养丰富，盛花期粗蛋白含量 9.31%，粗纤维含量 18.70%，粗脂肪含量 2.02%（李正春等，1990）。可放牧、刈割或青贮。

77. 地肤 Kochia scoparia (L.) Schrad.

别名：扫帚草、扫帚苗、扫帚菜、观音菜、孔雀松
生境：碱性草甸，干草原，路旁。
产地：黑龙江省安达、齐齐哈尔、泰来，吉林省镇赉，内蒙古乌兰浩特、新巴尔虎左旗、新巴尔虎右旗、莫旗、科尔沁左翼中旗、通辽、科尔沁右翼中旗、扎鲁特旗、霍林郭勒。
分布：中国（全国各地），朝鲜半岛，日本，蒙古，俄罗斯，土耳其，伊朗；中亚，欧洲。
饲用价值及利用方式：优等饲用植物。生长期长，茎叶质地柔嫩，叶、花序量多，适口性好，为牛、羊所喜食。营养价值高，营养期粗蛋白含量 27.47%，粗纤维含量 17.08%，粗脂肪含量 1.92%。可放牧或刈割。

78. 反枝苋 Amaranthus retroflexus L.

别名：苋菜、西风谷
生境：碱性草甸，路边，弃荒地。
产地：黑龙江省齐齐哈尔、肇东、兰西、泰来、依安、讷河、龙江、甘南，吉林省长岭、前郭尔罗斯、洮南、通榆、大安、乾安、扶余、镇赉，内蒙古额尔古纳、科尔沁右翼前旗、科尔沁右翼中旗、扎鲁特旗、新巴尔虎左旗、新巴尔虎右旗、扎兰屯、克什克腾旗、乌兰浩特、翁牛特旗、喀喇沁旗、赤峰、多伦、锡林浩特、正镶白旗。

分布：原产于南美洲，现我国黑龙江、吉林、辽宁、内蒙古、河北、山西、陕西、宁夏、甘肃、新疆、山东、河南有分布。

饲用价值及利用方式：良等饲用植物。牛、羊均喜食，结实期种子营养尤为丰富，此时粗蛋白含量 12.56%，粗纤维含量 29.21%，粗脂肪含量 1.81%（吉林省野生经济植物志编辑委员会，1961）。宜青刈切碎加糠，或打成"菜酱"和其他饲料混合喂饲。

79. 花旗竿 Dontostemon dentatus (Bunge) Ledeb.

生境：沙质草地。
产地：吉林省扶余，内蒙古额尔古纳、根河、科尔沁右翼前旗、宁城、扎兰屯、科尔沁左翼后旗、扎赉特旗、喀喇沁旗、巴林右旗、鄂温克旗、莫旗、突泉、科尔沁左翼中旗、扎鲁特旗。
分布：中国（黑龙江、吉林、辽宁、内蒙古、河北、山西、陕西、山东、江苏、安徽、河南），朝鲜半岛，日本，俄罗斯。

饲用价值及利用方式：中等饲用植物。青鲜时羊喜食，牛几乎不采食。花果期粗蛋白含量 17.84%，粗纤维含量 27.21%，粗脂肪含量 2.43%（陈默君和贾慎修，2002）。以自然采食为主。

80. 葶苈 Draba nemorosa L.

别名：光果葶苈
生境：草甸，干草原，弃荒地。
产地：黑龙江省甘南，吉林省大安，内蒙古克什克腾旗、科尔沁右翼前旗、额尔古纳、根河、鄂温克旗、巴林左旗、巴林右旗、陈巴尔虎旗、新巴尔虎左旗、扎兰屯、阿荣旗、通辽、霍林郭勒、东乌珠穆沁旗、西乌珠穆沁旗、阿巴嘎旗。
分布：中国（全国各地），朝鲜半岛，日本，蒙古，俄罗斯，土耳其；中亚，欧洲，北美洲。

饲用价值及利用方式：中等饲用植物。质地柔软，木质化部分少，适口性良好，各种家畜均可采食。盛花期粗蛋白含量 4.91%，粗纤维含量 27.65%，粗脂肪含量 2.22%（李正春等，1990）。以自然采食为主。

81. 鹅绒委陵菜 Potentilla anserina L.

别名：蕨麻、人参果、延寿草、蕨麻委陵菜、莲花菜
生境：草甸，河边，耕地旁，人类聚集地附近。
产地：黑龙江省富裕、肇东、兰西、青冈、安达、林甸、杜尔伯特、肇州、龙江、泰来、讷河、甘南、拜泉、克东、依安，吉林省前郭尔罗斯、长岭、通榆、镇赉、大安、扶余、白城，内蒙古额尔古纳、扎兰屯、莫旗、科尔沁右翼前旗、克什克腾旗、宁城、陈巴尔虎旗、新巴尔虎左旗、新巴尔虎右旗、鄂温克旗、阿荣旗、扎鲁特旗、科尔沁左翼后旗、通辽、巴林右旗、翁牛特旗、阿鲁科尔沁旗、霍林郭勒、东乌珠穆沁旗、西乌珠穆沁旗。

分布：中国（黑龙江、吉林、辽宁、内蒙古、河北、山西、陕西、甘肃、宁夏、青海、新疆、四川、云南、西藏），朝鲜半岛，日本，蒙古，俄罗斯，伊朗，叙利亚；中亚，欧洲，大洋洲，北美洲，南美洲。

饲用价值及利用方式：良等饲用植物。质地柔软，鲜草无特殊气味，但家畜几乎不采食，干草具清香气味为家畜采食。干草粗蛋白含量20.66%，粗纤维含量19.48%，粗脂肪含量7.47%。以刈割为主。

82. 地榆 Sanguisorba officinalis L.

别名：山红枣、黄瓜香
生境：向阳干山坡，林缘，草原，草甸，灌丛，疏林下。
产地：黑龙江省大庆、克山、安达、富裕、克东，吉林省长岭、前郭尔罗斯、洮南、通榆、大安，内蒙古额尔古纳、科尔沁右翼前旗、阿鲁科尔沁旗、宁城、科尔沁左翼后旗、赤峰、陈巴尔虎旗、新巴尔虎左旗、新巴尔虎右旗、扎兰屯、阿荣旗、乌兰浩特、突泉、巴林左旗、巴林右旗、扎鲁特旗、翁牛特旗、林西、克什克腾旗、喀喇沁旗、多伦、锡林浩特、霍林郭勒、东乌珠穆沁旗、西乌珠穆沁旗、正镶白旗。
分布：中国（黑龙江、吉林、辽宁、内蒙古、河北、山西、陕西、甘肃、青海、新疆、山东、江苏、安徽、浙江、河南、湖北、江西、湖南、广西、四川、贵州、云南、西藏），朝鲜半岛，日本，俄罗斯；欧洲，北美洲。
饲用价值及利用方式：良等饲用植物。草质柔嫩，无毛，无异味，适口性良好。花期粗蛋白含量8.8%，粗纤维含量36.70%，粗脂肪含量2.60%。以自然采食为主。

83. 罗布麻 Apocynum venetum L.

别名：红麻泽、漆麻、野麻、茶叶花
生境：碱性草甸，干草原。
产地：吉林省大安、长岭，内蒙古扎鲁特旗、巴林右旗、科尔沁右翼中旗、扎赉特旗、通辽。
分布：中国（吉林、辽宁、内蒙古、河北、山西、陕西、甘肃、青海、新疆、山东、江苏、河南），朝鲜半岛，蒙古，俄罗斯；中亚。
饲用价值及利用方式：良等饲用植物。春季返青草，嫩枝叶牛、羊喜食。结实期粗蛋白含量10.61%，粗纤维含量31.35%，粗脂肪含量2.43%。再生性强，可刈割。

84. 地梢瓜 Cynanchum thesioides K. Schum.

别名：老瓜瓢、细叶白前、女青、地梢花
生境：沙质草地，路旁。
产地：黑龙江省杜尔伯特、肇东、泰来、大庆、安达、林甸、肇州、齐齐哈尔、富裕、龙江，吉林省长岭、洮南、通榆、大安、乾安、前郭尔罗斯、扶余、镇赉、白城，内蒙古新巴尔虎右旗、新巴尔虎左旗、扎鲁特旗、赤峰、巴林右旗、宁城、科尔沁右翼前旗、科尔沁右翼中旗、扎赉特旗、乌兰浩特、科尔沁左翼中旗、科尔沁左翼后旗、陈巴尔虎旗、鄂温克旗、扎兰屯、阿荣旗、莫旗、突泉、库伦旗、通辽、奈曼旗、阿鲁科尔沁旗、克什克腾旗、翁牛特旗、敖汉旗、多伦、霍林郭勒、锡林浩特、东乌珠穆沁旗、西乌珠穆沁旗、苏尼特左旗、正蓝旗、阿巴嘎旗。

分布：中国（黑龙江、吉林、辽宁、内蒙古、河北、山西、陕西、甘肃、宁夏、青海、新疆、江苏），朝鲜半岛，蒙古，俄罗斯。

饲用价值及利用方式：中等饲用植物。生长前期为羊喜食，后期茎秆木质化，适口性下降。果期粗蛋白含量 12.89%，粗纤维含量 21.76%，粗脂肪含量 6.19%。以自然采食为主。

85. 蓬子菜拉拉藤 Galium verum L.

别名：蓬子菜、土黄连、土茜草、白茜草、黄牛尾、铁尺草
生境：草甸，林下，林缘，山坡草地。
产地：黑龙江省大庆、安达、齐齐哈尔、明水、林甸、杜尔伯特、泰来、龙江、富裕，吉林省长岭、前郭尔罗斯、洮南、镇赉、大安，内蒙古额尔古纳、陈巴尔虎旗、鄂温克旗、翁牛特旗、科尔沁左翼中旗、科尔沁左翼后旗、扎鲁特旗、通辽市科尔沁区、新巴尔虎右旗、新巴尔虎左旗、根河、乌兰浩特、科尔沁右翼前旗、科尔沁右翼中旗、克什克腾旗、林西、巴林左旗、巴林右旗、阿鲁科尔沁旗、宁城、阿荣旗、莫旗、扎兰屯、赤峰市松山区、喀喇沁旗、多伦、锡林浩特、霍林郭勒、东乌珠穆沁旗、西乌珠穆沁旗、正蓝旗、正镶白旗、阿巴嘎旗。

分布：中国（黑龙江、吉林、辽宁、内蒙古、河北、山西、陕西、甘肃、宁夏、青海、新疆、山东、江苏、安徽、浙江、河南、湖北、四川、西藏），朝鲜半岛，日本，俄罗斯，土耳其；中亚，欧洲。

饲用价值及利用方式：中等饲用植物。全株纤维含量高，适口性一般。营养成分较为丰富，盛花期粗蛋白含量 9.76%，粗纤维含量 35.45%，粗脂肪含量 1.72%（李正春等，1990）。以自然采食为主。

86. 打碗花 Calystegia hederacea Wall.

别名：燕子尾（yǐ）、喇叭花、兔耳草、盘肠参、蒲地参
生境：碱性草甸，路旁。
产地：黑龙江省齐齐哈尔，内蒙古克什克腾旗、巴林左旗、巴林右旗、阿鲁科尔沁旗、敖汉旗、翁牛特旗、赤峰、喀喇沁旗。

分布：中国（黑龙江、吉林、辽宁、内蒙古、河北、山西、陕西、甘肃、宁夏、青海、新疆、山东、江苏、安徽、浙江、河南、湖北、江西、湖南、四川、贵州、云南、西藏），朝鲜半岛，日本，蒙古，俄罗斯，马来西亚；中亚，南亚，非洲。

饲用价值及利用方式：良等饲用植物。枝叶柔嫩，生物量大，青绿时猪喜食，牛、马不食。花期粗蛋白含量 3.7%，粗纤维含量 2.3%，粗脂肪含量 0.7%（黑龙江省野生经济植物图志编辑委员会，1963）。根有毒，含生物碱，故不可采集带根的植株饲喂。以自然采食为主。

87. 银灰旋花 Convolvulus ammannii Desr.

生境：山坡草地，干旱草地。

产地：黑龙江省大庆、青冈、安达、龙江，吉林省前郭尔罗斯、镇赉、洮南、通榆，内蒙古额尔古纳、新巴尔虎右旗、新巴尔虎左旗、科尔沁右翼前旗、翁牛特旗、赤峰市松山区、通辽市科尔沁区、乌兰浩特、巴林左旗、巴林右旗、扎鲁特旗、克什克腾旗、科尔沁右翼中旗、突泉、林西、喀喇沁旗、多伦、锡林浩特、二连浩特、东乌珠穆沁旗、苏尼特左旗、苏尼特右旗、阿巴嘎旗、镶黄旗、正镶白旗。

分布：中国（黑龙江、吉林、辽宁、内蒙古、河北、河南、甘肃、陕西、山西、新疆、青海、西藏），朝鲜半岛，蒙古，俄罗斯，中亚。

饲用价值及利用方式：低等饲用植物。植株矮小且常斜升，牛几乎不食，青鲜时，山羊喜食。营养期粗蛋白含量 11.08%，粗纤维含量 28.71%，粗脂肪含量 1.72%（黑龙江省野生经济植物图志编辑委员会，1963）。多以自然采食为主。

88. 砂引草 Messerschmidia sibirica L.

别名：紫丹草、西伯利亚紫丹
生境：沙质草地。

产地：黑龙江省泰来、依安，吉林省长岭、前郭尔罗斯，内蒙古翁牛特旗、赤峰市松山区、扎鲁特旗、新巴尔虎左旗、新巴尔虎右旗、开鲁、奈曼旗、敖汉旗、阿鲁科尔沁旗、锡林浩特。

分布：中国（黑龙江、吉林、辽宁、内蒙古、河北、山西、陕西、甘肃、宁夏、山东、河南），朝鲜半岛，日本，蒙古，俄罗斯，伊朗，土耳其；中亚。

饲用价值及利用方式：中等饲用植物。植株低矮，牛几乎不采食，青绿时羊采食。果期粗蛋白含量 9.61%，粗纤维含量 21.91%，粗脂肪含量 4.25%。以自然采食为主。

89. 香青兰 Dracocephalum moldavica L.

别名：山薄荷、蓝秋花、摩眼子
生境：干草原，向阳坡地。

产地：黑龙江省齐齐哈尔，吉林省通榆、长岭、大安、洮南、白城，内蒙古克什克腾旗、阿鲁科尔沁旗、赤峰市松山区、翁牛特旗、科尔沁右翼中旗、扎赉特旗、乌兰浩特、突泉、扎鲁特旗、多伦、霍林郭勒、镶黄旗、正镶白旗、阿巴嘎旗。

分布：中国（黑龙江、吉林、辽宁、内蒙古、河北、山西、陕西、甘肃、青海、河南），俄罗斯；中亚，欧洲。

饲用价值及利用方式：中等饲用植物。青绿时家畜喜食。花期粗蛋白含量 12.19%，粗脂肪含量 3.31%，粗纤维含量 26.96%，钙含量 1.71%，磷含量 0.19%（陈默君和贾慎修，2002）。以自然采食为主。

90. 益母草 Leonurus japonicus Houtt.

别名：益母蒿、九重楼、益母花、童子益母草、玉米草、地母草、灯笼草、野麻

生境：耕地旁，荒地，山坡草地。

产地：黑龙江省克山、肇东、肇源、大庆、兰西、青冈、明水、齐齐哈尔、依安、富裕、讷河、甘南、龙江、拜泉、克东，吉林省长岭、通榆、洮南、大安、乾安、扶余、镇赉，内蒙古扎赉特旗、科尔沁左翼后旗、宁城、额尔古纳、鄂温克旗、科尔沁右翼中旗、喀喇沁旗、新巴尔虎左旗、扎兰屯、阿荣旗、乌兰浩特、突泉、扎鲁特旗、库伦旗、翁牛特旗、林西、巴林左旗、巴林右旗、克什克腾旗、敖汉旗、霍林郭勒、东乌珠穆沁旗、西乌珠穆沁旗、正镶白旗。

分布：中国（全国各地），朝鲜半岛，日本，俄罗斯；亚洲温带至热带地区，非洲，北美洲。

饲用价值及利用方式：劣等饲用植物。嫩茎可做牛、羊、猪饲草。营养期粗蛋白含量21.14%，粗脂肪含量4.60%，粗纤维含量14.76%，粗灰分含量14.87%，钙含量1.76%，磷含量0.54%（陈默君和贾慎修，2002）。以自然采食为主。

91. 并头黄芩 *Scutellaria scordifolia* Fisch. ex Schrank

别名：山麻子、头巾草

生境：碱性草甸，岗地。

产地：黑龙江省安达、大庆、依安，吉林省长岭、前郭尔罗斯、通榆、镇赉、大安、乾安、扶余、白城，内蒙古新巴尔虎左旗、宁城、阿荣旗、扎兰屯、扎鲁特旗、科尔沁左翼后旗、科尔沁右翼前旗、鄂温克旗、陈巴尔虎旗、根河、额尔古纳、翁牛特旗、扎赉特旗、乌兰浩特、莫旗、库伦旗、赤峰市松山区、林西、克什克腾旗、巴林左旗、巴林右旗、阿鲁科尔沁旗、喀喇沁旗、多伦、正蓝旗、西乌珠穆沁旗。

分布：中国（黑龙江、吉林、辽宁、内蒙古、河北、山西、陕西、青海），朝鲜半岛，蒙古，俄罗斯。

饲用价值及利用方式：中等饲用植物。在草地群落中出现较少，株形较矮小，单株产量不高。青绿时牛、羊喜食，枯黄后饲用价值不高。盛花期粗蛋白含量11.87%，粗脂肪含量2.11%，粗纤维含量27.72%，无氮浸出物39.62%（陈默君和贾慎修，2002）。以自然采食为主。

92. 兴安百里香 *Thymus dahuricus* Serg.

生境：沙质草地。

产地：黑龙江省大庆、安达、杜尔伯特，吉林省乾安，内蒙古科尔沁右翼前旗、科尔沁左翼后旗、扎赉特旗、巴林右旗、新巴尔虎右旗、新巴尔虎左旗、额尔古纳、乌兰浩特、赤峰市松山区、通辽市科尔沁区、根河、扎鲁特旗、翁牛特旗、克什克腾旗、陈巴尔虎旗、扎兰屯、鄂温克旗、阿荣旗、库伦旗。

分布：中国（黑龙江、吉林、辽宁、内蒙古），蒙古，俄罗斯。

饲用价值及利用方式：中等饲用植物。在幼嫩阶段，各类家畜喜食；孕蕾至枯黄阶段，各类家畜不食；秋季枯黄后，各类小家畜喜食。营养价值较高，花期粗蛋白含量12.55%（与一般豆科牧草相当），粗脂肪含量5.24%，粗纤维含量26.26%，粗灰分含量13.02%，钙含量 1.41%，磷含量 0.10%（王栋，1989）。以自然采食为主。

93. 枸杞 Lycium chinense Mill.

别名：狗奶子、菱叶枸杞
生境：沙质草地，向阳山坡。
产地：吉林省洮南、大安、长岭，内蒙古巴林左旗、翁牛特旗、赤峰市松山区、科尔沁左翼中旗、科尔沁左翼后旗。
分布：中国（全国各地）；欧洲。
饲用价值及利用方式：中等饲用灌木。生长季羊喜食，牛、马喜食嫩枝叶，兔喜食叶；冬、春季羊喜食当年生枝条。花期粗蛋白含量 15.6%，粗脂肪含量 5.58%，粗纤维含量 29.11%，粗灰分含量 9.88%，钙含量 1.89%，磷含量 0.14%（陈默君和贾慎修，2002）。以自然采食为主。

94. 达乌里芯芭 Cymbaria dahurica L.

别名：大黄花
生境：碱性草甸，干旱草地。
产地：黑龙江省大庆、安达、杜尔伯特、林甸，吉林省镇赉，内蒙古根河、扎赉特旗、额尔古纳、陈巴尔虎旗、新巴尔虎左旗、新巴尔虎右旗、科尔沁右翼前旗、科尔沁左翼后旗、通辽市科尔沁区、赤峰市松山区、阿鲁科尔沁旗、敖汉旗、鄂温克旗、乌兰浩特、科尔沁右翼中旗、突泉、扎鲁特旗、霍林郭勒、巴林左旗、巴林右旗、克什克腾旗、翁牛特旗、喀喇沁旗、锡林浩特、东乌珠穆沁旗、西乌珠穆沁旗、苏尼特左旗、正蓝旗、正镶白旗、阿巴嘎旗。
分布：中国（黑龙江、吉林、辽宁、内蒙古、河北），蒙古，俄罗斯。
饲用价值及利用方式：中等饲用植物。适口性较好，羊、骆驼喜食，马稍食，牛几乎不采食。花期粗蛋白含量 15.88%，粗脂肪含量 3.25%，粗纤维含量 23.86%，粗灰分含量 13.18%，钙含量 2.07%，磷含量 0.45%（王栋，1989）。以自然采食为主。

95. 返顾马先蒿 Pedicularis resupinata L.

生境：山坡灌丛，沟谷，林缘，林下，湿草地。
产地：内蒙古科尔沁左翼后旗、克什克腾旗、巴林右旗、喀喇沁旗、宁城、科尔沁右翼前旗、鄂温克旗、根河、额尔古纳、陈巴尔虎旗、扎兰屯、扎鲁特旗、多伦、东乌珠穆沁旗。
分布：中国（黑龙江、吉林、辽宁、内蒙古、河北、山西、陕西、甘肃、山东、安徽、四川、贵州），朝鲜半岛，日本，蒙古，俄罗斯。
饲用价值及利用方式：中等饲用植物。春季返青早，生长发育快，可提供青绿饲料时间长。青绿时羊、牛较喜食，马不喜食；枯黄后叶片易掉落，保留的残株牲畜仍采食。盛花期粗蛋白和粗脂肪含量中等，分别为 10.55% 和 2.11%，粗纤维含量 24.71%，粗灰分含量 11.54%，钙含量 0.98%，磷含量 0.11%（陈默君和贾慎修，2002）。以自然采食为主。

96. 车前 Plantago asiatica L.

别名：车轮草、猪耳草、牛耳朵草、车轱辘菜、蛤蟆草

生境：路旁草地，山坡草地，湿草地，林下，林缘，沟边，荒地，耕地旁。

产地：黑龙江省大庆、兰西、青冈、明水、安达、泰来、依安、富裕、甘南、龙江，吉林省大安、前郭尔罗斯、扶余、镇赉，内蒙古额尔古纳、赤峰、陈巴尔虎旗、新巴尔虎左旗、新巴尔虎右旗、扎兰屯、阿荣旗、乌兰浩特、科尔沁左翼后旗、科尔沁右翼中旗、扎鲁特旗、库伦旗、开鲁、翁牛特旗、林西、阿鲁科尔沁旗、巴林左旗、巴林右旗、克什克腾旗、喀喇沁旗、多伦、锡林浩特、西乌珠穆沁旗。

分布：中国（全国各地），朝鲜半岛，日本，俄罗斯，尼泊尔，马来西亚，印度尼西亚。

饲用价值及利用方式：良等饲用植物。从苗期到花期，叶质肥厚，细嫩多汁，各种家畜采食。返青早，再生性强，利用期长达 4 个月。可自然采食，或拔取全株，洗净泥土，切碎生喂或发酵喂饲。秋季青叶可刈割供冬春饲喂。

97. 山韭 Allium senescens L.

别名：山葱

生境：草甸草原，典型草原，山坡草地。

产地：黑龙江省大庆、泰来、克山、安达、齐齐哈尔、龙江、甘南，吉林省前郭尔罗斯、镇赉、通榆，内蒙古鄂温克旗、额尔古纳、科尔沁右翼中旗、根河、突泉、科尔沁右翼前旗、科尔沁左翼后旗、巴林右旗、阿鲁科尔沁旗、克什克腾旗、喀喇沁旗、宁城、敖汉旗、赤峰市松山区、陈巴尔虎旗、新巴尔虎左旗、新巴尔虎右旗、扎兰屯、阿荣旗、莫旗、扎鲁特旗、翁牛特旗、林西、多伦、锡林浩特、二连浩特、东乌珠穆沁旗、西乌珠穆沁旗、正蓝旗、镶黄旗、正镶白旗、阿巴嘎旗。

分布：中国（黑龙江、吉林、辽宁、内蒙古、河北、山西、甘肃、新疆、河南），朝鲜半岛，蒙古，俄罗斯；中亚，欧洲。

饲用价值及利用方式：优等饲用植物。羊四季均喜食，马和牛与其他草混合采食。山韭在各个生育期均含有较高的蛋白质和脂肪，以分枝期最高，分枝期粗蛋白含量 16.97%，粗脂肪含量 4.70%，粗纤维含量 19.36%，粗灰分含量 13.59%，钙含量 1.77%，磷含量 0.58%（陈默君和贾慎修，2002）。以自然采食为主。

98. 碱韭 Allium polyrhizum Turcz. ex Regel

别名：紫花韭

生境：碱性草地，山坡草地。

产地：黑龙江省肇东、肇州、大庆、安达，吉林省通榆、镇赉，内蒙古陈巴尔虎旗、鄂温克旗、科尔沁右翼中旗、新巴尔虎左旗、新巴尔虎右旗、额尔古纳、扎鲁特旗、多伦、东乌珠穆沁旗、苏尼特左旗、阿巴嘎旗。

分布：中国（黑龙江、吉林、内蒙古、河北、山西、宁夏、甘肃、青海、新疆），蒙古，俄罗斯；中亚。

饲用价值及利用方式：优等饲用植物。所有家畜均采食。青鲜时，羊和骆驼喜食，马和牛采食量较少。碱韭的营养成分在孕蕾期最高，粗蛋白含量 31.90%，粗脂肪含量 2.82%，粗纤维含量 17.70%，粗灰分含量 9.36%，钙含量 0.34%，磷含量 0.38%（王栋，1989）。此外，家畜食用小花棘豆（*Oxytropis glabra*）中毒后，可饲喂碱韭解毒。

99. 野韭 Allium ramosum L.

别名：野葱
生境：草甸草原，沙质干旱草原。
产地：黑龙江省齐齐哈尔、安达、明水、富裕、龙江、甘南、克东，吉林省长岭、前郭尔罗斯、洮南、镇赉、大安、乾安、扶余、通榆，内蒙古陈巴尔虎旗、额尔古纳、新巴尔虎左旗、新巴尔虎右旗、扎赉特旗、宁城、赤峰市松山区、科尔沁右翼中旗、阿鲁科尔沁旗、扎鲁特旗、鄂温克旗、霍林郭勒、巴林左旗、巴林右旗、扎兰屯、翁牛特旗、克什克腾旗、喀喇沁旗。
分布：中国（黑龙江、吉林、辽宁、内蒙古、河北、山西、陕西、宁夏、甘肃、青海、新疆、山东），蒙古，俄罗斯。
饲用价值及利用方式：优等饲用植物。各种家畜喜食。结实期粗蛋白含量 16.62%，粗脂肪含量 3.58%，粗纤维含量 24.85%，粗灰分含量 11.59%，钙含量 1.45%。以自然采食为主。

100. 蒙古韭 Allium mongolicum Regel

别名：蒙古葱
生境：碱性草甸，干草原，沙地。
产地：黑龙江省齐齐哈尔、克东，吉林省大安、乾安，内蒙古新巴尔虎右旗、科尔沁右翼前旗、乌兰浩特、克什克腾旗、额尔古纳、陈巴尔虎旗、新巴尔虎左旗、科尔沁左翼中旗、库伦旗、扎鲁特旗、奈曼旗、翁牛特旗、东乌珠穆沁旗、苏尼特左旗、苏尼特右旗。
分布：中国（黑龙江、吉林、内蒙古、陕西、宁夏、甘肃、青海、新疆），蒙古。
饲用价值及利用方式：季节性放牧饲草。家畜主要在果期前采食。具刺激性的辛辣味，虽可以提高食欲，但需和其他饲草混合采食以增加采食量。羊、骆驼尤喜食，有抓膘作用；牛、马少采食。家畜食小花棘豆（*Oxytropis glabra*）中毒后，可饲喂蒙古韭解毒。现蕾期营养价值最高，粗蛋白含量 25.08%，粗脂肪含量 3.79%，粗纤维含量 15.50%，粗灰分含量 14.00%，钙含量 2.58%，磷含量 0.33%。另外，骆驼在花期大量采食蒙古韭，会发生胀肚现象，重者可造成死亡，可通过输液、灌酸奶或醋的方法缓解。

101. 马蔺 Iris lactea Pall. var. chinensis (Fisch.) Koidz.

别名：马兰、马莲

生境：碱性草甸，低洼碱性湿地。

产地：黑龙江省安达、肇东、大庆、齐齐哈尔、甘南、克东，吉林省洮南、长岭、前郭尔罗斯、通榆、大安、乾安、扶余，内蒙古翁牛特旗、科尔沁右翼前旗、额尔古纳、鄂温克旗、陈巴尔虎旗、新巴尔虎左旗、新巴尔虎右旗、莫旗、扎兰屯、扎鲁特旗、通辽、阿鲁科尔沁旗。

分布：中国（黑龙江、吉林、辽宁、内蒙古、河北、山西、陕西、甘肃、宁夏、青海、新疆、河南、山东、江苏、安徽、浙江、湖北、湖南、四川、西藏），蒙古，朝鲜半岛，俄罗斯，印度，阿富汗。

饲用价值及利用方式：低等饲用植物。青鲜时牛、羊稍食。夏季因马蔺含鸢尾苷、鸢尾素等有毒成分以及粗纤维韧性过大等原因，家畜多不喜食。秋季霜后家畜喜食。冬季饲料缺乏时，有一定的救荒作用和饲用价值。营养物质含量较低，花期粗蛋白含量4.91%，粗脂肪含量6.65%，粗纤维含量42.49%，粗灰分含量8.03%，钙含量1.10%，磷含量0.15%（陈默君和贾慎修，2002）。以自然采食为主。

102. 鸭跖草 Commelina communis L.

别名：蓝花菜

生境：耕地旁，山坡阴湿处，草甸。

产地：黑龙江省肇东、明水、克山、甘南、拜泉，吉林省扶余，内蒙古莫旗、宁城、喀喇沁旗、科尔沁左翼后旗、科尔沁右翼前旗、突泉、科尔沁右翼中旗、乌兰浩特、扎兰屯。

分布：中国（黑龙江、吉林、辽宁、内蒙古、河北、山西、甘肃、江苏、河南、湖北、江西、广东、四川、云南），朝鲜半岛，日本，俄罗斯。

饲用价值及利用方式：良等饲用植物。茎秆柔软多叶，适口性较好。春季萌发早，茎秆至秋季仍柔嫩，牛、猪均喜食。干草粗蛋白含量13.22%，粗脂肪含量2.85%，粗纤维含量18.87%，粗灰分含量14.36%（陈默君和贾慎修，2002）。以自然采食为主。

103. 东方羊胡子草 Eriophorum polystachion L.

别名：羊胡子草

生境：湿地，沼泽。

产地：内蒙古新巴尔虎左旗、额尔古纳、根河、鄂温克旗、科尔沁右翼前旗、科尔沁右翼中旗、克什克腾旗、喀喇沁旗、扎兰屯、莫旗。

分布：中国（黑龙江、吉林、辽宁、内蒙古），朝鲜半岛，蒙古，俄罗斯；中亚，欧洲，北美洲。

饲用价值及利用方式：良等饲用植物。马、牛喜食，绵羊中嗜。结实期营养成分较高，粗蛋白含量17.18%，粗脂肪含量4.72%，粗纤维含量21.09%，粗灰分含量6.13%，钙含量0.42%，磷含量0.25%（王栋，1989）。可放牧或刈割。

104. 寸草 **Carex duriuscula** C. A. Mey.

别名：寸草苔、牛毛草

生境：草甸草原、典型草原。

产地：黑龙江省大庆、安达、杜尔伯特、齐齐哈尔、肇东、龙江、甘南，吉林省大安，内蒙古鄂温克旗、通辽市科尔沁区、科尔沁右翼前旗、科尔沁右翼中旗、新巴尔虎右旗、乌兰浩特、根河、额尔古纳、科尔沁左翼后旗、克什克腾旗、喀喇沁旗、巴林右旗、新巴尔虎左旗、扎兰屯、阿荣旗、阿鲁科尔沁旗、东乌珠穆沁旗、苏尼特左旗、正蓝旗、阿巴嘎旗。

分布：中国（黑龙江、吉林、辽宁、内蒙古），朝鲜半岛，蒙古，俄罗斯，中亚。

饲用价值及利用方式：优等饲用植物。早春草质柔软，适口性好且消化能和代谢能均较高，家畜均喜食。抽穗期营养成分最为丰富，粗蛋白含量 18.62%，粗脂肪含量 5.25%，粗纤维含量 23.31%，粗灰分含量 6.09%（陈默君和贾慎修，2002）。以自然采食为主。

105. 乌拉草 **Carex meyeriana** Kunth

别名：乌拉苔草

生境：林下，沼泽草地。

产地：黑龙江省齐齐哈尔、富裕、讷河、甘南，内蒙古额尔古纳、根河、科尔沁右翼前旗、扎兰屯、莫旗。

分布：中国（黑龙江、吉林、内蒙古），朝鲜半岛，日本，蒙古，俄罗斯。

饲用价值及利用方式：中等饲用植物。幼嫩时家畜采食，花期后纤维增加，适口性大为降低。抽穗期粗蛋白含量 15.80%，粗脂肪含量 4.20%，粗灰分含量 4.60%，钙磷含量 0.52%（陈默君和贾慎修，2002）。可放牧或刈割。

第三节　饲用植物等级评价

饲用植物的适口性和营养成分含量是评价其饲用价值的重要指标，可归纳为三类：概略养分指标、纯养分指标和能量指标。其中，概略养分指标包括粗蛋白含量、粗脂肪含量、粗纤维含量、粗灰分含量、无氮浸出物含量、钙含量、磷含量和胡萝卜素含量；纯养分指标包括常量矿物质含量，微量元素含量，维生素含量，蛋白质中的各种氨基酸含量，粗纤维中的纤维素、半纤维素和木质素含量，无氮浸出物中的淀粉、五碳糖、六碳糖及其他糖类含量，粗脂肪中的各种脂肪与脂肪酸含量；能量指标，即单位重量牧草干物质的能量，包括总能、消化能、代谢能、净能（孟林和张英俊，2010）。

1981 年，章祖同（1981）提出将草地植物按适口性分为五类。第一类，适口性优等植物：在任何情况下都被牲畜首先采食，牲畜表现出贪食现象，采食率 70% 以上。第二类，适口性良好植物：在任何情况下牲畜都吃，但不从草群中挑选着采食；采食率 50%～70%。第三类，适口性中等植物：牲畜经常采食，但不表现贪食、喜爱的现象，有时只在某一个时期或对植物某一部分表现为比较喜食，采食率 30%～50%。第四类，适口性劣等植物：牲畜不太喜食，或只采食植株的某一部分，如嫩叶、花、果实，采食率 30%

以下。第五类，牲畜不吃或只在饥饿时少量吃，或者为有毒有害植物。

此后，一些学者相继提出了不同的评价标准。刘德福和赵利利（1983）提出按家畜采食时间、采食家畜种类、采食状态和利用率作为评价标准，采用百分制（其中，适口性 50 分，营养价值 30 分，利用率 20 分）将饲用植物划分为五类（表 3-3）。

表 3-3　饲用植物适口性和利用率的评分标准（刘德福和赵利利，1983）

级别	适口性评分标准						利用率评分标准	
	采食时间	得分	采食家畜种类	得分	采食状态	得分	利用率（%）	得分
1	4 季	20	5 种	20	嗜食	10	80～100	20
2	3 季	16	4 种	16	喜食	8	60～79	16
3	2 季	12	3 种	12	乐食	6	40～59	12
4	1 季	8	2 种	8	可食	4	20～39	8
5	少于 1 季	4	1 种	4	少食或某时可食	2	<20	4

《内蒙古草地资源》一书中，编者在刘德福与赵利利评价标准的基础上增加了饲用植物主要化学成分评分标准和饲用植物饲用价值总评分及分级，并对适口性和利用率评分标准中的分值进行了调整。在此评价体系中根据植物的化学成分（粗蛋白含量、粗纤维含量）、适口性（采食家畜种类、采食状态和采食时间）和利用率进行评价（表 3-4，表 3-5），并根据总得分，将其饲用价值划分为优、良、中、低和劣五个等级（表 3-6）（《内蒙古草地资源》编委会，1990）。

1992 年，苏大学在《1∶1 000 000 中国草地资源图编制规范》中提出，以"等"表示草地上草群的品质优劣，按适口性、营养价值和利用性状进行综合评价，将饲用植物的饲用价值划分为优、良、中、低和劣五类。①优类牧草。各种家畜从草群中首先挑食；

表 3-4　饲用植物主要化学成分评分标准（《内蒙古草地资源》编委会，1990）

级别	粗蛋白含量评分标准		粗纤维含量评分标准	
	含量（%）	得分	含量（%）	得分
1	>13	20	≤16	10
2	11.1～13	16	16.1～21	8
3	8.1～11	12	21.1～26	6
4	5.1～8	8	26.1～31	4
5	≤5	4	>31	2

表 3-5　饲用植物适口性、利用率评分标准（《内蒙古草地资源》编委会，1990）

级别	适口性评分标准						利用率评分标准	
	采食时间	得分	采食家畜种类	得分	采食状态	得分	利用率（%）	得分
1	4 季	10	5 种	20	嗜食	20	80～100	20
2	3 季	8	4 种	16	喜食	16	60～79	16
3	2 季	6	3 种	12	乐食	12	40～59	12
4	1 季	4	2 种	8	可食	8	20～39	8
5	少于 1 季	2	1 种	4	少食或某时可食	4	<20	4

表3-6　饲用植物的饲用价值总得分及分级（《内蒙古草地资源》编委会，1990）

级别	总得分	饲用价值
1	≥85	优
2	70～84	良
3	60～69	中
4	50～59	低
5	≤49	劣

粗蛋白质含量>10%；粗纤维含量<30%；草质柔软，耐牧性好，冷季保存率高。②良类牧草。各种家畜喜食，但不挑食；粗蛋白含量 8%～10%，粗纤维含量 30%～35%；耐牧性好，冷季保存率高。③中类牧草。各种家畜均采食，但采食程度不及优类和良类牧草，青绿期有异味或枯黄期后草质迅速变粗硬，家畜不愿采食；粗蛋白含量>8%，粗纤维含量<35%；耐牧性良好。④低类牧草。大多数家畜不愿采食，仅耐粗饲的骆驼或山羊嗜食，或草群中优良牧草被采食完后才采食，粗蛋白质含量<8%，粗纤维含量>35%；耐牧性较差，冷季保存率低。⑤劣类牧草。家畜不愿采食或很少采食，或在饥饿时才会采食，或某季节有轻微毒害作用，仅在一定季节少量采食；耐牧性差，营养物质含量与中低类牧草无明显差异。

1998 年，任继周在《草业科学研究方法》一书中提出以粗蛋白含量、粗纤维含量和维生素（以胡萝卜素为代表）含量作为评价饲用植物营养价值的指标，并制定化学成分分级标准（表3-7）。在这个评价标准中，遇到分析项目不全时，也可以以其中 1 种或 2 种成分进行评价，但必须包含粗蛋白含量。牧草营养成分的评定方法按下面公式计算，总得分高的为优（任继周，1998）。

$$V = a \times b \times c$$

式中，V 代表总得分（较高者为优）；a 代表粗蛋白含量得分；b 代表粗纤维含量得分；c 代表维生素（胡萝卜素）含量得分。

表3-7　草地牧草化学成分等级（任继周，1998）

等级	得分	粗蛋白含量（DM%）	粗纤维含量（DM%）	胡萝卜素含量（mg/kg）
上	3	≥16	≤28	≥45
中	2	10～15	27～34	35～44
下	1	≤10	≥34	≤34

注：DM%表示饲料中干物质的百分比含量

2007 年，农业部草原监理中心、内蒙古草原勘察设计院共同制定了中华人民共和国农业行业标准《天然草原等级评定技术规范》（NY/T 1579—2007），用于全国草地资源的等级评定，提出了牧草适口性评价标准、牧草营养价值评价标准、牧草耐牧性评价标准、牧草冷季保存率评价标准以及牧草饲用价值评价指标等（表3-8～表3-12），使得牧草的等级评定更加规范化和标准化。

表 3-8　牧草适口性评价标准（NY/T 1579—2007）

级别	采食家畜	得分	采食程度	得分	采食时间	得分
1	5 种	20	嗜食	20	4 季	10
2	4 种	16	喜食	16	3 季	8
3	3 种	12	乐食	12	2 季	6
4	2 种	8	可食	8	1 季	4
5	1 种	4	少食或某时可食	4	少于 1 季	2

表 3-9　牧草营养价值评价标准（NY/T 1579—2007）

级别	粗蛋白		粗纤维	
	含量（%）	得分	含量（%）	得分
1	CP≥12	25	CF<20	10
2	10≤CP<12	20	20≤CF<25	8
3	8≤CP<10	15	25≤CF<30	6
4	6≤CP<8	10	30≤CF<35	4
5	CP<6	5	CF≥35	2

注：CP 代表粗蛋白含量；CF 代表粗纤维含量

表 3-10　牧草耐牧性评价标准（NY/T 1579—2007）

级别	牧草耐牧性	得分
1	好	10
2	良好	8
3	中等	6
4	较差	4
5	差	2

表 3-11　牧草冷季保存率评价标准（NY/T 1579—2007）

级别	冷季保存率（PRc）	
	PRc（%）	得分
1	PRc≥70	5
2	60≤PRc<70	4
3	50≤PRc<60	3
4	40≤PRc<50	2
5	PRc<40	1

表 3-12　牧草饲用价值评价指标（NY/T 1579—2007）

级别	得分总和	评价结果
1	G≥80	优等
2	60≤G<80	良等
3	40≤G<60	中等
4	20≤G<40	低等
5	G<20	劣等

注：G 代表表 3-8～表 3-11 得分总和

第四节 饲用植物的开发利用

一、饲用植物资源开发利用现状

从古至今，人类利用最多、分布最为广泛的草地植物资源就是饲用植物资源，无论是直接放牧利用、刈割还是青贮，饲用植物资源为畜牧业的健康发展提供了重要的物质保障。我国饲用植物资源十分丰富，2002 年出版的《中国饲用植物》中涵盖了 104 科 657 属 3680 种（陈默君和贾慎修，2002）；2017 年出版的《中国草种质资源重点保护名录》显示仅草地饲用植物就达 246 科 1545 属 6704 种，其中豆科 1231 种、禾本科 1127 种（李新一和洪军，2017）。

随着人口数量的增加、人类对草地不合理的开发利用的加剧以及全球气候变化不确定性的上升，草地面积锐减，草地质量也呈现不同程度的下降，天然草地可提供的优质饲用植物资源也愈加紧张。但随着畜牧业的迅猛发展，人工草地建设和草原改良也呈现逐渐增加的趋势，据《中国统计年鉴 2021》数据显示，截至 2020 年全国种草面积已达 118.71 万 hm²，草原改良面积 203.87 万 hm²。2019 年，我国人工种植饲草草种主要为紫花苜蓿、青贮玉米、燕麦、羊草、多花黑麦草和狼尾草，生产面积和产量分别占全部商品饲草生产面积和产量的 91.8% 和 93.5%，生产的草产品主要为干草、青贮、草粉、草颗粒等（全国畜牧总站，2021）。此外，斜茎黄耆、白三叶、红三叶、冰草、猫尾草和草木犀等也是广为种植的优质草种。

羊草作为东北地区天然草原的优质饲草资源一直备受关注，早在 1986 年时东北三省和内蒙古人工种植羊草面积就已达 12.6 万 hm²，到 2011 年更是达到了 53.68 万 hm²（徐丽君等，2016）。紫花苜蓿是我国种植面积最为广泛的优质饲草，自 2012 年我国实施"振兴奶业苜蓿发展行动"以来，中央财政支持紫花苜蓿商品草种植面积已达 100 万亩①以上。截至 2019 年，我国紫花苜蓿商品草种植面积已达 43.92 万 hm²，占商品草总种植面积的 91.8%，年产干草 384.5 万 t（全国畜牧总站，2021）。然而，与实际需求相比，我国畜牧业的快速发展对优质牧草的需求也逐年增加，国内生产的牧草仍远远无法满足畜牧养殖的需求。据测算，我国每年优质苜蓿干草的需求量约为 314 万 t，而国内市场供应仅为 160 万 t，实际缺口约为总需求量的 49%（陶莎等，2019）。据海关统计，2020 年我国进口干草累计 169.4 万 t，进口金额 6.07 亿美元，其中，苜蓿干草总计 135.81 万 t，占干草进口量的 80.17%，进口金额总计 4.91 亿美元；燕麦干草进口量 33.5 万 t，占干草进口量 19.78%，进口金额 1.16 亿美元。由此可见，尽管我国的牧草生产力在不断增强，但仍然无法改变对国外优质牧草的依赖，优质饲草的缺口依然很大，要实现饲草 100% 的自给自足仍有很长的路要走。因此，开展优质饲用植物资源调查及基础性状研究，完善种质资源信息，加强对其优良性状的认知，更好地开发利用现有的饲用植物资源，培育更多的优质牧草具有重要意义，并具有十分广阔的发展潜力与应用前景。

---

① 1 亩≈666.67m²。

二、野生饲用植物资源的重要性

东北地区是我国重要的粮食和畜牧业生产基地,然而,随着社会经济的发展和人口的增加,人畜之间争粮、争地以及生态环境恶化的问题日益突出。一直以来,中共中央和国务院高度重视粮食和畜产品安全,党的十八大以来,生态文明建设成为统筹推进"五位一体"总体布局和协调推进"四个全面"战略布局的重要内容。基于此,国家先后提出"粮改饲"、"草田轮作"、"草牧业"、"山水林田湖草是生命共同体"以及"保护生态环境就是保护生产力,改善生态环境就是发展生产力"。在这种背景下,开发利用饲用植物,培育优质高产的牧草品种成为增加饲草供给、保障粮食和生态安全的重要措施之一。

东北地区气候寒冷,无霜期短,盐碱地面积大,因此,迫切需要选育出能够适应寒冷气候,并且能在盐碱土地上良好生长的牧草品种,在部分水资源匮乏地区,还需要兼顾抗旱性。实践证明,引进外来高产牧草品种虽然在短时间内能够获得较高的生产力,但外来高产牧草品种对东北地区的生态适应性并不能尽如人意,且外来物种存在生物入侵的风险。相比之下,在长期的自然选择过程中,北方广阔的天然草原孕育形成了一大批具有耐寒、耐旱、耐盐碱、耐贫瘠等优良特性的牧草资源,其中以草本植物为主,饲用价值评价大多为中等和良等(付佳琦等,2018;萨日娜,2016)。这些草种已经完全适应了东北地区的气候和环境特点,能够在东北地区良好地生长和繁衍,并发挥生态屏障功能,是人工草地建设和退化草地改良的潜在重要植物资源。因此,掌握当地饲用植物的分布、性状及营养成分等信息,开发利用野生乡土草种生态适应性优势,并对其生产性能和饲用品质进行科学改良,培育高产优质、适应性强的牧草品种是东北地区建设高产人工草地的首要任务。

第五节 饲用植物保护策略

一、合理利用和保护天然草地

我国饲用植物资源种类繁多,分布广泛,虽然已经开展了许多种质资源保护工作,也取得了一定的成绩,但仍然存在大量未得到有效保护的野生、濒危及特有的饲草种质资源(陈志宏等,2009)。生境的污染、破坏以及人类对资源的过度利用是造成物种濒危甚至灭绝的主要原因(Lande,1988)。因此,对饲用植物资源的保护最直接有效的方式就是对其生境(即草地)的保护,这样既能保护植物本身的遗传特性,又能保护其赖以生存的土壤环境(郑殿升,2001)。草地生态系统的健康状态决定着所有草地植物资源的存在状态,也就是说,保护植物资源就是要保障草地生态系统的安全与平衡。一方面,对未退化的草地进行合理利用,保证生态系统的稳定和健康;另一方面,对已经退化的草地进行保护和改良,通过轮牧、围封、补播等措施恢复草地生产力及物种多样性(Han et al.,2008;Su et al.,2005)。

二、建立种质资源库

饲用植物种质资源即饲用植物遗传资源，是筛选和培育优良饲用植物品种的遗传物质基础，主要包含两大类：一类是已经被人类栽培利用的牧草种质资源，来源于野生牧草，通过人类引种栽培、驯化和选育而成，包括可在生产上推广应用的优良野生栽培种、地方品种，以及具有育种价值的种质资源；另一类是尚未被引种栽培的野生牧草种质资源，是有待研究和发现的一类最有发掘和利用潜力的种质资源（中国农业百科全书总编辑委员会畜牧业卷编辑委员会和中国农业百科全书编辑部，1996）。其中有些可以经过引种栽培，选育成为新的优良草种；有些是栽培牧草的野生种和野生边缘种，具有重要的育种价值。

种质资源库主要包括低温种质库、种质圃、试管苗库、超低温库和 DNA 库，具有收集、维护和保存植物资源的作用（Sachs，2009），对于种质资源保护和创新利用具有重要意义。建立种质资源库是迁地保存野生饲用植物种质资源的重要措施之一，它利用先进的仪器设备控制贮藏环境，集中收集、贮藏饲用植物种质，使之在几十年甚至数百年之后仍具有原有的遗传特性和较高的发芽力。我国种质资源库长期保存种质资源总量高达 49 万份，位居世界第二位。但各省份的种质资源库数量和质量参差不齐，距离实现最大化的合理利用仍有很大的发展空间。此外，尽管饲用植物资源在各个国家的畜牧业发展中均起着至关重要的作用，但其种质资源保护的被重视程度远低于大田作物（Annicchiarico，2004）。收集、挖掘、评价饲用植物资源，提高饲用植物利用率和人们的保护意识仍任重而道远。

三、建立饲用植物保护小区

饲用植物保护小区是针对我国珍稀濒危饲用植物或当地特有原始种质，由各级人民政府或主管部门批准设立的小面积的自然保护区域，其面积一般小于100hm²（王云豹，2006）。保护小区可以建立在人口稠密、交通发达的地区，可作为保护地网络体系的有效补充，成为连接自然保护区的廊道。建立保护小区前要对当地的生物多样性开展本底调查，全面掌握当地重点饲用植物资源的分布及储量，进而评估各种植物的保护价值，为制订保护对策和整体规划提供依据。饲用植物保护小区建设的意义在于保护种质资源和服务科研，应该重点动态监测在没有人类活动的情况下饲用植物种群的数量、年龄、空间分布、遗传特征等指标的变化，为研究保护物种的生态适应机制、遗传变异式样、遗传分化及基因流大小等提供数据支撑。

第四章　东北草地食用植物资源

食用植物资源是指直接或间接为人类食用的植物资源。无论植物的任何结构组织或其加工品，只要能够被人类食用，都可被称为食用植物。食用植物包括野生食用植物和栽培食用植物，前者如野菜、野果，后者如小麦、玉米。由于东北草地的主要植被类型为天然草原，栽培食用植物的种类和生产规模都非常有限，所以我们着重整理了东北草地的野生食用植物，共计212种。

保证全国人民的基本食物需求一直是国家最重要和最富挑战性的任务（Lam et al.，2013；傅泽强等，2001），而野生食用植物资源是保障国家粮食安全的重要组成部分。对于东北草地等牧区来说，野生食用植物尤其重要，不仅能够充当粮食，更能够提供牧区人民最为紧缺的蔬果类食物（Ahmad and Pieroni，2016；Huai and Pei，2000）。在东北草地区域内，野生草地植物资源种类丰富，分布广泛，优势独特，能够满足人们的饮食需求，具有巨大的开发潜力（扈顺等，2018；苏雅拉，2014；赵晖，2009）。

本章根据食用植物的主要用途，将其分为3类论述，分别为蔬菜水果类、粮食油料类和调料饮品类。蔬菜水果类的食用部位大多为鲜活茎叶或果实，富含维生素或微量元素，有非常强的时令性。粮食油料类的食用部位通常为种子或块根茎，通常富含淀粉、蛋白质或脂肪，能够满足人们的基本营养需求，常在秋季采收，能够长期保存。调料饮品类的食用部位多种多样，或根茎叶或花果，通常含有丰富的次生代谢产物，具有浓烈的气味或味道。限于本章篇幅，每类仅挑选若干常见物种加以介绍。**需要注意的是，本章所列举的植物为可食用植物，但可食不等于好吃或可以常吃。有些植物在经过一系列处理以后才可以充饥，但是口感不一定好，甚至有微毒。很多野生食用植物的食性现在并不清楚，偶尔尝鲜或可，但是常吃要谨慎。**

第一节　食用植物组成

为了对东北草地食用植物资源有一个全面的认识，本章根据"东北草地植物资源专项调查"项目所得的植物种类数据，结合相关文献资料（如《中国经济植物志》《吉林省野生经济植物志》《河北野生资源植物志》《救荒本草》等），对东北草地食用植物资源进行了整理和汇总。首先，整理形成东北草地食用植物资源物种名录；然后，对物种数、科属组成、习性组成和生活型组成进行分析。经过分析整理发现，东北草地共含有212种可食用植物（表4-1），隶属于61科159属。

东北草地可食用植物的主要特征如下。

1）绝大多数为被子植物，蕨类植物仅1种，没有裸子植物（表4-1）。可食用被子植物中双子叶植物共181种，占85.38%，单子叶植物仅占14.15%。这与植物界以及草原地区的区系构成相吻合，被子植物为主，而双子叶植物又在被子植物中占据多数

表 4-1　东北草地食用植物组成

类型	科		属		种	
	数量	占比（%）	数量	占比（%）	数量	占比（%）
蕨类植物	1	1.64	1	0.63	1	0.47
被子植物	60	98.36	158	99.37	211	99.53
单子叶植物	8	13.11	22	13.84	30	14.15
双子叶植物	52	85.25	136	85.53	181	85.38
总计	61	100	159	100	212	100

（刘钟龄等，1998）。在可食用植物中，单子叶植物主要集中在禾本科和百合科中（表 4-2）；双子叶植物中，物种和属的数量排名前 5 的科分别为菊科、蔷薇科、豆科、唇形科和十字花科，菊科最多（表 4-2）。

表 4-2　东北草地食用植物科属组成

科名	属数	属数占比（%）	种数（种）	种数占比（%）
菊科 Compositae	21	13.21	29	13.68
蔷薇科 Rosaceae	9	5.66	16	7.55
百合科 Liliaceae	7	4.40	15	7.08
豆科 Leguminosae	9	5.66	12	5.66
唇形科 Lamiaceae	9	5.66	9	4.25
十字花科 Brassicaceae	7	4.40	9	4.25
毛茛科 Ranunculaceae	5	3.14	7	3.30
藜科 Chenopodiaceae	5	3.14	7	3.30
伞形科 Apiaceae	5	3.14	6	2.83
蓼科 Polygonaceae	2	1.26	6	2.83
玄参科 Scrophulariaceae	3	1.89	6	2.83
禾本科 Gramineae	6	3.77	6	2.83
萝藦科 Asclepiadaceae	3	1.89	5	2.36
石竹科 Caryophyllaceae	4	2.52	4	1.89
堇菜科 Violaceae	1	0.63	4	1.89
桑科 Moraceae	3	1.89	4	1.89
车前科 Plantaginaceae	1	0.63	3	1.42
茄科 Solanaceae	2	1.26	3	1.42
桔梗科 Campanulaceae	2	1.26	3	1.42
桦木科 Betulaceae	3	1.89	3	1.42
败酱科 Valerianaceae	1	0.63	2	0.94
泽泻科 Alismataceae	2	1.26	2	0.94
苋科 Amaranthaceae	2	1.26	2	0.94
莎草科 Cyperaceae	2	1.26	2	0.94
牻牛儿苗科 Geraniaceae	2	1.26	2	0.94
槭树科 Aceraceae	1	0.63	2	0.94
鸢尾科 Iridaceae	2	1.26	2	0.94

续表

科名	属数	属数占比（%）	种数（种）	种数占比（%）
葡萄科 Vitaceae	2	1.26	2	0.94
锦葵科 Malvaceae	2	1.26	2	0.94
榆科 Ulmaceae	2	1.26	2	0.94
蒺藜科 Zygophyllaceae	2	1.26	2	0.94
藤黄科 Clusiaceae	1	0.63	2	0.94
茜草科 Rubiaceae	2	1.26	2	0.94
鼠李科 Rhamnaceae	2	1.26	2	0.94
大戟科 Euphorbiaceae	1	0.63	1	0.47
白花丹科 Plumbaginaceae	1	0.63	1	0.47
景天科 Crassulaceae	1	0.63	1	0.47
紫草科 Boraginaceae	1	0.63	1	0.47
报春花科 Primulaceae	1	0.63	1	0.47
紫葳科 Bignoniaceae	1	0.63	1	0.47
柳叶菜科 Onagraceae	1	0.63	1	0.47
荨麻科 Urticaceae	1	0.63	1	0.47
马齿苋科 Portulacaceae	1	0.63	1	0.47
椴树科 Tiliaceae	1	0.63	1	0.47
卫矛科 Celastraceae	1	0.63	1	0.47
千屈菜科 Lythraceae	1	0.63	1	0.47
杨柳科 Salicaceae	1	0.63	1	0.47
远志科 Polygalaceae	1	0.63	1	0.47
龙胆科 Gentianaceae	1	0.63	1	0.47
鸭跖草科 Commelinaceae	1	0.63	1	0.47
虎耳草科 Saxifragaceae	1	0.63	1	0.47
兰科 Orchidaceae	1	0.63	1	0.47
胡桃科 Juglandaceae	1	0.63	1	0.47
亚麻科 Linaceae	1	0.63	1	0.47
香蒲科 Typhaceae	1	0.63	1	0.47
蕨科 Pteridiaceae	1	0.63	1	0.47
薯蓣科 Dioscoreaceae	1	0.63	1	0.47
旋花科 Convolvulaceae	1	0.63	1	0.47
花蔺科 Butomaceae	1	0.63	1	0.47
壳斗科 Fagaceae	1	0.63	1	0.47
胡颓子科 Elaeagnaceae	1	0.63	1	0.47
合计	159	100.00	212	100.00

注：占比之和不为100%是数据修约所致

2）多年生植物最多，154 种，约占 72.64%，而一二年生植物仅有 58 种，约占 27.36%，这与整个东北草地植物的生活史组成相一致。一二年生生活史占比最高的可食用植物类别是粮食油料类，为 35.59%，最低的是调料饮品类，为 19.35%（表 4-3）。

表 4-3　东北草地食用植物类型、生活型组成

类型	种数（种）	一二年生植物		多年生植物		草本植物		木本植物	
		种数（种）	占比（%）	种数（种）	占比（%）	种数（种）	占比（%）	种数（种）	占比（%）
蔬菜水果类	172	45	26.16	127	73.84	147	85.47	25	14.53
粮食油料类	59	21	35.59	38	64.41	48	81.36	11	18.64
调料饮品类	62	12	19.35	50	80.65	46	74.19	16	25.81

3）草本植物 181 种，占 85.38%，木本植物较少，仅占 14.62%，这与赵晖（2009）的研究一致，都显示东北草地植物生活型以草本植物组分为主体。在三类野生可食用植物中，蔬菜水果类，尤其是蔬菜类的草本植物占比最高，这可能是因为大多数草本植物的茎叶木质纤维含量更低，更容易被用作蔬菜。

4）在三类野生可食用植物中，依据物种数由多到少的顺序，依次为蔬菜水果类、调料饮品类和粮食油料类。蔬菜水果类植物的物种数最多，占 81.13%（表 4-3）。调料饮品类和粮食油料类植物的物种数接近，都比较少。这表明，东北草地蔬菜水果类的种质多样性更高，有较高的驯化引种潜力。

第二节　食用植物的利用与保护

一、利用历史与现状

草原地区不适合农耕，自古以来牧民就以肉奶类食物为主，缺少蔬果类食物（张景明，2008）。所以，富含维生素及其他营养元素的野生食用植物就成为替代栽培蔬果类植物的重要食物来源（Ahmad and Pieroni，2016；Huai and Pei，2000）。东北草原地区的人们对野生食用植物资源的利用历史非常悠久，如《蒙古秘史》中就提到，山荆子等植物可以食用（巴亚尔图，2012；哈斯巴根，1996）。近年来对内蒙古牧民的调查也显示，他们非常重视并熟悉当地的食用植物，而且能够对很多食用植物加以利用（哈斯巴根等，2011）。

国家公路及铁路运输的便利极大改善了东北草原区域内蔬果粮食类食物的短缺状况，但是随着生活的富足，人们越来越追求食物的高品质和多样化（Leggett，2020；国务院办公厅，2014）。野生食用植物资源正备受青睐（Ghirardini et al.，2007），很多的野生食用植物被端上餐桌，如蒙古蒲公英（*Taraxacum mongolicum*）、小黄花菜（*Hemerocallis minor*）等。近年来，对野生食用植物的研究，特别是对野生食用植物的调查、营养成分分析及引种栽培的研究快速增多。在东北草原区域，对野生食用植物的调查比较深入，各类数据库也已经建立。例如，2009 年，赵辉建立了内蒙古野生食用植物资源信息检索数据库，详细地总结了内蒙古野生食用植物的种类、食用部位和食用方式（赵晖，2009）；2018 年，扈顺等建立了内蒙古野生蔬菜植物资源信息系统，可快速检索野生蔬菜植物的分类名称、形态特征、生存环境、区系类型、食用部位、食用方法、栽培技术和植物照片等相关信息（扈顺等，2018）。

但是，东北草原区域乃至全国，对野生食用植物资源的利用基本还停留在调查和摸索的初级阶段，只是大体搞清了食用植物资源的种类和营养价值，但是实际投入开发利用的极少（张洒洒等，2018；张卫明，2005；罗洁等，1997；朱立新，1996）。全国主要的野菜人工栽培基地分布在黑龙江、广东等少数省区，栽培规模都很小。

总体来看，野生食用植物产业化还处于起步阶段，正由野外采摘转向人工规模栽培，由初加工转为产业化深加工（葛晓光和宁伟，2005）。在国家政策层面，依然没有足够重视野生食用植物产业化（李斯更和王娟娟，2018）。目前市场上只有极少量的产业化的野生食用植物出售，种类少产量低，这表明现阶段对野生食用植物资源的利用率较低。这主要受制于 4 个方面：①对野生食用植物的生物学基础研究不充分，很多野生食用植物没有办法进行引种驯化，或者引种驯化后产量很低，无法大规模生产；②对野生食用植物食性的研究不够，对于很多野菜，只知道它可以食用，并不清楚其毒性，以及长期食用有无副作用等；③对野生食用植物的加工方法研究不够；④野生食用植物的季节性较强，往往只在一个较短的发育期内可以食用，无法进行全年采收。

二、利用价值

与栽培食用植物相比，野生食用植物的优势非常明显，因为野生食用植物更能够满足人们对食物品质的追求（张洒洒等，2018；Schulp et al.，2014）。野生食用植物主要在 4 个方面具备明显优势：①种类更加多样化，经初步整理，东北草地野生食用植物已超过 200 种，大部分为茎叶可食用型草本，主要来自菊科、十字花科、豆科、藜科、蔷薇科、蓼科、百合科和桔梗科，以菊科植物为最；②营养更加多样化，尤其是维生素和微量矿质元素的含量更高，如在十字花科植物中，荠的胡萝卜素含量是大白菜的 30 倍，维生素 C 和维生素 B_2 的含量均为大白菜的 2 倍左右；③抗逆及抗病虫害能力强，是优良的种质资源库，有些具备开发为新型蔬菜品种的潜力，如荠菜和黄花菜已被广泛栽培；④很多食用植物同时也是药用植物，除了能够提供人体所必需的营养物质外，还有一定的保健作用，如蒲公英除了是广泛为人们所食用的野菜外，也是常用的药材，用于清热解毒。

三、可持续利用与保护

东北草地的首要作用是生态服务功能和牧草生产功能（谢高地等，2001），所以未来对东北草地食用植物的利用不能局限于直接采收，而应该依靠引种驯化和人工栽培。

目前，大部分野生食用植物的直接来源是野外采收，这在产业发展初期尚可支撑。一旦产业扩大，对野生食用植物的需求增加，势必会过度利用，造成资源枯竭。这种情况在药用植物中已经非常常见，如野山参由于具有很高的药用价值和保健作用，被大量挖掘，目前资源已经濒临枯竭（王永吉和王家绪，1990）。个别植物资源的枯竭固然会令人痛惜，但过度利用导致的植被退化和生态系统功能下降造成的影响更巨。野生食用植物中也有个别物种（如发菜）由于不合理利用已经濒临枯竭。为防患于未然，必须加大引种驯化和人工栽培的研究，使产业的发展更多依赖于人工栽培。

　　整个东北草地区域有超过200种野生食用植物，是一个巨大的食用植物种质资源库，其中很多植物有开发成大众蔬菜的潜质，需要加以保护。保护野生食用植物，其实最重要的就是保护其种质资源（刘冬梅等，2015；Li and Pritchard，2009）。因此，我们提出如下建议。首先是保护植物重在保护植被，植被整体得到保护，其中的各种植物也就得到了保护。东北草地面临的主要压力是放牧和其他人类干扰，所以要想保护丰富的野生食用植物资源，最重要的是控制放牧和其他人类干扰的强度。其次是建立种质资源保存中心。建立长期维护的人工种子库被认为是一种有效地保存种质资源的方法（Walters and Pence，2020；Riviere and Mueller，2018），世界各地已经有很多大型种子库被建立，如中国科学院昆明植物研究所建设和运行的国家重要野生植物种质资源库。可以采集整个东北地区草原区域内的可食用植物的种子加以保存，并定期采集更新；同时，建立东北草地食用植物 DNA 库，在资源消亡之前，将遗传资源保存下来。

第三节　常见野生食用植物

一、蔬菜水果类

1. 蒙古蒲公英　**Taraxacum mongolicum** Hand.-Mazz.

别名：蒲公英、黄花地丁、婆婆丁、灯笼草、姑姑英
生境：路旁，山坡草地。
产地：内蒙古额尔古纳、科尔沁右翼前旗、乌兰浩特、陈巴尔虎旗、新巴尔虎左旗、鄂温克旗、扎兰屯、阿荣旗、莫旗、林西、巴林右旗。
分布：中国（黑龙江、吉林、辽宁、内蒙古、河北、山西、陕西、甘肃、青海、山东、江苏、安徽、浙江、福建、河南、湖北、江西、湖南、广东、广西、四川、贵州、云南、台湾），蒙古，俄罗斯。
食用价值：蒲公英属植物是重要的野菜，一直以来在民间被广泛采食。早春返青开始，一直到秋季，都可以采收。其茎、叶、花皆可食用，茎、叶可用作蔬菜，花可泡水用来代茶。嫩茎叶一般用水焯煮，略浸去苦味，加油、盐拌食，也可以做汤或做饺子馅。花朵一般在采收后晒干，泡水代茶，可以清热解毒。蒲公英富含维生素 B_2，有较高的钾钠比，至少含 7 种人体必需的氨基酸（袁瑾等，2006），同时也是一种富硒植物（肖玫等，2005）。蒲公英目前已有规模化种植，在北京的很多超市都有售卖。

2. 大刺儿菜　**Cirsium setosum** (Willd.) Bieb.

别名：刺儿菜、大蓟、小蓟、大小蓟、野红花
生境：草地，河边，荒地，林下，林缘，路旁，田间。
产地：黑龙江省安达、齐齐哈尔、大庆、肇东、青冈、明水、肇州、泰来、克山、依安、甘南、龙江、克东，吉林省长岭、前郭尔罗斯、通榆、洮南、镇赉、大安、乾安、农安、内蒙古科尔沁右翼前旗、扎赉特旗、突泉、乌兰浩特、科尔沁左翼后旗、扎鲁特旗、翁牛特旗、巴林右旗、额尔古纳、陈巴尔虎旗、鄂温克旗、莫旗、阿荣旗、多伦、

正镶白旗。

分布：中国（全国各地），朝鲜半岛，日本，蒙古，俄罗斯，克什米尔地区；欧洲。

食用价值：大刺儿菜在民间充作野菜，故名称中有"菜"字。因其分布广泛，易于采收，故全国各地都有人采集食用。早春返青后，采集其嫩茎叶或幼苗，清洗，用水焯煮，换水淘净，加油、盐拌食，也可炒食或做汤。大刺儿菜约含 17 种氨基酸，其中半胱氨酸总量最高。与其他蔬菜相比，大刺儿菜富含硒、维生素 K 和维生素 E。每 100g 大刺儿菜鲜品中含有 40μg 硒、6.6mg 维生素 K（是菠菜的 5 倍、西红柿的 16 倍、土豆的 80 倍）、2.3mg 维生素 E（王力川等，2006；李桂凤等，1999）。

3. 艾蒿 **Artemisia argyi** Levl.

别名：艾、白蒿、冰台、医草、甜艾、灸草、家艾、艾叶、陈艾、五月艾
生境：山坡草地，路旁，耕地旁，林缘，沟边。
产地：黑龙江省大庆、富裕、杜尔伯特、安达、大庆、齐齐哈尔、泰来、富裕、甘南、依安，吉林省洮南，内蒙古科尔沁右翼前旗、科尔沁右翼中旗、扎鲁特旗、翁牛特旗、巴林右旗、新巴尔虎左旗、乌兰浩特、突泉、赤峰、喀喇沁旗。
分布：中国（黑龙江、吉林、辽宁、内蒙古、河北、山西、陕西、宁夏、甘肃、青海、山东、江苏、安徽、浙江、福建、河南、湖北、江西、湖南、广西、四川、贵州），朝鲜半岛，蒙古，俄罗斯。
食用价值：艾叶的食用历史非常悠久，一般在春季采集其嫩茎叶食用。采收艾叶后，清洗，用水焯煮，换水淘净，之后可以加油、盐拌食，也可以捣碎添加到糯米团中，提味儿增色，如常见的艾青团。艾叶富含粗纤维和糖分，每 100g 鲜品中粗纤维和糖分含量分别为 3.99mg 和 5.23mg，维生素 C 含量为 5.13mg，总黄酮含量为 16.78mg。艾叶也含有丰富的矿物质，每 100g 干品中锌含量为 8.86mg，铜含量为 1.26mg，锰含量为 7.61mg，铁含量为 31.5mg（黄丽华和李芸瑛，2014）。

4. 砂韭 **Allium bidentatum** Fisch. ex Prokh.

别名：双齿葱
生境：草甸，岩石壁上，向阳山坡草地。
产地：黑龙江省安达、龙江、大庆，吉林省前郭尔罗斯、洮南、通榆，内蒙古额尔古纳、赤峰、科尔沁右翼中旗、陈巴尔虎旗、鄂温克旗、新巴尔虎左旗、新巴尔虎右旗、扎鲁特旗、科尔沁左翼中旗、阿鲁科尔沁旗、翁牛特旗、巴林右旗、林西、克什克腾旗、喀喇沁旗、多伦、锡林浩特、东乌珠穆沁旗、西乌珠穆沁旗、苏尼特左旗、阿巴嘎旗。
分布：中国（黑龙江、吉林、辽宁、内蒙古、河北、山西、新疆），蒙古，俄罗斯；中亚。
食用价值：砂韭在民间有时也称为沙葱，在东北草地被广泛食用。实际上，在民间作为野菜的还有同属植物野韭等，并不做严格区分。春夏秋季皆可采收，但一般在开花前采其嫩叶食用，开花后叶老化，口感稍差。砂韭的食用方法多样，采嫩叶或全株洗净后，可蘸酱生食，或与羊肉炒食，或拌上肉做馅包饺子，或加入汤中增味，在

内蒙古等北方地区，也作为应季野菜加入火锅中食用，别具特色和风味。每 100g 砂韭鲜品中含有 60mg 维生素 C、2mg 类胡萝卜素、30mg 氨基酸（郑清岭等，2016a；曹乌吉斯古楞，2007）。

5. 薤白　Allium macrostemon Bunge

别名：小根蒜、子根蒜、小根菜、野蒜、密花小根蒜、团葱

生境：向阳山坡草地，耕地旁。

产地：黑龙江省泰来，吉林省乾安、前郭尔罗斯，内蒙古宁城、喀喇沁旗、敖汉旗、翁牛特旗、科尔沁右翼中旗、扎赉特旗、科尔沁左翼后旗。

分布：中国，朝鲜半岛，日本，俄罗斯。

食用价值：薤白靠近根部生有像蒜瓣大小的鳞茎，在东北地区被广泛食用。一般于早春采集全株，切掉根，留下鳞茎和叶，鳞茎和叶可一起食用，也可将鳞茎和叶分开食用。也可在秋季采集其鳞茎，晒干或腌制。薤白有多种食用方法，可腌制咸菜，或做凉菜，或拌上肉做馅，或切碎调味，在东北地区尤爱蘸酱鲜食，有些许辣味很能增进食欲。每 100g 薤白鲜品中含有 36mg 维生素 C、0.14mg 维生素 B_2、0.09mg 胡萝卜素、100mg 钙、0.6mg 铁（朱小梅等，2010；姜晓莉和王淑玲，2000）。

6. 小黄花菜　Hemerocallis minor Mill.

别名：小萱草、金针菜、黄花菜

生境：草甸，湿草地，林下。

产地：黑龙江省大庆、齐齐哈尔、安达、杜尔伯特、泰来、林甸，吉林省通榆，内蒙古阿荣旗、科尔沁右翼前旗、翁牛特旗、克什克腾旗、喀喇沁旗、科尔沁左翼后旗、宁城、科尔沁右翼中旗、额尔古纳、鄂温克旗、巴林左旗、巴林右旗、根河、通辽、陈巴尔虎旗、扎兰屯、突泉、多伦、霍林郭勒、西乌珠穆沁旗。

分布：中国（黑龙江、吉林、辽宁、内蒙古、河北、山西、陕西、甘肃、山东），朝鲜半岛，蒙古，俄罗斯。

食用价值：小黄花菜和黄花菜（*Hemerocallis citrina*）都属于萱草属植物，黄花菜栽培历史悠久，但小黄花菜是野生的，在草原等不易栽种的地区，小黄花菜可以成为黄花菜的替代品。小黄花菜的嫩苗和花皆可食用，嫩苗 4~5 月采收，花 5~9 月采收。小黄花菜生食有毒，野外采集后，需要先用开水焯煮，再用清水反复淘洗，处理后的小黄花菜可以蘸酱食用，也可以调油、盐拌食，与肉炒食，或做菜粥，不可多食。另外，蒸后晾晒或腌制处理也可以破坏小黄花菜的毒性。每 100g 小黄花菜鲜品中含有 2.8mg 粗蛋白、0.8mg 脂肪、3.4mg 粗纤维、325mg 维生素 C、0.67mg 维生素 B_2、1.31mg 胡萝卜素；每 100g 小黄花菜干品中含有 2g 钾、2g 钙、200mg 镁、12mg 铁和 3mg 锌（曹乌吉斯古楞，2007；王力川等，2006）。

7. 藜　Chenopodium album L.

别名：灰菜

生境：弃荒地，路旁。

产地：黑龙江省大庆、肇东、肇源、齐齐哈尔、泰来、依安、富裕、甘南、克东、拜泉、克山、杜尔伯特，吉林省镇赉、扶余、通榆、长岭、洮南、大安、乾安，内蒙古额尔古纳、赤峰、翁牛特旗、克什克腾旗、陈巴尔虎旗、鄂温克旗、新巴尔虎左旗、新巴尔虎右旗、扎兰屯、莫旗、突泉、科尔沁左翼后旗、扎鲁特旗、喀喇沁旗、多伦、东乌珠穆沁旗、苏尼特左旗、阿巴嘎旗。

分布：中国（全国各地）；遍布世界热带及温带地区。

食用价值：藜为常见杂草，易于采收，在全国各地被广泛食用，目前已有少量的人工栽培。其可食用部位为嫩茎叶和种子。嫩茎叶通常在春季采收，夏季茎叶老化，口感变差；种子通常在 10 月采收。在野外掐取嫩茎叶，洗干净，在开水中焯煮，用清水反复淘洗，然后凉拌或做馅，有微毒，不可多食；秋季收取种子，晾干，磨成粉末，拌在面粉中做饼或蒸食，也可将种子炒熟后榨油食用。藜茎叶中含有丰富的维生素，每 100g 鲜品中含有 95.52mg 维生素 C、0.15mg 维生素 B_1、0.36mg 维生素 B_2、14.3mg 维生素 D、6.4mg 胡萝卜素（曹乌吉斯古楞，2007；孙存华等，2005）。藜的种子含油量较高，而且含有较高的亚油酸、油酸、亚麻酸等不饱和脂肪酸，含有较低的芥酸（孙存华等，2005）。

8. 猪毛菜 **Salsola collina** Pall.

别名：沙蓬、山叉明棵、扎蓬棵

生境：草地，路旁，荒地，田间，人类聚集地附近。

产地：黑龙江省齐齐哈尔、依安、富裕、泰来、肇东、肇源、杜尔伯特、龙江、安达，吉林省通榆、长岭、前郭尔罗斯、洮南、镇赉、大安、乾安、扶余，内蒙古科尔沁左翼后旗、根河、额尔古纳、翁牛特旗、阿荣旗、扎兰屯、鄂温克旗、新巴尔虎左旗、新巴尔虎右旗、科尔沁右翼中旗、突泉、霍林郭勒、扎鲁特旗、克什克腾旗、库伦旗、通辽、开鲁、奈曼旗、巴林右旗、敖汉旗、多伦、东乌珠穆沁旗、西乌珠穆沁旗、锡林浩特、正蓝旗、苏尼特左旗、阿巴嘎旗、镶黄旗、正镶白旗。

分布：中国（黑龙江、吉林、辽宁、内蒙古、河北、山西、陕西、宁夏、甘肃、青海、新疆、山东、江苏、河南、四川、云南、西藏），朝鲜半岛，蒙古，俄罗斯。

食用价值：猪毛菜是一种早春野菜，生于房前屋后，非常常见，在民间被广泛食用，目前有少量人工栽培。其可食用部位为嫩茎叶或幼苗。通常在早春采其嫩茎叶，到夏季末猪毛菜浑身长刺，便难以利用。在野外采收其嫩茎叶或幼苗，洗干净，在开水中焯煮，换水淘洗，加油、盐拌食，或炒食，或拌在面粉中蒸食。每 100g 猪毛菜干品中含有 50mg 维生素 C（曹乌吉斯古楞，2007；耿星河，2003）。猪毛菜含钙量较高，约为 4.4g/100g（干重）；富含粗纤维，约占干重的 20%（常丽新和刘晶芝，2005）。

9. 地肤 **Kochia scoparia** (L.) Schrad.

别名：扫帚草、扫帚苗、扫帚菜、观音菜、孔雀松

生境：碱性草甸，干草原，路旁。

产地：黑龙江省安达、齐齐哈尔、泰来，吉林省镇赉，内蒙古乌兰浩特、新巴尔虎左旗、新巴尔虎右旗、莫旗、科尔沁左翼中旗、通辽、科尔沁右翼中旗、扎鲁特旗、霍

林郭勒。

　　分布：中国（全国各地），朝鲜半岛，日本，蒙古，俄罗斯，土耳其，伊朗；中亚，欧洲。

　　食用价值：地肤为常见杂草，茎叶清香，易于获取，储量大，在民间被广泛食用，同时也是一种药材。其可食用部位为嫩茎叶和种子。嫩茎叶在春季采收，种子在果期末（10 月）采收。在野外掐取嫩茎叶，洗干净，在开水中焯煮，换水淘洗，然后凉拌或做馅；秋季收取种子，晾干，磨粉拌在面粉中做饼或蒸食，也可将种子炒熟后榨油食用。每 100g 地肤茎叶鲜品中含有 60mg 维生素 C、6mg 胡萝卜素。地肤中锌和镁的含量较其他蔬菜高，每 100g 干品中锌和镁的含量分别为 7.8mg 和 87.8mg（常丽新和刘晶芝，2005）。

10. 葶苈 Draba nemorosa L.

　　别名：光果葶苈
　　生境：草甸，干草原，弃荒地。
　　产地：黑龙江省甘南，吉林省大安，内蒙古克什克腾旗，科尔沁右翼前旗，额尔古纳、根河、鄂温克旗、巴林左旗、巴林右旗、陈巴尔虎旗、新巴尔虎左旗、扎兰屯、阿荣旗、通辽、霍林郭勒、东乌珠穆沁旗、西乌珠穆沁旗、阿巴嘎旗。

　　分布：中国（全国各地），朝鲜半岛，日本，蒙古，俄罗斯，土耳其；中亚，欧洲，北美洲。

　　食用价值：葶苈在北方一些地区当作野菜食用，其食用部位为叶。为早春短命植物，返青后很快就会开花结果，所以只有返青后约一个月的采收时间，开花以后，会快速老化，不可再食用。在野外挖取全株，切除根部，洗干净，在开水中焯煮，淘净，一般用来做汤。每 100g 葶苈叶干品中粗蛋白含量为 1.50g，粗纤维含量为 7.50g，苏氨酸含量为 32mg，缬氨酸含量为 33mg，钙含量为 440mg，铁含量为 1.67mg，铜含量为 1.56mg，镁含量为 279mg（王丽红等，2014）。

11. 独行菜 Lepidium apetalum Willd.

　　别名：腺独行菜、腺茎独行菜
　　生境：草地，沟旁，路旁，荒地，人类聚集地附近。
　　产地：黑龙江省大庆、克山、安达、明水、林甸、杜尔伯特、肇源、肇州、龙江、泰来、依安、富裕、讷河、齐齐哈尔、甘南、拜泉、克东，吉林省长岭、前郭尔罗斯、通榆、洮南、镇赉、乾安、扶余，内蒙古新巴尔虎左旗、新巴尔虎右旗、通辽、赤峰、科尔沁右翼前旗、扎鲁特旗、阿鲁科尔沁旗、额尔古纳、陈巴尔虎旗、鄂温克旗、克什克腾旗、翁牛特旗、扎兰屯、阿荣旗、开鲁、多伦、锡林浩特、霍林郭勒、东乌珠穆沁旗、西乌珠穆沁旗、苏尼特左旗、正镶白旗、阿巴嘎旗。

　　分布：中国（黑龙江、吉林、辽宁、内蒙古、河北、山西、陕西、甘肃、青海、山东、江苏、浙江、安徽、河南、四川、云南、西藏），朝鲜半岛，日本，蒙古，俄罗斯；欧洲。

　　食用价值：独行菜是一种早春野菜，在全国各地被广泛食用，可食用部位为嫩茎叶。

独行菜有很多种食用方法，味道辛辣，有时略有苦味。野外采其嫩茎叶或幼苗，用开水焯煮，去掉辛辣味和苦味，然后可加油、盐凉拌，可炒食，可做馅，可做汤。由于独行菜具有独特的辛辣味，也可将鲜叶作为调料加入菜或汤中调味。每 100g 独行菜鲜叶中含 60mg 维生素 C、4mg 胡萝卜素、3g 蛋白质（谷丰，1998）。

12. 歪头菜 Vicia unijuga A. Br.

别名：草豆、两叶豆苗、三叶、豆苗菜、山豌豆、鲜豆苗、偏头草、豆叶菜
生境：草甸，林间草地，林下，林缘。
产地：黑龙江省安达，内蒙古科尔沁右翼前旗、扎鲁特旗、通辽、额尔古纳、根河、阿荣旗、陈巴尔虎旗、鄂温克旗、巴林右旗、巴林左旗、喀喇沁旗、赤峰、宁城、敖汉旗、阿鲁科尔沁旗、翁牛特旗、科尔沁右翼中旗、扎赉特旗、乌兰浩特、突泉、扎兰屯、克什克腾旗、霍林郭勒、东乌珠穆沁旗、西乌珠穆沁旗。
分布：中国（黑龙江、吉林、辽宁、内蒙古、河北、山西、陕西、甘肃、青海、江苏、安徽、浙江、湖北、江西、湖南、四川、贵州、云南），朝鲜半岛，日本，蒙古，俄罗斯。
食用价值：歪头菜在我国各地被广泛食用，可食用部位为嫩茎叶及种子。嫩茎叶一般在春季采集，种子在果期末（9 月）采收。嫩茎叶采集后，洗干净，用开水焯煮，换水淘净，可加油、盐拌食，也可炒食，如歪头菜炒鸡蛋。种子采集后，晒干，磨粉拌在面粉中做饼或蒸食，也可用来酿酒或制醋。歪头菜中总糖含量、维生素 B_2 及维生素 C 含量较高，每 100g 鲜品中的含量分别为 13.5g、0.94mg 及 203mg（崔桂友，1995）。

13. 萹蓄蓼 Polygonum aviculare L.

别名：扁猪牙、多茎萹蓄、竹叶草、扁竹
生境：草地，荒地，路旁，河边沙地。
产地：黑龙江省大庆、肇东、兰西、肇源、肇州、齐齐哈尔、泰来、依安、克山、富裕、龙江、甘南、拜泉、克东，吉林省洮南、长岭、前郭尔罗斯、通榆、大安、乾安、扶余、农安，内蒙古额尔古纳、科尔沁右翼前旗、扎鲁特旗、克什克腾旗、陈巴尔虎旗、新巴尔虎左旗、新巴尔虎右旗、扎兰屯、阿荣旗、莫旗、突泉、科尔沁左翼后旗、多伦、锡林浩特、霍林郭勒、东乌珠穆沁旗、西乌珠穆沁旗、苏尼特右旗、正蓝旗、正镶白旗、阿巴嘎旗。
分布：中国（全国各地）；遍布北半球温带地区。
食用价值：萹蓄蓼广布全国各地，村落周围很常见，非常容易采收，是最常见的野菜之一。通常在 4～6 月掐尖采其嫩茎叶食用。野外采收后，洗干净，用开水焯煮，换水浸泡 4 小时，可加油、盐凉拌，可做馅包饺子，可做汤，可与肉类炒食，也可将其切碎拌在面粉中蒸食，味道鲜美。萹蓄蓼的粗蛋白含量很高，约 6g/100g（鲜重），此外，还富含胡萝卜素、维生素 B_2 和铁，含量分别为 9.55mg/100g（鲜重）、0.58mg/100g（鲜重）和 18.8mg/100g（干重）（张玉琴等，2014；曹乌吉斯古楞，2007）。

14. 展枝唐松草 Thalictrum squarrosum Steph. ex Willd.

别名：猫爪子

生境：干燥石砾质山坡，耕地旁，荒地，山坡草地。

产地：黑龙江省大庆、安达、肇东、肇源、龙江、泰来、克东、富裕，吉林省长岭、洮南、通榆、大安、乾安、前郭尔罗斯，内蒙古陈巴尔虎旗、克什克腾旗、阿鲁科尔沁旗、巴林右旗、赤峰、翁牛特旗、扎鲁特旗、额尔古纳、鄂温克旗、科尔沁右翼中旗、科尔沁右翼前旗、科尔沁左翼后旗、喀喇沁旗、敖汉旗、库伦旗、新巴尔虎左旗、新巴尔虎右旗、林西、多伦、锡林浩特、霍林郭勒、东乌珠穆沁旗、西乌珠穆沁旗、正蓝旗、阿巴嘎旗、苏尼特右旗。

分布：中国（黑龙江、吉林、辽宁、内蒙古、河北、山西、陕西），蒙古，俄罗斯。

食用价值：展枝唐松草是东北地区常见的山野菜，可食用部位为嫩茎叶。通常在4～6月开花前采收，夏季枝叶老化并有微毒，不可食用。野外采其拳曲状嫩苗，洗干净，用开水焯煮，换水浸泡12小时，可加油、盐凉拌，可炒食，可做汤，也可处理后制成软罐头食用。每100g展枝唐松草嫩苗含粗蛋白3.58g、粗纤维1.68g、灰分2.72g、胡萝卜素6.52mg、人体必需氨基酸约1.1g（苗影志等，1998）。

15. 反枝苋 Amaranthus retroflexus L.

别名：苋菜、西风谷

生境：碱性草甸，路边，弃荒地。

产地：黑龙江省齐齐哈尔、肇东、兰西、泰来、依安、讷河、龙江、甘南，吉林省长岭、前郭尔罗斯、洮南、通榆、大安、乾安、扶余、镇赉，内蒙古额尔古纳、科尔沁右翼前旗、科尔沁右翼中旗、扎鲁特旗、新巴尔虎左旗、新巴尔虎右旗、扎兰屯、克什克腾旗、乌兰浩特、翁牛特旗、喀喇沁旗、赤峰、多伦、锡林浩特、正镶白旗。

分布：原产于南美洲，现我国分布于黑龙江、吉林、辽宁、内蒙古、河北、山西、陕西、宁夏、甘肃、新疆、山东、河南。

食用价值：反枝苋是世界性杂草，房前屋后特别常见，容易获取，在民间广泛食用。通常在春季掐取嫩茎叶，洗干净，换水淘洗几次，用开水焯煮，然后加油、盐拌食，或做馅包饺子，或做汤，或与肉类一起炒食。反枝苋富含粗蛋白、维生素C、胡萝卜素、钙、镁及铜，含量分别为5.5g/100g（鲜重）、139mg/100g（鲜重）、7mg/100g（鲜重）、610mg/100g（干重）、10mg/100g（干重）及16μg/100g（干重）（张玉琴等，2014；曹乌吉斯古楞，2007）。

16. 益母草 Leonurus japonicus Houtt.

别名：益母蒿、九重楼、益母花、童子益母草、玉米草、地母草、灯笼草、野麻

生境：耕地旁，荒地，山坡草地。

产地：黑龙江省肇东、肇源、大庆、兰西、青冈、明水、齐齐哈尔、依安、克山、富裕、讷河、甘南、龙江、拜泉、克东，吉林省长岭、通榆、洮南、大安、乾安、扶余、镇赉，内蒙古扎赉特旗、科尔沁左翼后旗、宁城、额尔古纳、鄂温克旗、科尔沁右翼中

旗、喀喇沁旗、新巴尔虎左旗、扎兰屯、阿荣旗、乌兰浩特、突泉、扎鲁特旗、库伦旗、翁牛特旗、林西、巴林左旗、巴林右旗、克什克腾旗、敖汉旗、霍林郭勒、东乌珠穆沁旗、西乌珠穆沁旗、正镶白旗。

分布：中国（全国各地），朝鲜半岛，日本，俄罗斯；亚洲温带至热带地区，非洲，北美洲。

食用价值：益母草是世界性杂草，特别常见，容易获取，在全国各地被广泛利用。通常在春夏两季开花之前掐取嫩叶，洗干净，换水淘洗几次，用开水焯煮，之后一般做汤羹，如与红糖、花茶等一起煮成茶饮，与大米和红糖一起煮成菜粥，与猪肉、红枣等一起煲汤（崔洪文，2011）。益母草的粗蛋白、粗纤维、维生素 C、磷、锰的含量较高，分别为 5.3g/100g（鲜重）、2.3g/100g（鲜重）、64mg/100g（鲜重）、210mg/100g（干重）、2.63mg/100g（干重）（曹利民等，2015；张玉琴等，2014）。

17. 车前 *Plantago asiatica* L.

别名：车轮草、猪耳草、牛耳朵草、车辖辘菜、蛤蟆草
生境：路旁草地，山坡草地，湿草地，林下，林缘，沟边，荒地，耕地旁。
产地：黑龙江省大庆、兰西、青冈、明水、安达、泰来、依安、富裕、甘南、龙江，吉林省大安、前郭尔罗斯、扶余、镇赉，内蒙古额尔古纳、赤峰、陈巴尔虎旗、新巴尔虎左旗、新巴尔虎右旗、扎兰屯、阿荣旗、乌兰浩特、科尔沁左翼后旗、科尔沁右翼中旗、扎鲁特旗、库伦旗、开鲁、翁牛特旗、林西、阿鲁科尔沁旗、巴林左旗、巴林右旗、克什克腾旗、喀喇沁旗、多伦、锡林浩特、西乌珠穆沁旗。

分布：中国（全国各地），朝鲜半岛，日本，俄罗斯，尼泊尔，马来西亚，印度尼西亚。

食用价值：车前的可食用部位为叶和种子。嫩叶在春天采收，种子在 8～9 月采收。春天采集嫩叶，洗干净，用开水焯煮，用清水浸泡 3～5 小时，之后换水淘洗，洗净后拌食或做馅或做菜汤。秋天采集种子，榨油，剩余油渣可制成酱油食用。每 100g 车前叶干品中含粗纤维 14g、钙 3.17g、镁 835mg、磷 439mg、锌 4.69mg、铁 22mg、钠 841mg、类胡萝卜素 80mg，谷氨酸、天冬氨酸、亮氨酸和缬氨酸的含量相对较高，分别为 1.97g、1.85g、1.30g、920mg（于继英等，2015）。

18. 附地菜 *Trigonotis peduncularis* (Trev.) Benth. ex Baker et Moore

别名：地胡椒
生境：向阳草地，灌丛。
产地：黑龙江省齐齐哈尔，内蒙古科尔沁右翼前旗、科尔沁左翼后旗、额尔古纳、乌兰浩特、扎赉特旗、喀喇沁旗、扎兰屯、阿荣旗。

分布：中国（黑龙江、吉林、辽宁、内蒙古、河北、陕西、甘肃、宁夏、青海、新疆、江苏、安徽、浙江、福建、江西、广西、广东、四川、贵州、云南、西藏），朝鲜半岛，日本，蒙古，俄罗斯，喜马拉雅地区（国外部分）；中亚。

食用价值：附地菜的可食用部位为嫩叶，可在春夏两季进行采收。在采集嫩叶后，

洗干净，用开水焯煮，换水淘洗，洗净后拌食，或炒食、做馅、做汤，也可与大米做成菜粥，有健胃、止血及消肿的功效。每 100g 附地菜干品中含钙 625mg、镁 86mg、锌 21mg、铁 44mg、钠 221mg、铜 6.5mg、锰 8.7mg（赵永光等，2007）。

19. 马齿苋 **Portulaca oleracea** L.

别名：蚂蚱菜、马齿菜、马苋菜

生境：干旱硬质荒地，田间，路边。

产地：黑龙江省兰西、泰来，吉林省长岭、前郭尔罗斯、通榆、洮南，内蒙古宁城、扎兰屯、通辽、科尔沁左翼中旗、科尔沁右翼中旗、阿鲁科尔沁旗、敖汉旗、赤峰。

分布：中国（全国各地）；遍布世界温带、热带地区。

食用价值：马齿苋是村落周围常见杂草，非常容易获取，是最常见的野菜之一。马齿苋采集期较长，春夏两季都可以采集。马齿苋采集后，用开水焯煮，清水淘洗，去掉黏液后可加油、盐凉拌，可做菜粥，可做馅包饺子，可做汤，味酸，做菜粥时酸味较淡。马齿苋的粗脂肪、粗纤维和灰分含量很高，分别约占干重的 6%、7%和 19%。每 100g 马齿苋干品中维生素 C 含量为 42mg，天门冬氨酸含量为 1.59g，苯丙氨酸含量为 1.12g，甲硫氨酸含量为 0.39mg（耿星河，2003），锌含量为 45μg（张玉琴等，2014）。

20. 败酱 **Patrinia scabiosaefolia** Fisch. ex Trev.

别名：黄花龙牙、黄花苦菜、苦菜、山芝麻、麻鸡婆、将军草、野黄花、野芹

生境：草甸，灌丛，河边，林缘，山坡草地。

产地：黑龙江省大庆、安达、克山、克东，吉林省镇赉、前郭尔罗斯，内蒙古额尔古纳、根河、莫旗、阿荣旗、鄂温克旗、扎赉特旗、科尔沁右翼前旗、科尔沁右翼中旗、科尔沁左翼后旗、扎鲁特旗、克什克腾旗、宁城、扎兰屯、翁牛特旗、林西、赤峰、巴林左旗、巴林右旗、阿鲁科尔沁旗、喀喇沁旗、霍林郭勒、东乌珠穆沁旗。

分布：中国（全国各地），朝鲜半岛，日本，蒙古，俄罗斯。

食用价值：败酱分布广泛，入药历史悠久，很多地区人们也食用，可食用部分为嫩茎叶或幼苗，春夏两季皆可采集。采集嫩茎叶或幼苗，洗干净，开水焯煮两分钟后捞出，浸泡 12 小时，换水淘洗去掉苦味，之后可炒食、做馅或做汤，也可做成干菜或腌制（吴松标和吴丽芬，2010）。败酱约含粗纤维 10%、可溶性糖 4.5%，每 100g 败酱含氨基酸 15g（其中谷氨酸含量很高，约 2.7g）、胡萝卜素 8mg、维生素 C 43mg、铁 14mg、锰 6.4mg（仲山民等，2001）。

21. 打碗花 **Calystegia hederacea** Wall.

别名：燕子尾（yǐ）、喇叭花、兔耳草、盘肠参、蒲地参

生境：碱性草甸，路旁。

产地：黑龙江省齐齐哈尔，内蒙古克什克腾旗、巴林左旗、巴林右旗、阿鲁科尔沁旗、敖汉旗、翁牛特旗、赤峰、喀喇沁旗。

分布：中国（黑龙江、吉林、辽宁、内蒙古、河北、山西、陕西、甘肃、宁夏、青海、新疆、山东、江苏、安徽、浙江、河南、湖北、江西、湖南、四川、贵州、云南、

西藏），朝鲜半岛，日本，蒙古，俄罗斯，马来西亚；中亚，南亚，非洲。

食用价值：打碗花在有些地区被人们食用，可食用部分为嫩茎叶或根状茎。嫩茎叶在春夏季采收，根状茎在秋冬季采挖。采集嫩茎叶或幼苗后，洗干净，开水焯煮，换水淘洗后可炒食、做馅或做汤。根状茎一般不直接食用，而是用来酿酒或熬糖。每 100g 打碗花叶鲜品约含 3.5g 粗蛋白、1.4g 灰分、3g 粗纤维、76.7mg 维生素 C、5.32mg 胡萝卜素；每 100g 打碗花叶干品含铁 9.7mg、锰 2.5mg、镁 322mg、钙 675mg、钾 2g（张书霞和王宏，2006）。

22. 柳蒿 Artemisia integrifolia L.

别名：柳叶蒿
生境：田间，路旁草地，荒地，人类聚集地附近。
产地：黑龙江省安达，吉林省前郭尔罗斯，内蒙古根河、额尔古纳、科尔沁右翼前旗、克什克腾旗、鄂温克旗、陈巴尔虎旗、扎鲁特旗、阿鲁科尔沁旗、巴林左旗、巴林右旗、喀喇沁旗、宁城、科尔沁左翼后旗、扎兰屯、林西、东乌珠穆沁旗。
分布：中国（黑龙江、吉林、内蒙古、河北），朝鲜半岛，蒙古，俄罗斯（西伯利亚、远东地区）。
食用价值：柳蒿的可食用部位是嫩茎叶，因此这种野菜在民间通常称为柳蒿芽。柳蒿芽的食用习惯和习俗源于北方少数民族达斡尔族，所以也常被称为达斡尔菜（娜日斯，2000）。在内蒙古地区普遍食用，常在饭馆售卖，风味独特。柳蒿通常在春夏季采收，是一种时令野菜。在野外采其嫩茎叶或幼苗，洗干净，开水焯煮，换水淘洗，之后通常凉拌，也可炒食、做馅或做汤。柳蒿芽干品尤其富含蛋白质，其蛋白质含量约为鸡蛋的两倍（李忠泽等，1993）。每 100g 柳蒿芽鲜品中含 3.7g 蛋白质、700mg 脂肪、9g 糖类、2.1g 粗纤维、0.3mg 维生素 B_2、23mg 维生素 C（杜运芹等，2014）。

23. 龙葵 Solanum nigrum L.

别名：野辣虎、野海椒、小苦菜、山辣椒、野茄秧、小果果、白花菜、天茄菜
生境：耕地旁，荒地，人类聚集地附近。
产地：黑龙江省肇东、青冈、明水、安达、泰来、依安，吉林省长岭、前郭尔罗斯、通榆、洮南、镇赉，内蒙古科尔沁右翼中旗、突泉、扎鲁特旗。
分布：中国（全国各地）；遍布世界温带至热带地区。
食用价值：龙葵是一种药食两用的植物，其可食用部位为果实、茎、叶，果实最为常见。一般果实在 8～10 月采收，茎叶春夏季皆可采收。果实在未熟时有毒，但熟后毒性消失，酸甜可口，可以鲜食，可以榨汁饮用。采集嫩茎叶后，用开水焯煮，换水淘洗，然后加油、盐拌食。叶中也含有毒物质，在食用前必须用开水焯煮，以破坏毒性。龙葵的果实营养丰富，而且具有清热解毒、利水消肿等保健作用。每 100g 龙葵果实干品中含蛋白质 2.37g、总糖 7.17g、还原糖 6.13g、有机酸 0.98g、镁 53.6mg、锰 0.47mg、锌 0.45mg；每 100g 龙葵果实鲜品中含 37.57mg 维生素 C（姜英等，2013）。

24. 地梢瓜 Cynanchum thesioides K. Schum.

别名： 老瓜瓢、细叶白前、女青、地梢花

生境： 沙质草地，路旁。

产地： 黑龙江省肇东、泰来、大庆、安达、林甸、杜尔伯特、肇州、齐齐哈尔、富裕、龙江，吉林省长岭、洮南、通榆、大安、乾安、前郭尔罗斯、扶余、镇赉、白城，内蒙古新巴尔虎右旗、新巴尔虎左旗、扎鲁特旗、赤峰、巴林右旗、宁城、科尔沁右翼前旗、科尔沁右翼中旗、扎赉特旗、乌兰浩特、科尔沁左翼中旗、科尔沁左翼后旗、陈巴尔虎旗、鄂温克旗、扎兰屯、阿荣旗、莫旗、突泉、库伦旗、通辽、奈曼旗、阿鲁科尔沁旗、克什克腾旗、翁牛特旗、敖汉旗、多伦、霍林郭勒、锡林浩特、东乌珠穆沁旗、西乌珠穆沁旗、苏尼特左旗、正蓝旗、阿巴嘎旗。

分布： 中国（黑龙江、吉林、辽宁、内蒙古、河北、山西、陕西、甘肃、宁夏、青海、新疆、江苏），朝鲜半岛，蒙古，俄罗斯。

食用价值： 地梢瓜，是一种药食两用的植物，也可用作牧草。其可食用部位为幼嫩果实，通常在 6~8 月采摘，只可在其幼嫩时食用，种子成熟后口感变差，不能食用。其嫩果脆甜，具乳汁，清香可口，可直接生食，也可以蘸酱食用，或焯煮后拌食与炒食。在内蒙古等地区，牧民常用鲜奶或酸奶煮食其嫩果，味道鲜美（杨忠仁等，2017）。每 100g 阴干嫩果中含 0.424mg 维生素 B_1、0.852mg 维生素 B_2、0.177mg 维生素 B_6、0.322mg 维生素 A、7.764mg 维生素 E、14.44mg 胡萝卜素、2914.00mg 钾、19.85mg 钠、345.09mg 钙、223.29mg 镁、1.26mg 铜、22.56mg 铁、2.08mg 锰、2.35mg 锌、0.723mg 硒（曹乌吉斯古楞，2007）。

25. 欧李 Prunus humilis Bunge

别名： 酸丁、乌拉奈

生境： 山坡草地，山坡灌丛，固定沙丘

产地： 吉林省前郭尔罗斯、通榆、长岭、镇赉，内蒙古科尔沁左翼后旗、克什克腾旗、科尔沁右翼中旗、巴林右旗、扎赉特旗、多伦。

分布： 中国（黑龙江、吉林、辽宁、内蒙古、河北、山东、河南）。

食用价值： 欧李在东北草地的南缘常能见到，为矮小灌木，容易采摘。果实含钙量高，是补钙佳品（任艳军等，2012）。其果实大多酸涩，有时也被称为酸丁。欧李通常在秋季成熟，果实可直接鲜食，也可制作成果酱或者果酒等副产品食用。每 100g 阴干的欧李果实中含 1.38~1.89g 粗蛋白、6.91~8.91mg 维生素 C、250~260mg 钙、70~75mg 镁、10~12mg 铁、2~4mg 铜。

二、粮食油料类

1. 草木犀 Melilotus suaveolens Ledeb.

别名： 黄花草木犀、野苜蓿、铁扫把、黄香草木犀

生境： 河边，湿草地，林缘，路旁，荒地，向阳山坡。

产地：黑龙江省安达、肇东、兰西、青冈、明水、杜尔伯特、肇州、泰来、富裕、齐齐哈尔、甘南、龙江、拜泉、克东、克山、依安，吉林省前郭尔罗斯、通榆、洮南、镇赉、大安、扶余，内蒙古翁牛特旗、根河、额尔古纳、鄂温克旗、科尔沁左翼后旗、科尔沁右翼中旗、赤峰、宁城、科尔沁右翼前旗、陈巴尔虎旗、新巴尔虎左旗、新巴尔虎右旗、克什克腾旗、通辽、扎鲁特旗、开鲁、阿鲁科尔沁旗、巴林右旗、扎兰屯、乌兰浩特、敖汉旗、喀喇沁旗、多伦、锡林浩特、东乌珠穆沁旗、西乌珠穆沁旗、阿巴嘎旗。

分布：中国（黑龙江、吉林、辽宁、内蒙古、河北、山西、陕西、甘肃、宁夏、四川、云南、西藏），朝鲜半岛，蒙古，俄罗斯；中亚。

食用价值：草木犀栽培历史悠久，当前主要是用来做牧草，也可用来充当粮食，救荒救饥。草木犀的可食用部分为种子，常在7～10月采收。种子因富含糖类和蛋白质，常在收集后晒干，磨粉后拌在面粉中做成面条或糕点，也可用来酿酒或制醋。草木犀种子蛋白质含量接近30%，脂肪含量约5%，纤维含量约15%，灰分含量约20%，可溶性糖含量约20%（丛建民和陈凤清，2015）。

2. 野大豆 Glycine soja Sieb. et Zucc.

别名：豆、小落豆、山黄豆

生境：灌丛，河边，湖边，湿草地，林下。

产地：黑龙江省明水、肇州、泰来、依安、甘南、拜泉、克东，吉林省长岭、扶余，内蒙古科尔沁左翼后旗、科尔沁右翼前旗、科尔沁右翼中旗、科尔沁左翼中旗、阿鲁科尔沁旗、巴林右旗、克什克腾旗、敖汉旗、翁牛特旗、喀喇沁旗、宁城、扎兰屯、莫旗、乌兰浩特、突泉。

分布：中国（黑龙江、吉林、辽宁、内蒙古、河北、陕西、甘肃、山东、安徽、湖北、湖南、四川），朝鲜半岛，日本，俄罗斯。

食用价值：野大豆是大豆的祖先，与大豆有相似的营养成分，但抗逆性更强，几乎遍布全国，是重要的大豆育种种质资源。目前常用作饲料，也可充当粮食，救灾救荒。其可食用部分为种子，通常在8～10月采收。采集后晾干，直接煮食或磨粉后制作糕点，也可制作副食品，如酱、酱油、豆腐、食用油等。野大豆与大豆相似，富含蛋白质和脂肪，其种子中含粗脂肪5%～20%、粗蛋白40%～45%、异黄酮约0.5%（曲程美，2016）。野大豆中所含的异黄酮有一定的保健作用。

3. 鹅绒委陵菜 Potentilla anserina L.

别名：蕨麻、人参果、延寿草、蕨麻委陵菜、莲花菜

生境：草甸，河边，耕地旁，人类聚集地附近。

产地：黑龙江省富裕、肇东、兰西、青冈、安达、林甸、杜尔伯特、肇州、龙江、泰来、讷河、甘南、拜泉、克东、依安，吉林省前郭尔罗斯、长岭、通榆、镇赉、大安、扶余、白城，内蒙古额尔古纳、扎兰屯、莫旗、科尔沁右翼前旗、扎鲁特旗、克什克腾旗、宁城、陈巴尔虎旗、新巴尔虎左旗、新巴尔虎右旗、鄂温克旗、阿荣旗、科尔沁左翼后旗、通辽、巴林右旗、翁牛特旗、阿鲁科尔沁旗、霍林郭勒、东乌珠穆沁旗、西乌

珠穆沁旗。

分布： 中国（黑龙江、吉林、辽宁、内蒙古、河北、山西、陕西、甘肃、宁夏、青海、新疆、四川、云南、西藏），朝鲜半岛，日本，蒙古，俄罗斯，伊朗，叙利亚；中亚，欧洲，大洋洲，北美洲，南美洲。

食用价值： 鹅绒委陵菜是一种药食两用的植物，有健胃补脾、生津止渴、益气补血的保健作用。其可食用部位为块根、茎、叶，其中块根最为常见。东北草地鹅绒委陵菜的根虽然一般不会特别膨大，但通常也可食用。块根一般在秋季采挖，幼苗一般在春夏季采收。块根膨大，富含淀粉，采收后洗干净，熬煮食用，或者烘干磨粉后掺入面粉中食用；幼苗采收后洗干净，用开水焯煮，然后可以煮食。每 100g 鹅绒委陵菜干品中含粗脂肪 2.37g、粗蛋白 10.06g、总还原糖 9.78g、灰分 5.12g、淀粉超过 60g、维生素 C 3.88mg、维生素 B$_1$ 1.45mg、铁 1.87mg（王峰等，2007）。

4. 桔梗 Platycodon grandiflorum (Jacq.) A. DC.

别名： 道拉基、苦菜根、铃铛花、人药、土洋参、包袱花、鸡把腿

生境： 山坡草地，林缘，灌丛，草甸。

产地： 黑龙江省齐齐哈尔、大庆、克山、安达，吉林省镇赉、洮南、前郭尔罗斯，内蒙古额尔古纳、科尔沁右翼前旗、科尔沁右翼中旗、宁城、敖汉旗、赤峰、巴林左旗、巴林右旗、阿鲁科尔沁旗、扎赉特旗、鄂温克旗、科尔沁左翼后旗、陈巴尔虎旗、扎兰屯、莫旗、阿荣旗、乌兰浩特、突泉、扎鲁特旗、喀喇沁旗、霍林郭勒。

分布： 中国（黑龙江、吉林、辽宁、内蒙古、河北、山西、陕西、山东、江苏、安徽、浙江、福建、河南、湖北、江西、湖南、广东、广西、四川、贵州、云南、台湾），朝鲜半岛，日本，俄罗斯。

食用价值： 桔梗属于药食两用的植物，其根可做成各种菜肴，在我国东北及朝鲜半岛等地区很常见。我国朝鲜族人民用桔梗根腌制出的泡菜咸辣适口，是出口韩国的大宗产品之一（崔永东等，2016）。韩国人一般刮去桔梗根的外皮，撕成细条，佐以调料凉拌，也有做成咸菜、罐头等副产品的。桔梗的嫩茎叶也可食用，通常用开水焯煮后拌食、炒食或做汤。根一般在 9 月采挖，嫩茎叶 3～5 月采收。每 100g 桔梗根干品中含脂肪 0.92g、胡萝卜素 8.8mg、维生素 B$_1$ 38mg、维生素 C 12.67mg、总氨基酸 15g，还含多种矿质元素，其中铜、锌、锰含量较高（李海燕等，2008；赵淑春等，1994）。另外，桔梗的根还含有三萜皂苷、菊糖等保健物质（李海燕等，2008）。

5. 榆树 Ulmus pumila L.

别名： 榆、白榆、家榆、钻天榆、钱榆、长叶家榆

生境： 沙地，河边，路旁，人家附近，常有栽培。

产地： 吉林省长岭、前郭尔罗斯、通榆，内蒙古科尔沁右翼前旗、通辽、新巴尔虎右旗、鄂温克旗、科尔沁左翼后旗、扎鲁特旗、奈曼旗。

分布： 中国（黑龙江、吉林、辽宁、内蒙古、河北、山西、西北、西南），朝鲜半岛，蒙古，俄罗斯。

食用价值：榆树是北方最常见的树种之一，野生的和栽培的数量都很多，其用途非常广泛，可食用部位为果实、树皮和叶。树皮可在春季或秋季剥取，果实一般在春季采收，嫩叶也常在春季采收。剥去树皮后，去掉老树皮，晒干磨粉，称为榆皮粉，掺入面粉中食用，也可制成醋。果实称为榆钱，嫩果与面粉混合可蒸食，或拌上米饭做榆钱饭团，或拌上鸡蛋炒食，成熟果实还可榨油食用。嫩叶采收后用开水焯煮，之后可炒食或腌制。榆树皮中含有粗多糖，这些粗多糖主要由阿拉伯糖、木糖、甘露糖、半乳糖、葡萄糖和甘露醇组成，这些粗多糖对自由基有一定的清除作用，对人体有益。每 100g 鲜榆钱含粗蛋白 3.6g、粗脂肪 0.9g、膳食纤维 0.8g、灰分 0.6g。另外，榆钱还含有较丰富的维生素 C 和铁（姚玉霞等，2003）。

6. 沙蓬 Agriophyllum squarrosum (L.) Moq.

别名：沙米
生境：石砾质山坡，沙质草原。
产地：黑龙江省齐齐哈尔，内蒙古陈巴尔虎旗、新巴尔虎左旗、新巴尔虎右旗、科尔沁左翼中旗、库伦旗、扎鲁特旗、奈曼旗、巴林左旗、巴林右旗、阿鲁科尔沁旗、敖汉旗、翁牛特旗、多伦。
分布：中国（黑龙江、辽宁、内蒙古、河北、河南、山西、陕西、宁夏、青海、新疆、西藏），蒙古，俄罗斯；中亚。
食用价值：沙蓬在干旱地区的食用历史非常久远，现在沙蓬也是非常常见的可食用野生植物，在民间又被称为草子或沙米（库尔班江·巴拉提，2011）。一般 9～10 月采集沙蓬籽后，去掉杂皮，晒干磨粉（称为沙米粉），掺入面粉食用，牧民也常掺入牛奶煮食（哈斯巴根等，2011）。每 100g 阴干沙蓬籽含水分 8g、蛋白质 25.5g、必需氨基酸 11.6g、脂肪 11.8g、糖类 32.5g、纤维 14.8g（高蘙等，1991）。沙蓬种子蛋白质含量很高，普遍高于小麦等作物，略低于大豆，必需氨基酸含量与大豆相当。

7. 播娘蒿 Descurainia sophia (L.) Webb. ex Prantl

别名：野芥菜
生境：沙质化草地，山坡草地，荒地。
产地：内蒙古科尔沁右翼前旗、克什克腾旗、宁城、扎赉特旗、额尔古纳、陈巴尔虎旗、新巴尔虎左旗、锡林浩特、西乌珠穆沁旗、阿巴嘎旗。
分布：中国（全国各地），蒙古，俄罗斯，土耳其，印度；非洲，欧洲。
食用价值：播娘蒿是一种常见杂草，常成片生长，容易大量采集。播娘蒿既是一种野生油料植物，也是一种野菜。其可食用部位为种子、茎和叶。种子常在 5 月采收，嫩茎叶在 3～4 月采收。种子采集晒干后可榨油食用。种子含油量高，为优良的食用油，以不饱和脂肪酸为主，其中以亚麻酸含量为最高，约为 40%（罗鹏等，1998）。初春采其嫩茎叶，洗干净，用开水焯煮，然后拌食、做馅或做菜粥。播娘蒿叶中的类胡萝卜素、可溶性糖、还原性糖、淀粉都比较高，每 100g 鲜重中含量分别为 8.17mg、1.59g、1.26g、2.22g（郑清岭等，2016b）。

8. 碱蓬 **Suaeda glauca** (Bunge) Bunge

别名：猪尾巴草、灰绿碱蓬

生境：海边，河边，草甸，耕地旁，盐碱地。

产地：黑龙江省安达、杜尔伯特、肇东、大庆，吉林省通榆、洮南、大安、乾安、农安、镇赉、前郭尔罗斯，内蒙古新巴尔虎左旗、新巴尔虎右旗、翁牛特旗、科尔沁右翼中旗、阿鲁科尔沁旗、额尔古纳、陈巴尔虎旗、鄂温克旗、林西。

分布：中国（黑龙江、吉林、辽宁、内蒙古、河北、山西、陕西、宁夏、甘肃、青海、新疆、山东、江苏、浙江、河南），蒙古，朝鲜半岛，日本，俄罗斯。

食用价值：碱蓬常在盐碱地成片生长，储量较大，容易采收。其可食用部位为种子、茎、叶。种子一般在 9 月采收，幼苗在春季采收。野外采集种子后晒干，榨油，碱蓬籽油碘值为 149，是一种干性油，所含的营养成分高于一般的植物油，约含不饱和脂肪酸90%，其中亚油酸占 70% 以上，油酸占 10% 以上，可以开发为一种高级油品（金丽珠等，2016；邵秋玲和李玉娟，1998）。在春夏季，其幼苗也可做蔬菜。野外采集幼苗后，用开水焯煮，之后炒食。每 100g 茎叶鲜品中含粗蛋白 2.89g、粗脂肪 1.35g、粗纤维 2.83g、总糖 2.62g、还原糖 1.8mg、锌 13.43mg、类胡萝卜素 0.42mg、维生素 B_2 199mg（张玲，2013）。

9. 盐地碱蓬 **Suaeda salsa** (L.) Pall.

别名：翅碱蓬、黄须菜、碱葱

生境：碱湖边，碱斑地，碱性草原，湿草地。

产地：黑龙江省杜尔伯特、大庆、肇东、肇源、安达、肇州、泰来、龙江，吉林省通榆、洮南、乾安、镇赉、前郭尔罗斯，内蒙古赤峰、新巴尔虎右旗、翁牛特旗、新巴尔虎左旗、阿鲁科尔沁旗、巴林右旗、科尔沁左翼后旗、鄂温克旗。

分布：中国（黑龙江、吉林、辽宁、内蒙古、河北、陕西、山西、甘肃、青海、新疆、山东、江苏、浙江），俄罗斯；中亚，欧洲。

食用价值：盐地碱蓬常在盐碱地成片生长，储量较大，容易采收，其可食用部位为种子和茎叶。种子一般在 10 月采收，晒干，种子含油量约 20%，盐地碱蓬籽油碘值为176，是一种干性油，酸值为 1.84，皂化值为 195，约含不饱和脂肪酸 90.65%，其中亚油酸占 68.74%，油酸占 13.93% 以上，亚麻酸占 4.17%（李洪山和范艳霞，2010），矿质元素中硼、铁、锌含量较高，分别为 0.089mg/100g、0.821mg/100g、2.28mg/100g（李曼曼等，2016），可以开发为一种高级保健食用油品。嫩茎叶在春夏两季皆可采收，洗干净，用开水焯煮，加油、盐拌食。

10. 野大麻 **Cannabis sativa** L. var. **ruderalis** (Janisck.) S. Z. Liou

别名：线麻

生境：路边，沙地，人类聚集地附近，弃耕地。

产地：黑龙江省齐齐哈尔、富裕、拜泉，吉林省通榆、长岭、前郭尔罗斯、大安、扶余，内蒙古赤峰、克什克腾旗、额尔古纳、鄂温克旗、新巴尔虎左旗、新巴尔虎右旗、科尔沁右翼中旗、巴林左旗、巴林右旗、翁牛特旗、科尔沁右翼前旗、扎鲁特旗、阿鲁科尔沁旗、喀喇沁旗。

分布：中国（黑龙江、吉林、辽宁、内蒙古），蒙古，俄罗斯；中亚。

食用价值：大麻在民间有时也称为火麻或线麻，其可食用部分为种子，可直接食用，也可用来榨油，在有些地区（如山西忻州）被列为五谷之一（杜光辉等，2017）。大麻的果实较小，通常称为麻子，作药用时称为火麻仁。果实一般在7~8月采收，自然成熟的果实容易脱落。大麻有栽培用于商业者，也有逸生或野生的，一般人工栽培的籽大而圆，野生或逸生的籽较小。大麻籽油中富含不饱和脂肪酸（高达88.54%），主要为人体不能自主合成的亚油酸和α-亚油酸，占比分别为55.25%和13.54%（张建春和何锦风，2010）。另外，大麻籽中含有丰富的蛋白质，含量为20%~25%（何锦风等，2007）。大麻籽中蛋白质是一种优质蛋白质，65%为麻仁球蛋白，含有人体所必需的全部氨基酸（Wang et al.，2008）。

三、调料饮品类

调料饮品类植物的食用部位可以是根、茎、叶、花、果实中的任何一个部位，多数需要经过加工，是东北草地植物资源中种类较多的一类，共62种，主要是唇形科、豆科、百合科、蔷薇科、蓼科等植物。该部分选5种进行详细介绍。

1. 百里香 **Thymus mongolicus** Ronn.

别名：地角花、地姜、千里香、地椒叶
生境：沙地。
产地：吉林省长岭、前郭尔罗斯，内蒙古额尔古纳、扎鲁特旗、新巴尔虎左旗、新巴尔虎右旗、阿鲁科尔沁旗、克什克腾旗、赤峰、翁牛特旗、敖汉旗、喀喇沁旗、锡林浩特、霍林郭勒、东乌珠穆沁旗、西乌珠穆沁旗、正蓝旗、正镶白旗。
分布：中国（吉林、辽宁、内蒙古、河北、山西、陕西、甘肃、青海）。
食用价值：百里香由于其独具特色的香味，成为自中世纪起就是西方重要的烹饪调料之一。在欧洲很多国家，百里香在腌制、烧烤、炖煮中都会用到，是西餐中最常见的香草（秋西，2016）。在我国百里香常做药用，但也有很多地区用百里香来去除牛羊肉的膻味（罗嘉梁和宋永芳，1989），近年来也开发了一些新食品，如百里香茶。百里香的主要来源为野生采集，近年来也有一定规模的栽培。百里香的可食用部位为茎叶，春夏秋三季都可采收。百里香挥发油的主要成分为香荆芥酚、百里香酚、香芹酮和龙脑，含量分别为24%、22%、14%和9%。

2. 牛蒡 **Arctium lappa** L.

别名：恶实、大力子
生境：林下，林缘，山坡草地，路旁，人类聚集地附近。
产地：黑龙江省拜泉、克山、青冈、龙江、肇东、兰西、富裕，吉林省扶余，内蒙古赤峰、巴林右旗、科尔沁左翼后旗、喀喇沁旗、敖汉旗、突泉。

分布：中国（全国各地）；遍布欧亚大陆。

食用价值：牛蒡是一种药食两用植物，在我国利用历史非常悠久，但主要是药用。1000多年前，日本引进牛蒡，将其开发为食物。目前在日本和韩国，牛蒡作为食物食用已非常广泛，但在我国还比较少，我国的牛蒡主要用于出口（何丽，2015）。我国牛蒡野生储量较大，目前也已有相当规模的人工栽培。牛蒡可食用部位为根、茎、叶，根一般在秋季采收，嫩茎叶在春季采收。根含大量菊糖，晾干后，切片，泡水代茶，称为牛蒡片茶；根也可做蔬菜，做汤或炒食，东北地区俗称"狗宝"；嫩茎叶焯煮后可炒食或腌制。100g阴干的牛蒡根中含有丰富的糖类、蛋白质、膳食纤维，含量分别为64g、1.87g、5.08g，维生素B$_2$、钙、镁、铁和锌的含量也较高（高祀亮等，2009；时新刚等，2007）。

3. 黄芩 **Scutellaria baicalensis** Georgi

别名：香水水草

生境：沙质地，山坡草地，石砾质地，草甸草原。

产地：黑龙江省大庆、安达、肇东、杜尔伯特、富裕、泰来、甘南，吉林省洮南、镇赉、通榆、前郭尔罗斯，内蒙古根河、额尔古纳、通辽、科尔沁右翼前旗、鄂温克旗、扎赉特旗、赤峰、巴林左旗、巴林右旗、宁城、克什克腾旗、陈巴尔虎旗、新巴尔虎右旗、扎兰屯、莫旗、阿荣旗、乌兰浩特、突泉、扎鲁特旗、科尔沁左翼后旗、翁牛特旗、喀喇沁旗、多伦、锡林浩特、霍林郭勒、东乌珠穆沁旗、西乌珠穆沁旗、正蓝旗、正镶白旗、阿巴嘎旗。

分布：中国（黑龙江、吉林、辽宁、内蒙古、河北、山西、陕西、甘肃、山东、河南、四川），朝鲜半岛，蒙古，俄罗斯。

食用价值：黄芩作为茶叶在民间食用广泛，且食用历史悠久，被称为黄金茶或黄芩茶，民间对黄芩及其近缘种并不做严格区分，目前已经有一些公司对黄芩茶进行了开发利用，引进了南方茶叶的加工方式，将黄芩茶逐步商业化。一般在春夏季采收黄芩叶，蒸后晒干，泡水代茶，茶水呈金黄色，会逐渐变成褐色。黄芩茶的主要有效物质为黄酮类化合物，目前已经从黄芩叶中分离鉴定出22种黄酮类化合物，黄芩茶的香味主要来自于挥发油，现在已鉴定出约40个化合物（何春年等，2011）。黄芩嫩叶茶中主要含铁、锌、钙等，其中铁、锌、镁最容易溶出，溶出率分别为61.8%、55.4%、61.4%（朱艳霞等，2011）。

4. 细叶韭 **Allium tenuissimum** L.

别名：细丝韭、丝葱

生境：山坡草地，沙丘。

产地：黑龙江省大庆、安达、杜尔伯特、肇东、肇州、林甸、泰来，吉林省长岭、镇赉，内蒙古额尔古纳、陈巴尔虎旗、新巴尔虎左旗、新巴尔虎右旗、科尔沁右翼前旗、科尔沁右翼中旗、赤峰、巴林右旗、扎赉特旗、扎鲁特旗、克什克腾旗、科尔沁左翼后旗、宁城、阿荣旗、扎兰屯、突泉、库伦旗、霍林郭勒、奈曼旗、翁牛特旗、林西、阿鲁科尔沁旗、敖汉旗、喀喇沁旗、多伦、二连浩特、锡林浩特、东乌珠穆沁旗、西乌珠穆沁旗、苏尼特左旗、苏尼特右旗、正蓝旗、镶黄旗、正镶白旗、阿巴嘎旗。

分布：中国（黑龙江、吉林、辽宁、内蒙古、河北、山西、陕西、宁夏、甘肃、江苏、浙江、河南），蒙古，俄罗斯。

食用价值：细叶韭常成片分布，数量很多，容易采收，近年来人工栽培也较多。其可食用部位为花序，常于 7～8 月采收。在野外采集花序后，晾干，炒菜时作为调味料加入，可以提味，也可以捣碎腌制。细叶韭在油炸后，会产生一种独特的浓郁香味，这主要是因为细叶韭中含有一些香精油。每 100g 细叶韭花鲜样中含有维生素 C 50～60mg、类胡萝卜素 0.5mg、氨基酸总量 50mg、可溶性糖 300～400mg（郑清岭等，2016a）。

5. 沙棘 **Hippophae rhamnoides** L.

别名：醋柳、黄酸刺、酸刺柳、黑刺、酸刺

生境：向阳的山脊、谷地，干涸河床地或山坡。

产地：黑龙江省杜尔伯特，吉林省长岭、前郭尔罗斯，内蒙古库伦旗。

分布：中国（黑龙江、吉林、内蒙古、河北、山西、陕西、甘肃、青海、四川）。

食用价值：沙棘是一种药食两用的植物。沙棘的可食用部位为果实，因果实果肉少汁液多，常被制作成果汁。近年来，沙棘饮料产业已形成规模（崔立柱等，2021），沙棘汁遍布全国，各种超市都有售卖。沙棘果实不易凋落，可以在果期末以及果期后采收，有时甚至在冬季都可采收。沙棘汁味酸、甜，富含维生素，其维生素含量超过了世界上绝大多数种类的水果，100g 沙棘果汁中含有 1000～1600mg 的维生素，差不多是苹果中维生素含量的 400～800 倍。沙棘果汁除了富含维生素，还富含黄酮类化合物、有机酸以及糖类，具有抗肿瘤、抗衰老及增强免疫力的保健作用（何志勇和夏文水，2002）。

第五章 东北草地药用植物资源

第一节 药用植物组成

通过对东北草地植物进行野外调查和标本采集，并依据《中国中药资源志要》记录的我国药用植物名录，我们整理出东北地区本次调查的主要药用植物名录，并建立了东北地区草地药用植物数据库。我们将东北草地药用植物按科属进行了分类统计，并对其物种组成进行了分析。东北草地共有药用植物 563 种，隶属于 81 科 303 属，其中裸子植物 1 种；双子叶植物 473 种，隶属于 66 科 247 属；单子叶植物 89 种，隶属于 14 科 55 属（表 5-1）。

表 5-1 东北草地药用植物组成

类型		科		属		种	
		数量	占比（%）	数量	占比（%）	数量	占比（%）
裸子植物		1	1.24	1	0.33	1	0.18
被子植物	单子叶植物	14	17.28	55	18.15	89	15.81
	双子叶植物	66	81.48	247	81.52	473	84.01
总计		81	100	303	100	563	100

对东北草地药用植物的科进行统计（表 5-2），结果表明，10 种及以上的科有 12 个，5～9 种的科有 17 个，2～4 种的科有 27 个，单种科有 25 个。

表 5-2 东北草地药用植物科组成

科名	种数（种）	占比（%）
菊科 Compositae	100	17.76
豆科 Leguminosae	36	6.39
蔷薇科 Rosaceae	36	6.39
禾本科 Gramineae	35	6.22
毛茛科 Ranunculaceae	26	4.62
伞形科 Umbelliferae	20	3.55
唇形科 Labiatae	19	3.37
蓼科 Polygonaceae	19	3.37
百合科 Liliaceae	18	3.20
藜科 Chenopodiaceae	17	3.02
十字花科 Cruciferae	12	2.13
桔梗科 Campanulaceae	10	1.78
龙胆科 Primulaceae	9	1.60
报春花科 Primulaceae	9	1.60

科名	种数（种）	占比（%）
萝藦科 Asclepiadaceae	8	1.42
鸢尾科 Iridaceae	8	1.42
莎草科 Cyperaceae	8	1.42
玄参科 Scrophulariaceae	8	1.42
紫草科 Boraginaceae	7	1.24
景天科 Crassulaceae	7	1.24
堇菜科 Violaceae	7	1.24
虎耳草科 Saxifragaceae	6	1.07
石竹科 Caryophyllaceae	6	1.07
牻牛儿苗科 Geraniaceae	6	1.07
大戟科 Euphorbiaceae	6	1.07
柳叶菜科 Onagraceae	6	1.07
旋花科 Convolvulaceae	5	0.89
茜草科 Rubiaceae	5	0.89
败酱科 Valerianaceae	5	0.89
罂粟科 Papaveraceae	4	0.71
榆科 Ulmaceae	4	0.71
天南星科 Araceae	4	0.71
香蒲科 Typhaceae	4	0.71
锦葵科 Malvaceae	3	0.53
桑科 Moraceae	3	0.53
荨麻科 Urticaceae	3	0.53
槭树科 Aceraceae	3	0.53
卫矛科 Celastraceae	3	0.53
鼠李科 Rhamnaceae	3	0.53
茄科 Solanaceae	3	0.53
芍药科 Paeoniaceae	3	0.53
车前科 Plantaginaceae	3	0.53
灯心草科 Juncaceae	3	0.53
白花丹科 Plumbaginaceae	3	0.53
木犀科 Oleaceae	3	0.53
忍冬科 Caprifoliaceae	2	0.36
苋科 Amaranthaceae	2	0.36
兰科 Orchidaceae	2	0.36
鸭跖草科 Commelinaceae	2	0.36
葡萄科 Vitaceae	2	0.36
瑞香科 Thymelaeaceae	2	0.36
柽柳科 Tamaricaceae	2	0.36
杜鹃花科 Ericaceae	2	0.36
泽泻科 Alismataceae	2	0.36

科名	种数（种）	占比（%）
透骨草科 Phrymaceae	2	0.36
藜芦科 Melanthiaceae	2	0.36
亚麻科 Linaceae	1	0.18
椴树科 Tiliaceae	1	0.18
马鞭草科 Verbenaceae	1	0.18
薯蓣科 Dioscoreaceae	1	0.18
麻黄科 Ephedraceae	1	0.18
檀香科 Santalaceae	1	0.18
马齿苋科 Portulacaceae	1	0.18
小檗科 Berberidaceae	1	0.18
防己科 Menispermaceae	1	0.18
蒺藜科 Zygophyllaceae	1	0.18
芸香科 Rutaceae	1	0.18
远志科 Polygalaceae	1	0.18
无患子科 Sapindaceae	1	0.18
凤仙花科 Balsaminaceae	1	0.18
千屈菜科 Lythraceae	1	0.18
夹竹桃科 Apocynaceae	1	0.18
花荵科 Polemoniaceae	1	0.18
紫葳科 Bignoniaceae	1	0.18
川续断科 Dipsacaceae	1	0.18
花蔺科 Butomaceae	1	0.18
黑三棱科 Sparganiaceae	1	0.18
胡颓子科 Elaeagnaceae	1	0.18
金丝桃科 Hypericaceae	1	0.18
列当科 Orobanchaceae	1	0.18
睡菜科 Menyanthaceae	1	0.18

注：占比之和不为 100%是数据修约所致

第二节　药用植物的开发利用

一、药用植物开发利用现状

东北草地区域内植物资源丰富，包含丰富的野生中药材资源，市场潜力巨大（商凤杰等，1997）。但开发利用、挖掘创新不足，野生药材资源破坏严重（李刚，1989）。现在东北各地区市场收购和销售的药材基本都是野生的，经济价值和收购价格相对较高，推动了滥采滥挖案件的频发。而且，野生药材资源的采挖都是破坏性、灭绝性的，补植补造和就地扩繁的意识缺乏（董静洲等，2005）。

近年在国家和部分地方政府提倡发展中药材种植业的政策（如 2019 年的《黑龙江

省中医药产业发展规划》）影响下，东北草原区中药材种植业开始起步，目前已经初具规模和一定的发展基础，但还存在较多问题，主要表现在以下几个方面。一是野生种驯化栽培、中药材种子种苗的相关技术不成熟，中药材无法广泛栽培种植。二是科技支撑薄弱，中药材植物资源分类及种植生产技术人才缺乏，对中药材种植的基础研究、应用技术研究等尚未深入系统地开展，难以保障药材质量和产量的稳定和可持续发展。三是优势品种不突出，产量和产值较大的品种较少，真正能够在全国中药材市场产生较大影响的优势品种更少。

二、药用植物资源的可持续开发利用现状及建议

药用植物种质资源的可持续利用是植物资源开发利用的重要内容之一。对药用植物种质资源的开发利用既要满足当代人的实际需要，又不能对子孙后代生存的资源需求构成危害（肖培根，1980）。《中国中药资源志要》（1994 年）收载了我国药用植物 383 科 2313 属 11 020 种，目前已知可以栽培生产的种类只有 200 余种，而形成独立的、标准的繁殖栽培体系的种类更是少之又少。我国绝大多数药用植物资源还是停留在采挖野生资源的原始阶段。世界自然基金会 2004 年公布的一份报告说：人们对药用植物的采集和消费已经使世界上已认知药用植物的 20%面临灭绝危险（Chen et al.，2016）。

东北草地药用植物种类繁多、分布面积广（沈阳药学院，1963），由于过度放牧、气候变化和过度采挖，使一些生态脆弱的稀有和特有的药用植物种类处于濒危状态，如东北龙胆（刘鸣远，1988）。许多重要的广布药用植物的数量也呈明显的下降趋势。

针对目前的利用现状，建议建立多点面的药用植物保护区，以保护野生药用植物，尤其是濒危种类的野生种质资源。在就地保护的同时，针对药用植物尽量以采种的形式进行种质资源收集，建立迁地保护的药用植物种质资源圃（杨梅等，2015），针对用量大的药用植物进行繁育、栽培种植及推广的研究工作，使植物药材的生产由野外采挖模式转为规范的田间生产模式（马小军和陈震，1994），使药材成本远低于野外采挖的劳动成本，从成本-收益核算层面上助力保护野生药用植物资源。

三、加强药用植物应用基础研究

目前，针对东北草地药用植物的研究工作不系统、不完整，对于濒危药用植物和重要药用植物，其引种驯化和栽培繁育的现有技术不够成熟，研究不够深入，很多现有研究成果还不能进行推广应用。当前，加强药用植物应用基础研究应从以下两个方面着手。

1）深入进行药用植物资源的调查工作。由于近年来的过度采挖，大多数种类的分布区与蕴藏量均发生了显著变化，原有的资源调查信息已经远远满足不了现阶段开发利用的需要，亟待进行科学有效的药用植物资源的调查（孙皎等，2014），且需建立种质资源生物学特征、生境、用途、储量等信息的科学数据库。在调查的同时还应重视植物分类学等应用基础学科的发展，保证调查的准确性，使调查结果可以有效应用在药用植物资源的保护与开发工作中。

2）加强药用植物资源的开发利用。大力开展资源枯竭型药用植物的栽培实验研究，

加大种质资源的收集力度（朱兆仪，1986），以抗性、药用成分含量等多项优良指标为目标进行种质资源的优选，摸清其生长繁殖机制和栽培管理方法，建立成套的繁殖、栽培、田间管理及采收标准。通过加大药材种植面积和提高产量来降低其商品价格，从而达到保护野生资源和满足用药需求的目的。

四、重视生物技术的应用与新药的研发

药用植物资源的开发利用是与新技术、新方法的使用分不开的（黄璐琦等，1999）。近年来，以基因工程、蛋白质工程、酶工程、细胞工程及发酵工程为核心的生物技术在药用植物活性物质合成、快速繁殖、人工种子、多倍体育种以及药材鉴定等方面发挥着越来越重要的作用（黄鑫等，2015）。东北草地药用植物资源丰富，但目前的利用效率较低，没有形成优势产业，急需提高科研投入进行新药研发，从而提高中药资源的利用效率。

五、加强植物药材质量控制

随着人们对中医药认可程度的提高及人们养生保健需求的加大，对植物药品和产品提出了"安全、有效、稳定"的更高要求，核心就是要求提高植物类药材的质量，这就必然要求我们提高其质量控制水平（World Health Organization，1998）。药材质量主要以药材的药用活性成分的含量来衡量，其活性成分含量易受生长环境、采收季节、生长年限、贮藏和加工方法等因素的影响（师若云等，2021）。因此，提高植物药材的质量控制水平是做好药用植物资源开发和利用的重要方面。建议从政府层面加强中药质量控制的思想意识，提高中药质量控制的管理水平，同时建议引入优质中药材规范化生产的良好农业规范（good agricultural practice，GAP）进行质量控制。

第三节　药用植物的保护策略

药用植物保护策略是在就地保护物种的基础上通过限制贸易、轮采、野生抚育、建立种质资源库、建立药用植物保护小区等措施，实现物种安全和药效稳定遗传的双重保护。

一、限制贸易

药用植物资源具有较高的经济价值，在利益的驱动下，人们往往采取各种手段获取野生资源，如果不以法律手段对贸易活动进行制约，则会加速物种濒危。根据药用植物贸易特征，评估现有或未来市场供求状况，制定限制贸易的物种名录，采取有效措施增加贸易药用物种的替代资源，调节药用植物资源的市场需求矛盾，从而实现市场稳定和资源的稳定。如2001年国家经贸委发布了《甘草麻黄草专营和许可证管理办法》，有效地阻止了对这两种野生资源的乱采乱挖（韩建萍等，2006）。

二、轮采

轮采是相对于全面采收的一种减少土壤风蚀，并在保护生态环境基础上满足用药需求的采收方法，是药用植物资源保育的重要方法（缪剑华等，2017）。轮采是指在药用植物进入采收期后，只采收一部分，留下一部分任其继续生长，待下一个采收期再采收一部分，如此轮流采收。采取轮采的目的，一方面是基于种群恢复的需要，其原则一般是采大留小，采密留稀，以使种群密度尽快恢复，达到保护生态的目的；另一方面是可持续利用资源的需要，一般根据市场需要进行采收，不会造成药材积压浪费。

三、野生抚育

野生抚育是根据药用植物生长特性和生态习性，在其原产地或相似的环境中，人为增加其种群数量，使其资源量达到可利用水平，并能保持群落稳定，进而达到可持续利用的一种药材生产方式。野生抚育可以有效保护药用植物的野生资源，并利用原生环境提供高品质的药材；可以较好地保护珍稀濒危药用植物并促进中药资源的可持续利用，是就地保护、迁地保护和栽培生产的有机结合（金玺，2011）；由于其土地所有权归属明确，可以有效保护中药资源生长的生态环境，还可以有效节约耕地以获得高额回报。

四、建立种质资源库

药用植物种质资源是指一切可用于药物研究和开发的植物遗传资源，是国家战略性资源，是我国中医药事业可持续发展的物质基础，是形成优质中药材的基础（董静洲等，2005）。种质资源库是利用先进的仪器设备控制贮藏环境，集中收集、贮藏药用植物种子，使之在几十年甚至数百年之后仍具有原有的遗传特性和较高的发芽力。建立种质资源库是迁地保存野生药用植物种质资源的主要措施之一，建议由政府出资建立，或由政府主导，科研机构和企业参与。

五、建立药用植物保护小区

药用植物保护小区专指对珍稀濒危药用植物、有特殊药用功效的原始种质等开展保护工作而划定的区域（姜科生和徐月明，2001）。药用植物保护小区一般指面积较小，由县级或县级以下行政机关设定的自然保护区域。药用植物保护小区的保护对象主要是特有、珍稀、濒危的药用植物物种，每个保护小区的保护对象一般不应超过 10 个植物物种，面积一般小于 100hm^2。保护小区可以建立在人口稠密、交通发达的地区，可作为保护地网络体系的有效补充，可以成为连接自然保护区的廊道。保护小区的建设意义在于保护种质资源和服务科研，应该重点动态监测在没有人类活动的情况下药用植物种群的数量、年龄、空间分布、遗传特征等的变化，为研究保护物种的生态适应机制、遗传变异式样、遗传分化及基因流大小等提供依据。

第四节　常见药用植物

注：以下所列为我国东北草地之常见药用植物，其药用价值部分的功能和主治为该药用植物的药用性质，具体应用需依据医生所开药方的具体方法施用，不能自行作为用药依据随意使用。

1. 草麻黄 Ephedra sinica Stapf

别名：麻黄、华麻黄

生境：山坡，干燥荒地，草原，沙丘，海边沙地。

产地：吉林省通榆、前郭尔罗斯，内蒙古新巴尔虎右旗、科尔沁右翼前旗、扎鲁特旗、翁牛特旗、赤峰、科尔沁左翼中旗、科尔沁左翼后旗、科尔沁右翼中旗、库伦旗、奈曼旗、阿鲁科尔沁旗、锡林浩特、东乌珠穆沁旗、正镶白旗。

分布：中国（吉林、辽宁、内蒙古、河北、山西、陕西、河南），蒙古。

入药部位及药用价值：

茎（麻黄），性温，味辛、微苦，有发汗散寒、宣肺平喘、利水消肿的功能，主治风寒感冒、胸闷喘咳、水肿、痰喘咳嗽、哮喘。

根（麻黄根），性平，味甘，有止汗功能，主治盗汗。

2. 葎草 Humulus scandens (Lour.) Merr.

别名：拉拉藤、葛麻藤、五爪龙、老虎藤、锯锯藤

生境：沟旁，路旁，荒地，庭院附近。

产地：黑龙江省齐齐哈尔，吉林省洮南、大安，内蒙古科尔沁左翼后旗、科尔沁右翼前旗、扎鲁特旗、宁城、扎兰屯。

分布：中国（黑龙江、吉林、辽宁、内蒙古），朝鲜半岛，日本，俄罗斯。

入药部位及药用价值：

全草（葎草），性寒，味甘、苦，有清热解毒、利尿消肿的功能，主治淋症、小便淋痛、疟疾、泄泻、痔疮、风热咳喘。

根，主治石淋、疝气、瘰疬。

3. 麻叶荨麻 Urtica cannabina L.

别名：焮麻

生境：干山坡，路旁。

产地：吉林省长岭，内蒙古新巴尔虎右旗、新巴尔虎左旗、额尔古纳、赤峰、扎兰屯、科尔沁右翼中旗、科尔沁右翼前旗、扎赉特旗、科尔沁左翼后旗、扎鲁特旗、通辽、克什克腾旗、宁城、巴林右旗、阿鲁科尔沁旗、翁牛特旗、多伦、正蓝旗、正镶白旗。

分布：中国（黑龙江、吉林、辽宁、内蒙古、河北、山西、陕西、甘肃、新疆、四川），蒙古，俄罗斯，伊朗；中亚，欧洲。

入药部位及药用价值：

全草，性温，味苦、辛，有小毒，有祛风除湿、解痉、活血的功能，主治高血压症、风湿关节痛、小儿惊风、瘾疹、毒蛇咬伤。

4. 百蕊草 Thesium chinense Turcz.

别名： 细须草、黄花蛇舌草、地石榴

生境： 干草地，林缘，山坡灌丛，石砾质地。

产地： 黑龙江省肇州，吉林省前郭尔罗斯，内蒙古克什克腾旗、科尔沁左翼后旗、科尔沁右翼前旗、扎兰屯、科尔沁右翼中旗、奈曼旗、额尔古纳、鄂温克旗、陈巴尔虎旗、新巴尔虎左旗、扎鲁特旗、阿鲁科尔沁旗、敖汉旗。

分布： 中国（黑龙江、吉林、辽宁、内蒙古、河北、山西、陕西、甘肃、江苏、河南、江西、湖北、广东、广西、云南），朝鲜半岛，日本，俄罗斯。

入药部位及药用价值：

全草（百蕊草），性平，味辛、苦，有清热解毒、解暑的功能，主治风热咳喘、肺脓肿、乳蛾、乳痈。

5. 萹蓄蓼 Polygonum aviculare L.

别名： 扁猪牙、多茎萹蓄、竹叶草、扁竹

生境： 草地，荒地，路旁，河边沙地。

产地： 黑龙江省大庆、肇东、兰西、肇源、肇州、齐齐哈尔、泰来、依安、克山、富裕、龙江、甘南、拜泉、克东，吉林省洮南、长岭、前郭尔罗斯、通榆、大安、乾安、扶余、农安，内蒙古额尔古纳、科尔沁右翼前旗、扎鲁特旗、克什克腾旗、陈巴尔虎旗、新巴尔虎左旗、新巴尔虎右旗、扎兰屯、阿荣旗、莫旗、突泉、科尔沁左翼后旗、多伦、锡林浩特、霍林郭勒、东乌珠穆沁旗、西乌珠穆沁旗、苏尼特右旗、正蓝旗、正镶白旗、阿巴嘎旗。

分布： 中国（全国各地）；遍布北半球温带地区。

入药部位及药用价值：

地上部分（萹蓄），性凉，味苦，有利尿通淋、杀虫、止痒的功能，主治膀胱热淋、小便短赤、淋沥涩痛、皮肤湿疹、阴痒症、带下病。

6. 酸模叶蓼 Polygonum lapathifolium L.

别名： 斑蓼、大马蓼

生境： 荒地，沟旁，湿草地。

产地： 黑龙江省泰来、齐齐哈尔，吉林省长岭、镇赉、大安，内蒙古额尔古纳、新巴尔虎右旗、新巴尔虎左旗、扎兰屯、扎鲁特旗、克什克腾旗、翁牛特旗、鄂温克旗、陈巴尔虎旗、乌兰浩特、突泉、东乌珠穆沁旗。

分布： 中国（黑龙江、吉林、辽宁、内蒙古、河北、山西、山东、安徽、湖北、广东、西藏），朝鲜半岛，日本，蒙古，俄罗斯，土耳其，伊朗；南亚，欧洲，北美洲。

入药部位及药用价值：

全草（辣蓼），性凉，味辛、苦，有清热解毒、利湿止痒的功能，主治痢疾、泄泻，外用治湿疹、瘰疬。

7. 波叶大黄 **Rheum franzenbachii** Münt.

别名：华北大黄、唐大黄

生境：石砾质山坡，石砾地。

产地：内蒙古科尔沁右翼前旗、额尔古纳、扎兰屯、扎鲁特旗、东乌珠穆沁旗。

分布：中国（内蒙古、河北、山西、河南）。

入药部位及药用价值：

根状茎，性寒，味苦，有泻热、通便、破积、行瘀的功能，主治热结便秘、湿热黄疸、痈肿疔毒、跌打瘀痛、口疮糜烂、烧伤、烫伤。

8. 马齿苋 **Portulaca oleracea** L.

别名：蚂蚱菜、马齿菜、马苋菜

生境：干旱硬质荒地，田间，路边。

产地：黑龙江省兰西、泰来，吉林省长岭、前郭尔罗斯、通榆、洮南，内蒙古宁城、扎兰屯、通辽、科尔沁左翼中旗、科尔沁右翼中旗、阿鲁科尔沁旗、敖汉旗、赤峰。

分布：全国各地普遍分布。

入药部位及药用价值：

地上部分，性寒，味酸，有清热解毒、凉血止血的功能，主治热痢脓血、热淋、带下病、痈肿恶疮、丹毒。

种子，有明目、利大小肠的功能。

9. 石竹 **Dianthus chinensis** L.

别名：石竹子、石柱花、青水红、洛阳花

生境：草甸，干山坡，灌丛，火烧迹地，林缘，疏林下。

产地：黑龙江省龙江、克山、克东，吉林省前郭尔罗斯，内蒙古额尔古纳、陈巴尔虎旗、科尔沁右翼前旗、科尔沁右翼中旗、宁城、翁牛特旗、巴林右旗、赤峰、鄂温克旗、莫旗、乌兰浩特、突泉、扎鲁特旗、克什克腾旗、林西、阿鲁科尔沁旗、喀喇沁旗、多伦、霍林郭勒、东乌珠穆沁旗、西乌珠穆沁旗、正蓝旗、正镶白旗。

分布：全国普遍分布。主产河北、河南、辽宁、江苏、湖北。

入药部位及药用价值：

地上部分（瞿麦），性寒，味苦，有利尿通淋、破血通经的功能，主治热淋、血淋、石淋、小便淋痛不利、月经过多。

10. 瞿麦 **Dianthus superbus** L.

别名：绸子花、竹节草

生境：草甸，山坡草地，林下。

产地：内蒙古陈巴尔虎旗、克什克腾旗、翁牛特旗、新巴尔虎左旗、鄂温克旗、扎兰屯、科尔沁右翼前旗、阿鲁科尔沁旗、巴林左旗、巴林右旗、扎鲁特旗、科尔沁左翼后旗、喀喇沁旗、宁城、东乌珠穆沁旗。

分布：中国（黑龙江、吉林、内蒙古、河北、青海、新疆、山东、江苏、浙江、河南、湖北、江西、四川、贵州），朝鲜半岛，日本，蒙古，俄罗斯，哈萨克斯坦；欧洲。

入药部位及药用价值：

地上部分，性寒，味酸，有清热解毒、凉血止血的功能，主治热痢脓血、热淋、带下病、痈肿恶疮、丹毒。

种子，有明目、利大小肠的功能。

11. 孩儿参 Pseudostellaria heterophylla (Miq.) Pax

别名：小孩参、太子参、异叶假繁缕、童参
生境：山坡杂木林或柞林下，灌丛，林下岩石旁。
产地：黑龙江省克山，内蒙古巴林右旗。
分布：中国（黑龙江、吉林、辽宁、内蒙古、河北、陕西、山东、江苏、安徽、浙江、河南、湖北、湖南、四川），朝鲜半岛，日本。

入药部位及药用价值：

块根（太子参），性平，味甘、微苦，有益气健脾、生津润肺的功能，主治脾虚体倦、食欲不振、病后虚弱、气阴不足、自汗口渴、肺燥干咳。

12. 藜 Chenopodium album L.

别名：灰菜
生境：弃荒地，路旁。
产地：黑龙江省大庆、肇东、肇源、齐齐哈尔、泰来、依安、富裕、甘南、克东、拜泉、克山、杜尔伯特，吉林省镇赉、扶余、通榆、长岭、洮南、大安、乾安，内蒙古额尔古纳、赤峰、翁牛特旗、克什克腾旗、陈巴尔虎旗、鄂温克旗、新巴尔虎左旗、新巴尔虎右旗、扎兰屯、莫旗、突泉、科尔沁左翼后旗、扎鲁特旗、喀喇沁旗、多伦、东乌珠穆沁旗、苏尼特左旗、阿巴嘎旗。

分布：中国（全国各地）；遍布世界热带及温带地区。

入药部位及药用价值：

幼嫩全草，性平，味甘，有小毒，有清热利湿、透疹止痒、杀虫的功能，主治痢疾、泄泻、湿疮痒疹、毒虫咬伤。

茎，有涂疣赘黑痣、蚀恶肉的功能。

13. 地肤 Kochia scoparia (L.) Schrad.

别名：扫帚草、扫帚苗、扫帚菜、观音菜、孔雀松
生境：碱性草甸，干草原，路旁。
产地：黑龙江省安达、齐齐哈尔、泰来，吉林省镇赉，内蒙古乌兰浩特、新巴尔虎

左旗、新巴尔虎右旗、莫旗、科尔沁左翼中旗、通辽、科尔沁右翼中旗、扎鲁特旗、霍林郭勒。

分布：中国（全国各地），朝鲜半岛，日本，蒙古，俄罗斯，土耳其，伊朗；中亚，欧洲。

入药部位及药用价值：

果实（地肤子），性寒，味辛、苦，有清热利湿、祛风止痒的功能，主治小便涩痛、阴痒症、带下病、风疹、湿疹、皮肤瘙痒。

嫩茎叶，性寒，味苦，有清热解毒、利尿通淋的功能，主治痢疾、泄泻、热淋、雀盲。

14. 北乌头 Aconitum kusnezoffii Rchb.

别名： 断肠草
生境： 山坡草地，林下，林缘。
产地： 内蒙古鄂温克旗、扎兰屯、根河、额尔古纳、扎鲁特旗、新巴尔虎左旗、科尔沁右翼前旗、科尔沁左翼后旗、喀喇沁旗、阿鲁科尔沁旗、巴林右旗、巴林左旗、林西、克什克腾旗、宁城、多伦、锡林郭勒。
分布： 中国（黑龙江、吉林、辽宁、内蒙古、河北、山西），朝鲜半岛，俄罗斯。
入药部位及药用价值：

块根（草乌），性热，味辛、苦，有大毒，有祛风除湿、温经止痛的功能，主治风寒湿痹、关节痛、心腹冷痛、寒疝作痛、麻醉止痛。

叶（草乌叶），性平，味辛、涩，有小毒，有清热、止痛的功能，主治热病发热、泄泻腹痛、头痛、牙痛。

15. 大三叶升麻 Cimicifuga heracleifolia Kom.

别名： 龙眼根、窟窿牙根
生境： 林下，山坡草地，灌丛。
产地： 内蒙古扎鲁特旗。
分布： 中国（黑龙江、吉林、辽宁、内蒙古），朝鲜半岛，俄罗斯。
入药部位及药用价值：

根状茎，性凉，味辛、微甘，有发表透疹、清热解毒、升举阳气的功能，主治风热头痛、齿痛、口疮、咽喉痛、麻疹不透、阳毒发斑、脱肛、阴挺。

16. 辣蓼铁线莲 Clematis mandshurica Rupr.

别名： 辣铁线莲
生境： 山坡草地，灌丛，林缘，林下。
产地： 黑龙江省克东、内蒙古莫旗、乌兰浩特。
分布： 中国（黑龙江、吉林、辽宁、内蒙古），朝鲜半岛，俄罗斯。
入药部位及药用价值：

根及根状茎（威灵仙），性温，味辛、咸，有祛风除湿、通络止痛的功能，主治风湿痹痛、筋脉拘挛、屈伸不利、骨哽咽喉。

17. 白头翁 **Pulsatilla chinensis** (Bunge) Regel

别名：羊胡子花、老公花、老冠花

生境：山坡草地，林缘。

产地：黑龙江省大庆、安达，吉林省通榆，内蒙古奈曼旗、科尔沁右翼前旗、科尔沁右翼中旗、巴林左旗、喀喇沁旗、敖汉旗、宁城、额尔古纳、扎兰屯、阿荣旗、扎鲁特旗、阿鲁科尔沁旗、东乌珠穆沁旗。

分布：中国（黑龙江、吉林、辽宁、内蒙古、河北、山西、陕西、甘肃、青海、山东、江苏、河南、安徽、湖北、四川），朝鲜半岛，俄罗斯。

入药部位及药用价值：

根（白头翁），性寒，味苦，有清热解毒、凉血止痢的功能，主治热毒血痢、阴痒症、带下病、阿米巴痢疾。

茎叶，有暖腰膝、强心的功能。

18. 回回蒜毛茛 **Ranunculus chinensis** Bunge

别名：回回蒜、野大蒜、辣辣草

生境：路旁湿草地，沟谷，溪流旁，河滩草甸，沼泽草甸。

产地：黑龙江省青冈、明水，内蒙古科尔沁左翼后旗、科尔沁左翼中旗、科尔沁右翼前旗、科尔沁右翼中旗、乌兰浩特、扎赉特旗、阿鲁科尔沁旗、额尔古纳、扎兰屯、赤峰、巴林右旗、喀喇沁旗、宁城、敖汉旗、鄂温克旗、扎鲁特旗。

分布：中国（黑龙江、吉林、辽宁、内蒙古、河北、山西、陕西、甘肃、青海、新疆、山东、江苏、安徽、浙江、河南、湖北、江西、湖南、广东、广西、四川、贵州、云南、西藏），朝鲜半岛，日本，蒙古，俄罗斯，印度；中亚。

入药部位及药用价值：

全草（茴茴蒜），性温，味淡、微苦，有毒，有清热解毒、杀虫截疟的功能，主治肝炎、哮喘。

19. 毛茛 **Ranunculus japonicus** Thunb.

别名：五虎草、毛田菜、鸭脚板、辣子草

生境：湿草地，水边，沟谷，山坡草地，林下。

产地：黑龙江省肇东、林甸、齐齐哈尔、龙江、甘南、拜泉，吉林省通榆，内蒙古额尔古纳、根河、科尔沁右翼前旗、科尔沁右翼中旗、宁城、扎赉特旗、科尔沁左翼后旗、克什克腾旗、陈巴尔虎旗、新巴尔虎左旗、新巴尔虎右旗、阿荣旗、扎兰屯、扎鲁特旗、巴林左旗、巴林右旗、赤峰、喀喇沁旗、敖汉旗、阿鲁科尔沁旗、翁牛特旗、鄂温克旗。

分布：中国（黑龙江、吉林、辽宁、内蒙古、河北、山西、陕西、甘肃、青海、新疆、河南、广东、广西、四川），朝鲜半岛，日本，俄罗斯。

入药部位及药用价值：

根、全草，性温，味辛，有毒，有退黄、定喘、截疟、镇痛的功能，主治外敷，用

于治黄疸、哮喘、风湿关节痛、牙痛、跌打损伤。

20. 大叶小檗 Berberis amurensis Rupr.

别名：黄芦木、刀口药、黄连、狗奶子、刺黄檗

生境：灌丛，林缘，溪流旁。

产地：内蒙古克什克腾旗、科尔沁左翼后旗、巴林左旗、巴林右旗、喀喇沁旗、宁城、扎鲁特旗。

分布：中国（黑龙江、吉林、辽宁、内蒙古、河北、山西、陕西、山东），朝鲜半岛，日本，俄罗斯。

入药部位及药用价值：

根，性寒，味苦，有清热燥湿、泻火解毒的功能，主治泄泻、痢疾、咳嗽、口疮、湿疹疮疖、丹毒、烫火伤、目赤。

21. 蝙蝠葛 Menispermum dauricum DC.

别名：野豆根、黄条香、山地瓜秧、山豆秧根、狗骨头、金葛子

生境：林缘，河边，灌丛，沙丘，采伐迹地。

产地：内蒙古额尔古纳、科尔沁右翼前旗、科尔沁左翼后旗、科尔沁左翼中旗、扎兰屯、鄂温克旗、奈曼旗、巴林右旗、克什克腾旗、赤峰、阿鲁科尔沁旗、喀喇沁旗、宁城、敖汉旗、扎鲁特旗。

分布：中国（黑龙江、吉林、辽宁、内蒙古、河北、山西、陕西、甘肃、山东、江苏、安徽、浙江、福建、河南、江西、湖北），朝鲜半岛，日本，蒙古，俄罗斯。

入药部位及药用价值：

根（北豆根）、茎（蝙蝠藤），性寒，味苦，有小毒，有清热解毒、祛风止痛的功能，主治咽喉痛、泄泻、痢疾、风湿痛、痔疮肿痛、蛇虫咬伤。

22. 芍药 Paeonia lactiflora Pall.

生境：草甸，沟谷，山坡草地，杂木林下。

产地：吉林省大安，内蒙古额尔古纳、根河、阿荣旗、新巴尔虎左旗、鄂温克旗、扎兰屯、陈巴尔虎旗、科尔沁右翼前旗、科尔沁右翼中旗、扎赉特旗、通辽、乌兰浩特、扎鲁特旗、科尔沁左翼后旗、阿鲁科尔沁旗、巴林左旗、巴林右旗、翁牛特旗、赤峰、克什克腾旗、喀喇沁旗、敖汉旗、宁城。

分布：中国（黑龙江、吉林、辽宁、内蒙古、河北、陕西、甘肃），朝鲜半岛，日本，蒙古，俄罗斯。

入药部位及药用价值：

栽培的根（白芍），性凉，味辛、酸。有平肝止痛、养血调经、敛阴止汗的功能，主治头痛眩晕、胁痛、腹痛、四肢挛痛、月经不调、自汗、盗汗。

野生根（赤芍），性凉，味苦，有清热凉血、散瘀止痛的功能，主治温毒发斑、吐血、衄血、目赤、跌打损伤、痈肿疮疡。

23. 白屈菜 Chelidonium majus L.

别名：土黄连、假黄连、断肠草、牛金花、雄黄草

生境：沟边，山谷湿草地，杂草地，人家附近。

产地：内蒙古克什克腾旗、巴林右旗、科尔沁左翼后旗、额尔古纳、根河、科尔沁右翼前旗、科尔沁右翼中旗、扎赉特旗、鄂温克旗、扎鲁特旗。

分布：中国（黑龙江、吉林、辽宁、内蒙古、河北、山西、陕西、新疆、山东、江苏、浙江、河南、湖北、江西、四川），朝鲜半岛，日本，蒙古，俄罗斯；中亚，欧洲。

入药部位及药用价值：

全草（白屈菜），性凉，味苦，有毒，有止咳平喘、镇痛的功能，主治咳喘痰嗽、顿咳、泻痢、脘腹痛，治毒咬伤、疥癣、疣、稻田皮炎。

根，有破瘀消肿的功能，主治出血、疼痛。

24. 垂果南芥 Arabis pendula L.

别名：野白菜、大蒜芥、扁担蒿

生境：草甸，河边，林下，林缘，向阳草地，人家附近。

产地：黑龙江省肇东、兰西、青冈、克山、甘南、克东、依安、富裕，内蒙古赤峰、克什克腾旗、巴林左旗、巴林右旗、林西、阿鲁科尔沁旗、宁城、扎赉特旗、喀喇沁旗、敖汉旗、科尔沁左翼后旗、扎鲁特旗、鄂温克旗、莫旗、额尔古纳、根河、科尔沁右翼前旗、阿荣旗、扎兰屯、科尔沁右翼中旗、多伦、东乌珠穆沁旗、西乌珠穆沁旗、正镶白旗。

分布：中国（黑龙江、吉林、辽宁、内蒙古、河北、山西、陕西、甘肃、青海、新疆、湖北、四川、贵州、云南、西藏），蒙古，俄罗斯；中亚。

入药部位及药用价值：

果实，性平，味辛，有清热解毒、消肿的功能，主治疮毒、阴痒症。

种子，用于退热。

25. 蔊菜 Rorippa indica (L.) Hiern

别名：水辣辣、野油菜、青蓝菜、天菜子

生境：山沟，河滩，耕地旁，湿草地。

产地：黑龙江省林甸，内蒙古额尔古纳。

分布：中国（黑龙江、辽宁、内蒙古、陕西、甘肃、山东、江苏、浙江、福建、河南、江西、广东、四川、云南、台湾），朝鲜半岛，日本，印度，印度尼西亚，菲律宾。

入药部位及药用价值：

全草，性凉，味辛，有清热解毒、止咳化痰、止痛、通经活血的功能，主治感冒发热、咳嗽、咽喉痛、麻疹透发不畅、风湿关节痛、经闭。

26. 狼爪瓦松 Orostachys cartilagienus A. Boriss.

别名：辽瓦松、乾滴落

生境：石砾质山坡，石砬子上，屋顶上，山坡草地。

产地：吉林省乾安，内蒙古科尔沁右翼中旗、巴林右旗、扎鲁特旗、科尔沁左翼中旗、科尔沁左翼后旗。

分布：中国（黑龙江、吉林、辽宁、内蒙古、河北、山西），朝鲜半岛，俄罗斯。

入药部位及药用价值：

全草，性平，味酸，有毒，有止血、止痢、敛疮的功能，主治泻痢、便血、痔疮出血、崩漏、痈肿疮毒。

27. 费菜 Sedum aizoon L.

别名：景天三七、田三七、大三七、大马菜、土三七

生境：草甸，石砾质山坡，灌丛。

产地：黑龙江省杜尔伯特，吉林省通榆，内蒙古额尔古纳、根河、扎兰屯、陈巴尔虎旗、新巴尔虎左旗、新巴尔虎右旗、鄂温克旗、扎赉特旗、科尔沁右翼前旗、科尔沁左翼后旗、通辽、喀喇沁旗、阿鲁科尔沁旗、克什克腾旗、巴林右旗、巴林左旗、宁城、扎鲁特旗、莫旗、乌兰浩特、突泉、赤峰、多伦、锡林浩特、东乌珠穆沁旗、西乌珠穆沁旗、正蓝旗、正镶白旗。

分布：中国（黑龙江、吉林、辽宁、内蒙古、河北、山西、陕西、宁夏、甘肃、青海、新疆、山东、江苏、安徽、浙江、河南、湖北、江西、四川），朝鲜半岛，日本，蒙古，俄罗斯。

入药部位及药用价值：

全草（景天三七），性平，味甘、微酸，有散瘀止血、安神镇痛的功能，主治吐血、衄血、牙龈出血、便血、崩漏，治跌打损伤、外伤出血、烧烫伤。

28. 落新妇 Astilbe chinensis (Maxim.) Franch. et Sav.

别名：金毛七、红三七、金毛三七、红升麻、水三七、水升麻、金尾蟾

生境：林下，林缘，草甸，溪流旁。

产地：内蒙古敖汉旗、喀喇沁旗、宁城、科尔沁左翼后旗。

分布：中国（黑龙江、吉林、辽宁、内蒙古、山西、山东、浙江、河南、湖北、江西、湖南、四川、云南），朝鲜半岛，日本，俄罗斯。

入药部位及药用价值：

根状茎（落新妇根），性温，味苦、涩，有祛风除湿、强筋壮骨、活血祛瘀、止痛、镇咳的功能，主治筋骨痛、头痛、跌打损伤、毒蛇咬伤、咳嗽、小儿惊风、术后痛、胃痛、泄泻。

29. 龙牙草 Agrimonia pilosa Ledeb.

别名：地仙草、路边黄、瓜香草、仙鹤草

生境：草甸，灌丛，山坡草地，林下，林缘，路旁，河边。

产地：黑龙江省兰西、拜泉、克东、克山，内蒙古鄂温克旗、额尔古纳、根河、科尔沁左翼后旗、科尔沁右翼中旗、科尔沁右翼前旗、阿鲁科尔沁旗、扎鲁特旗、通辽、巴林右旗、克什克腾旗、宁城、喀喇沁旗、新巴尔虎左旗、扎兰屯、阿荣旗、突泉、多伦、霍林郭勒、东乌珠穆沁旗、西乌珠穆沁旗。

分布：中国（全国各地），朝鲜半岛，日本，蒙古，俄罗斯，越南；欧洲。

入药部位及药用价值：

地上部分（仙鹤草），性平，味涩、辛，有收敛止血、截疟、止痢、解毒的功能，主治吐血、咯血、尿血、便血、劳伤。

芽（鹤草芽），性平，味苦、涩，有驱虫的功能，主治绦虫病。

30. 欧李 Prunus humilis Bunge

别名：酸丁、乌拉奈

生境：山坡草地，山坡灌丛，固定沙丘

产地：吉林省前郭尔罗斯、通榆、长岭、镇赉，内蒙古科尔沁左翼后旗、克什克腾旗、科尔沁右翼中旗、巴林右旗、扎赉特旗、多伦。

分布：中国（黑龙江、吉林、辽宁、内蒙古、河北、山东、河南）。

入药部位及药用价值：

种子（郁李仁），性平，味辛、苦、甘，有润燥滑肠、下气、利水的功能，主治津枯肠燥、食积气滞、腹胀便秘、水肿、脚气、小便淋痛。

31. 山楂 Crataegus pinnatifida Bunge

别名：山里红

生境：河边，荒地，林缘，向阳山坡，杂木林下。

产地：内蒙古根河、扎赉特旗、科尔沁左翼中旗、科尔沁右翼中旗、科尔沁右翼前旗、科尔沁左翼后旗、扎鲁特旗、巴林左旗、敖汉旗、喀喇沁旗、额尔古纳、巴林右旗、克什克腾旗、宁城、阿鲁科尔沁旗、扎兰屯。

分布：中国（黑龙江、吉林、辽宁、内蒙古、河北、山西、陕西、山东、江苏、河南），朝鲜半岛，日本，俄罗斯。

入药部位及药用价值：

果实，性微温，味酸、甘，有消食健胃、行气散瘀的功能，主治肉食积滞、脘腹痞满、血瘀、产后腹痛、恶露不尽。

32. 委陵菜 Potentilla chinensis Ser.

别名：一白草、生血丹、扑地虎

生境：山坡灌丛，林缘，荒地。

产地：黑龙江省肇东、肇源、大庆、杜尔伯特、兰西、青冈、安达、林甸、肇州、齐齐哈尔、泰来、依安、富裕、克东、克山，吉林省长岭、洮南、镇赉、大安、乾安、前郭尔罗斯、扶余、通榆，内蒙古科尔沁右翼前旗、扎鲁特旗、翁牛特旗、宁城、鄂温克旗、额尔古纳、科尔沁左翼后旗、扎赉特旗、阿鲁科尔沁旗、陈巴尔虎旗、新巴尔虎左旗、新巴尔虎右旗、通辽、霍林郭勒、开鲁、巴林左旗、巴林右旗、扎兰屯、阿荣旗、莫旗、喀喇沁旗、赤峰、多伦。

分布：中国（黑龙江、吉林、辽宁、内蒙古、河北、山西、陕西、甘肃、山东、江苏、安徽、河南、湖北、江西、湖南、广东、广西、四川、贵州、云南、西藏、台湾），朝鲜半岛，日本，俄罗斯。

入药部位及药用价值：

全草（委陵菜），性寒，味苦，有清热解毒、凉血止痛的功能，主治赤痢腹痛、久痢不止、痔疮出血、痈肿疮毒。

33. 地榆 *Sanguisorba officinalis* L.

别名：山红枣、黄瓜香
生境：向阳干山坡，林缘，草原，草甸，灌丛，疏林下。
产地：黑龙江省大庆、克山、安达、富裕、克东，吉林省长岭、前郭尔罗斯、洮南、通榆、大安，内蒙古额尔古纳、科尔沁右翼前旗、阿鲁科尔沁旗、翁牛特旗、宁城、科尔沁左翼后旗、赤峰、陈巴尔虎旗、新巴尔虎左旗、新巴尔虎右旗、扎兰屯、阿荣旗、乌兰浩特、突泉、巴林左旗、巴林右旗、扎鲁特旗、林西、克什克腾旗、喀喇沁旗、多伦、锡林浩特、霍林郭勒、东乌珠穆沁旗、西乌珠穆沁旗、正镶白旗。

分布：中国（黑龙江、吉林、辽宁、内蒙古、河北、山西、陕西、甘肃、青海、新疆、山东、江苏、安徽、浙江、河南、湖北、江西、湖南、广西、四川、贵州、云南、西藏），朝鲜半岛，日本，俄罗斯；欧洲，北美洲。

入药部位及药用价值：

根（地榆），性凉，味苦、酸、涩，有凉血止血、解毒敛疮的功能，主治便血、痔血、血痢、崩漏、水火烫伤、痈肿疮毒。

34. 黄耆 *Astragalus membranaceus* Bunge

别名：膜荚黄芪、东北黄芪
生境：草甸，山坡草地，灌丛，林缘，疏林下。
产地：黑龙江省泰来，吉林省通榆、洮南、乾安，内蒙古阿荣旗、巴林左旗、巴林右旗、乌兰浩特、额尔古纳、克什克腾旗、科尔沁右翼前旗、陈巴尔虎旗、科尔沁左翼中旗、翁牛特旗。

分布：中国（黑龙江、吉林、辽宁、内蒙古、河北、山西、甘肃、四川、西藏），朝鲜半岛，蒙古，俄罗斯。

入药部位及药用价值：

根（黄芪），性温，味甘，有补气固表、利尿脱毒、排脓、敛疮收肌的功能，主治气虚乏力、食少便溏、中气下陷、久泻脱肛、便血崩漏、表虚自汗、气虚水肿、痈疽难溃、久溃不敛、血虚萎黄、内热消渴、慢性肾炎蛋白尿。

35. 甘草 **Glycyrrhiza uralensis** Fisch.

别名：甜甘草、红甘草、甜草根
生境：沙地，碱性草地。
产地：黑龙江省泰来、肇源、肇东、肇州、杜尔伯特、安达、林甸，吉林省前郭尔罗斯、扶余、乾安、通榆、长岭、大安、洮南、镇赉，内蒙古通辽、扎鲁特旗、翁牛特旗、赤峰、科尔沁左翼后旗、科尔沁左翼中旗、科尔沁右翼中旗、林西、巴林左旗、巴林右旗、喀喇沁旗、多伦、东乌珠穆沁旗、苏尼特右旗、正镶白旗、阿巴嘎旗。
分布：中国（黑龙江、吉林、辽宁、内蒙古、河北、山西、陕西、甘肃、新疆），蒙古，俄罗斯；中亚。
入药部位及药用价值：
根及根状茎（甘草），性平，味甘，有补脾、益气、清热解毒、祛痰止喘、缓急止痛、调和诸药的功能，主治脾胃虚弱、倦怠乏力、心悸气短、咳嗽多痰、脘腹、四肢挛急痛、痈肿疮毒，缓解药物毒性、烈性。

36. 米口袋 **Gueldenstaedtia verna** (Georgi) Boriss.

别名：少花米口袋、米布袋
生境：向阳草地，干山坡，沙砾质地，草甸草原，路旁。
产地：黑龙江省大庆、尚志、泰来、齐齐哈尔、龙江、依安，吉林省长岭、前郭尔罗斯、洮南、通榆、镇赉、大安、扶余，内蒙古科尔沁左翼中旗、科尔沁右翼前旗、科尔沁右翼中旗、乌兰浩特、阿荣旗、陈巴尔虎旗、新巴尔虎左旗、新巴尔虎右旗、额尔古纳、扎赉特旗、巴林右旗、克什克腾旗、敖汉旗、赤峰、宁城、鄂温克旗、扎兰屯、扎鲁特旗、通辽、霍林郭勒、开鲁、多伦、东乌珠穆沁旗、苏尼特右旗。
分布：中国（黑龙江、吉林、辽宁、内蒙古、河北、山西、陕西、甘肃、山东、江苏、河南、湖北、广西、四川、云南），朝鲜半岛，俄罗斯。
入药部位及药用价值：
全草（甜地丁）。性寒，味苦、辛，主治清热解毒、疔疮痈肿、肠痈。

37. 苦参 **Sophora flavescens** Ait.

别名：牛人参、山豆根、地槐
生境：草甸，河边砾质地，山坡。
产地：黑龙江省齐齐哈尔、肇东、安达、大庆、杜尔伯特，吉林省长岭、洮南、镇赉、双辽、通榆、白城，内蒙古额尔古纳、根河、鄂温克旗、扎兰屯、科尔沁右翼前旗、科尔沁左翼中旗、科尔沁左翼后旗、科尔沁右翼中旗、扎赉特旗、扎鲁特旗、宁城、翁牛特旗、赤峰、乌兰浩特、莫旗、阿鲁科尔沁旗、霍林郭勒。
分布：中国（全国各地），朝鲜半岛，日本，俄罗斯。
入药部位及药用价值：
根（苦参），性寒，味苦，有清热燥湿、杀虫、利尿的功能，主治热痢、便血、黄疸尿闭、带下病、阴肿阴痒、湿疹、湿疮、皮肤瘙痒、疥癣麻风、滴虫性阴道炎。

38. 野火球 Trifolium lupinaster L.

别名：野火荻、野火萩、野车轴草

生境：碱性草甸，干草原。

产地：黑龙江省富裕、拜泉、克东，内蒙古科尔沁右翼前旗、科尔沁右翼中旗、额尔古纳、通辽、鄂温克旗、扎鲁特旗、巴林左旗、巴林右旗、宁城、陈巴尔虎旗、新巴尔虎左旗、扎兰屯、莫旗、林西、克什克腾旗、阿鲁科尔沁旗、喀喇沁旗、多伦、东乌珠穆沁旗。

分布：中国（黑龙江、吉林、辽宁、内蒙古、河北），朝鲜半岛，日本，蒙古，俄罗斯；中亚。

入药部位及药用价值：

全草，性平，味苦，有镇痛、止咳的功能，主治瘰疬、痔疮、皮癣。

39. 山野豌豆 Vicia amoena Fisch. ex DC.

别名：透骨草、落豆秧、豆豆苗、芦豆苗

生境：草甸，灌丛，林缘，林下。

产地：黑龙江省齐齐哈尔、安达、肇东、泰来、拜泉，吉林省大安、前郭尔罗斯、通榆，内蒙古科尔沁右翼前旗、科尔沁左翼后旗、扎鲁特旗、克什克腾旗、额尔古纳、通辽、宁城、新巴尔虎左旗、新巴尔虎右旗、扎兰屯、阿荣旗、科尔沁右翼中旗、多伦、霍林郭勒、东乌珠穆沁旗、西乌珠穆沁旗。

分布：中国（黑龙江、吉林、辽宁、内蒙古、河北、山西、陕西、甘肃、宁夏、青海、山东、江苏、安徽、河南、湖北、四川），朝鲜半岛，日本，蒙古，俄罗斯。

入药部位及药用价值：

全草，性平，味甘、苦，有祛风湿、活血、舒筋、止痛的功能，主治风湿关节痛、闪挫伤、无名肿毒、阴囊湿疹。

40. 牻牛儿苗 Erodium stephanianum Willd.

生境：山坡，路旁，河边沙地，耕地旁。

产地：黑龙江省杜尔伯特、安达、齐齐哈尔、泰来、依安，吉林省长岭、前郭尔罗斯、通榆、大安、镇赉，内蒙古额尔古纳、科尔沁左翼中旗、科尔沁右翼前旗、扎赉特旗、翁牛特旗、鄂温克旗、陈巴尔虎旗、新巴尔虎左旗、新巴尔虎右旗、乌兰浩特、莫旗、阿荣旗、科尔沁右翼中旗、通辽、赤峰、扎鲁特旗、阿鲁科尔沁旗、克什克腾旗、巴林左旗、巴林右旗、林西、多伦、锡林浩特、东乌珠穆沁旗、苏尼特左旗、正蓝旗、镶黄旗、正镶白旗、阿巴嘎旗。

分布：中国（黑龙江、吉林、辽宁、内蒙古、河北、山西、陕西、甘肃、宁夏、新疆、四川、西藏），朝鲜半岛，日本，蒙古，俄罗斯；中亚。

入药部位及药用价值：

地上部分（老鹳草），性平，味辛、苦，有祛风湿、通经络、止泻痢的功能，主治风湿、麻木拘挛、筋骨酸痛、泄泻、痢疾。

41. 蒺藜 Tribulus terrestris L.

别名：蒺藜狗子、蒺藜骨子、野菱角、地菱儿、白蒺藜
生境：路旁，河边，石砾质地，沙质地，荒地。
产地：黑龙江省泰来、齐齐哈尔，吉林省通榆、长岭、前郭尔罗斯、洮南、大安、乾安、扶余、白城、镇赉，内蒙古扎鲁特旗、科尔沁左翼中旗、科尔沁左翼后旗、科尔沁右翼前旗、科尔沁右翼中旗、新巴尔虎左旗、新巴尔虎右旗、巴林左旗、巴林右旗、阿鲁科尔沁旗、宁城、乌兰浩特、突泉、通辽、赤峰、开鲁、奈曼旗、林西、翁牛特旗、敖汉旗、锡林浩特、东乌珠穆沁旗、苏尼特左旗、苏尼特右旗、正蓝旗。
分布：中国（全国各地）；遍布世界各地。
入药部位及药用价值：
果实，性温，味苦、辛，有平肝解郁、活血祛风、明目止痒的功能，主治头痛眩晕、胸胁胀痛、乳闭乳痈、目赤翳障、风疹瘙痒。

42. 野亚麻 Linum stelleroides Planch

别名：山胡麻、丁竹草、疔毒草、野胡麻
生境：干山坡，草原，荒地，灌丛，向阳草地。
产地：黑龙江省肇东、肇源、安达、杜尔伯特、大庆、明水，吉林省洮南、乾安、通榆，内蒙古陈巴尔虎旗、新巴尔虎左旗、扎赉特旗、科尔沁右翼中旗、科尔沁右翼前旗、科尔沁左翼后旗、阿鲁科尔沁旗、扎鲁特旗、喀喇沁旗、宁城、敖汉旗、鄂温克旗、额尔古纳、新巴尔虎右旗、扎兰屯、莫旗、乌兰浩特、突泉、库伦旗、赤峰、翁牛特旗、林西、克什克腾旗、巴林左旗、巴林右旗、霍林郭勒、锡林浩特、阿巴嘎旗。
分布：中国（黑龙江、吉林、辽宁、内蒙古、河北、山西、陕西、甘肃、青海、山东、江苏、河南、湖北、广东、四川、贵州），朝鲜半岛，日本，俄罗斯。
入药部位及药用价值：
种子，性平，味甘，有养血润燥、祛风解毒的功能，主治血虚便秘、皮肤瘙痒、瘾疹、疮痈肿毒。

43. 狼毒大戟 Euphorbia pallasii Turcz.

别名：狼毒疙瘩
生境：草原，石砾质山坡，灌丛。
产地：黑龙江省安达、杜尔伯特，内蒙古科尔沁右翼前旗、科尔沁右翼中旗、通辽、额尔古纳、科尔沁左翼后旗、克什克腾旗、巴林右旗、阿荣旗、鄂温克旗、乌兰浩特、扎兰屯、莫旗、扎鲁特旗、东乌珠穆沁旗、西乌珠穆沁旗。
分布：中国（黑龙江、吉林、辽宁、内蒙古），蒙古，俄罗斯。
入药部位及药用价值：
根（狼毒），性平，味辛，有大毒，有破积杀虫、除湿止痒的功能，主治水肿腹胀、痰、食、虫积，心腹痛，咳嗽，气喘，瘰疬，疥癣，痔漏。

44. 白鲜 Dictamnus dasycarpus Turcz.

别名：八股牛、白膻、白羊鲜

生境：草甸，林缘，疏林下，灌丛。

产地：内蒙古额尔古纳、根河、鄂温克旗、宁城、科尔沁右翼前旗、科尔沁右翼中旗、扎鲁特旗、扎赉特旗、科尔沁左翼后旗、克什克腾旗、巴林右旗、喀喇沁旗、陈巴尔虎旗、扎兰屯、西乌珠穆沁旗。

分布：中国（黑龙江、吉林、辽宁、内蒙古、河北、山西、陕西、甘肃），朝鲜半岛，蒙古，俄罗斯。

入药部位及药用价值：

根皮（白鲜皮），性寒，味苦，有清热燥湿、祛风解毒的功能，主治湿热疮毒、黄水淋漓、湿疹、疥癣疮癫、风湿热痹、黄疸尿赤。

45. 远志 Polygala tenuifolia Willd.

别名：线儿茶、小草根、神砂草、红籽细辛

生境：石质质山坡，灌丛，草小林下。

产地：黑龙江省安达、林甸、杜尔伯特、肇源、肇州、泰来、富裕，吉林省长岭、前郭尔罗斯、洮南、镇赉、白城，内蒙古额尔古纳、科尔沁右翼前旗、扎赉特旗、克什克腾旗、宁城、翁牛特旗、鄂温克旗、陈巴尔虎旗、扎兰屯、阿荣旗、乌兰浩特、科尔沁右翼中旗、突泉、科尔沁左翼中旗、扎鲁特旗、霍林郭勒、巴林左旗、巴林右旗、喀喇沁旗、阿鲁科尔沁旗、赤峰、多伦、锡林浩特、东乌珠穆沁旗、西乌珠穆沁旗、阿巴嘎旗、正镶白旗。

分布：中国（黑龙江、吉林、辽宁、内蒙古、河北、山西、陕西、甘肃、山东），朝鲜半岛，日本，蒙古，俄罗斯。

入药部位及药用价值：

根（远志），性温，味苦、辛，有安神益智、祛痰、消肿的功能，主治失眠多梦、健忘惊悸、神志恍惚、咳痰不爽、疮疡肿毒、乳房肿痛。

全草（小草），性温，味苦，有安神、化痰、消肿的功能，主治惊悸健忘、咳嗽多痰、痈疮肿毒。

46. 文冠果 Xanthoceras sorbifolia Bunge

别名：温旦革子、文冠木、木瓜、文冠花

生境：山坡。

产地：内蒙古科尔沁左翼后旗、通辽、扎鲁特旗、赤峰、宁城、翁牛特旗、喀喇沁旗、奈曼旗。

分布：中国（吉林、辽宁、内蒙古、河北、山西、陕西、甘肃、宁夏、山东、江苏、河南）。

入药部位及药用价值：

木材或枝叶，性平，味甘，有祛风除湿、消肿止痛、收敛的功能，主治风湿关节痛、肿毒痛、黄水疮。

47. 卫矛 Euonymus alatus (Thunb.) Sieb.

别名： 卫尖菜、四棱茶、山鸡条子、山扁榆、见肿消、鬼箭

生境： 阔叶林中，林缘。

产地： 内蒙古巴林右旗、克什克腾旗、喀喇沁旗、宁城、科尔沁左翼后旗、扎鲁特旗。

分布： 中国（黑龙江、吉林、辽宁、内蒙古、河北、山西、陕西、甘肃、江苏、安徽、浙江、河南、湖北、江西、湖南、四川、贵州），朝鲜半岛，日本。

入药部位及药用价值：

根、带翅的枝叶（卫矛、鬼箭羽），性寒，味苦，有行血通经、散瘀止痛的功能，主治经闭、癥瘕、产后滞腹痛、虫积腹痛、漆疮。

48. 酸枣 Ziziphus jujuba Mill. var. spinosa (Bunge) Hu ex H. F. Chow

别名： 棘、酸枣树、角针、硬枣、山枣树

生境： 向阳干山坡，丘陵。

产地： 内蒙古库伦旗、巴林左旗、奈曼旗。

分布： 中国（辽宁、内蒙古、河北、山西、陕西、甘肃、宁夏、新疆、山东、江苏、安徽、河南），朝鲜半岛。

入药部位及药用价值：

种子（酸枣仁），性平，味甘、酸，有补肝、宁心、敛汗、生津的功能，主治虚烦不眠、惊悸怔忡、虚汗、失眠健忘。

根皮（酸枣根皮），性温，味涩，有涩精止血的功能，主治便血、高血压症、头晕头痛、遗精、带下病、烧烫伤。

叶（棘叶），主治臁疮。

花（棘刺花），性平，味苦。主治金疮、视物昏花。

棘刺（棘针），性寒，味辛，有消肿、溃脓、止痛的功能，主治痈肿有脓、心腹痛、尿血、喉痹。

49. 野西瓜苗 Hibiscus trionum L.

别名： 小秋葵、香铃草、灯笼花、黑芝麻、火炮草

生境： 山坡草地，河边，路旁，荒地。

产地： 黑龙江省齐齐哈尔、大庆、兰西、青冈、安达、肇州、泰来、甘南，吉林省镇赉、长岭、前郭尔罗斯、通榆、洮南、大安、乾安、农安，内蒙古科尔沁左翼后旗、科尔沁右翼中旗、突泉、巴林右旗、阿鲁科尔沁旗、翁牛特旗。

分布： 原产于非洲，现我国广布。

入药部位及药用价值：

根或全草，性寒，味甘，有清热、祛湿、止咳的功能，主治风热咳嗽、风湿痛、烧烫伤。

50. 北锦葵 Malva mohileviensis Dow.

生境： 山坡草地，人家附近，田间，耕地旁。

产地： 黑龙江省齐齐哈尔、富裕、安达、肇东、青冈、泰来，吉林省长岭、洮南、大安、前郭尔罗斯、白城、镇赉，内蒙古乌兰浩特、科尔沁左翼后旗、宁城、阿鲁科尔沁旗、科尔沁右翼中旗、扎兰屯、扎鲁特旗、多伦。

分布： 中国（黑龙江、吉林、辽宁、内蒙古、河北、山西、西北），蒙古，俄罗斯；中亚。

入药部位及药用价值：

种子（冬葵子），性寒，味甘，有利水、滑肠、下乳的功能，主治水肿、便秘、乳汁不下。

根，有补气、止汗、生肌、利尿的功能，主治气虚自汗、水肿、小便淋痛、疮疡久不收口。

51. 狼毒 Stellera chamaejasme L.

别名： 断肠草、红火柴头花、　　把香、大将军、鸡肠狼毒、川狼毒、瑞香狼毒

生境： 石砾质向阳山坡，草原。

产地： 黑龙江省齐齐哈尔、安达，吉林省洮南、镇赉、前郭尔罗斯，内蒙古额尔古纳、乌兰浩特、科尔沁右翼前旗、扎鲁特旗、科尔沁左翼后旗、赤峰、宁城、陈巴尔虎旗、新巴尔虎左旗、新巴尔虎右旗、扎兰屯、阿荣旗、克什克腾旗、翁牛特旗、阿鲁科尔沁旗、多伦、东乌珠穆沁旗、西乌珠穆沁旗。

分布： 中国（黑龙江、吉林、辽宁、内蒙古、河北、山西、甘肃、青海、云南、西藏），朝鲜半岛，蒙古，俄罗斯。

入药部位及药用价值：

根（狼毒），性平，味辛、苦，有毒，有逐水祛痰、破积杀虫的功能，主治水气胀肿、瘰疬、疥癣、外伤出血、疮疡、跌打损伤。

52. 紫花地丁 Viola yedoensis Makino

别名： 白毛堇菜、犁锌草、金剪刀、宝剑草

生境： 灌丛，山坡草地，荒地，林缘，路旁。

产地： 黑龙江省杜尔伯特，吉林省长岭、大安、通榆、乾安，内蒙古额尔古纳、扎兰屯、乌兰浩特、突泉、科尔沁右翼前旗、科尔沁左翼后旗、克什克腾旗、翁牛特旗、喀喇沁旗、鄂温克旗。

分布： 中国（黑龙江、吉林、辽宁、内蒙古、河北、山西、陕西、甘肃、山东、河南、江苏、安徽、浙江、福建、湖北、江西、湖南、云南），朝鲜半岛，日本，俄罗斯。

入药部位及药用价值：

全草（紫花地丁），性寒，味苦、辛，有清热解毒、凉血消肿、散瘀的功能，主治目赤、咽喉痛、黄疸、蛇咬伤、烧烫伤、疔疮痈肿。

53. 柽柳 Tamarix chinensis Lour.

别名： 西河柳、山川柳、三春柳

生境： 盐碱地，海边。

产地： 黑龙江省大庆，吉林省洮南、前郭尔罗斯、长岭，内蒙古科尔沁左翼后旗、通辽、奈曼旗、正镶白旗。

分布： 中国（黑龙江、吉林、辽宁、内蒙古、河北、山西、陕西、甘肃、宁夏、青海、山东、河南）。

入药部位及药用价值：

嫩枝、叶（西河柳），性平，味甘、辛，有散风解表、透疹的功能，主治感冒、麻疹不透、风湿关节痛、小便淋痛，外用治风疹瘙痒。

花（柽柳花），有清热毒、发疹的功能，主治风疹。

54. 千屈菜 Lythrum salicaria L.

别名： 大关门草

生境： 河边，湿草地，沼泽。

产地： 黑龙江省大庆、肇东、明水、林甸、泰来、富裕、甘南，吉林省长岭、洮南、镇赉，内蒙古额尔古纳、新巴尔虎右旗、科尔沁右翼前旗、克什克腾旗、喀喇沁旗、陈巴尔虎旗、扎兰屯、阿荣旗、莫旗、突泉、科尔沁左翼后旗、科尔沁右翼中旗、扎鲁特旗、阿鲁科尔沁旗、翁牛特旗。

分布： 中国（全国各地），朝鲜半岛，日本，蒙古，俄罗斯；中亚，欧洲，非洲，大洋洲，北美洲。

入药部位及药用价值：

地上部分（千屈菜），性寒，味苦，有清热解毒、凉血止血的功能，主治肠炎、便血、血筋、高烧、月经不调、腹泻、外伤出血。

55. 月见草 Oenothera biennis L.

别名： 夜来香、山芝麻

生境： 向阳山坡，沙质地，荒地，河边沙砾质地。

产地： 黑龙江省兰西、青冈、克东，吉林省前郭尔罗斯，内蒙古乌兰浩特、赤峰、莫旗。

分布： 原产于北美洲，现我国广布。

入药部位及药用价值：

根，性温，味甘，有祛风湿、强筋骨的功能，主治风湿筋骨痛。

种子油，主治高胆固醇、高脂血症引起的冠状动脉梗塞、硬化及脑血栓、肥胖病、风湿关节痛。

56. 北柴胡 Bupleurum chinense DC.

别名： 硬苗柴胡、韭叶柴胡

生境：干山坡，山岗栎林下，林缘，灌丛。

产地：内蒙古宁城、克什克腾旗、鄂温克旗、新巴尔虎左旗、新巴尔虎右旗、乌兰浩特、突泉、科尔沁右翼中旗、巴林左旗、巴林右旗、阿鲁科尔沁旗、翁牛特旗、赤峰、喀喇沁旗。

分布：中国（黑龙江、吉林、辽宁、内蒙古、河北、山西、山东、河南、湖北、四川）。

入药部位及药用价值：

根及地上部分（柴胡），性凉，味苦，有疏风退热、舒肝、升阳的功能，主治感冒发热、寒热往来、疟疾、胸胁胀痛、月经不调、脱肛、阴挺。

根（柴胡），性凉，味苦，有疏风退热、舒肝、升阳的功能，主治感冒发热、寒热往来、疟疾、胸胁胀痛、月经不调。

57. 蛇床 Cnidium monnieri (L.) Cuss.

生境：河边草地，荒地，路旁。

产地：黑龙江省齐齐哈尔、安达、甘南、依安、拜泉，吉林省长岭、通榆、镇赉，内蒙古根河、新巴尔虎右旗、科尔沁左翼后旗、克什克腾旗、陈巴尔虎旗、额尔古纳、扎兰屯。

分布：中国（全国各地），朝鲜半岛，俄罗斯。

入药部位及药用价值：

果实（蛇床子），性温，味辛、苦，有小毒，有温肾壮阳、燥湿、祛风杀虫的功能，主治阳痿、寒温带下、湿痹腰痛，治外阴湿疹、妇女阴痒。

58. 硬阿魏 Ferula bungeana Kitag.

别名：沙茴香、沙前胡、沙椒

生境：固定沙丘，沙质地。

产地：黑龙江省齐齐哈尔，内蒙古科尔沁左翼中旗、科尔沁左翼后旗、赤峰、巴林右旗、克什克腾旗、翁牛特旗、敖汉旗、库伦旗、奈曼旗、正蓝旗、苏尼特左旗。

分布：中国（黑龙江、辽宁、内蒙古、河北、山西、陕西、甘肃、宁夏、河南），蒙古。

入药部位及药用价值：

全草、根（沙茴香），性平，味甘，有清热解毒、消肿止痛的功能，主治瘰疬、乳蛾、胸胁痛。

59. 防风 Saposhnikovia divaricata (Turcz.) Schischk.

别名：关防风、东防风

生境：草原干草甸，石砾质山坡，沙质地。

产地：黑龙江省杜尔伯特、肇州、齐齐哈尔、富裕、大庆、安达，吉林省镇赉、前郭尔罗斯、长岭、洮南、大安，内蒙古额尔古纳、科尔沁右翼前旗、科尔沁右翼中旗、扎鲁特旗、科尔沁左翼后旗、巴林右旗、巴林左旗、喀喇沁旗、陈巴尔虎旗、新巴尔虎左旗、新巴尔虎右旗、扎兰屯、鄂温克旗、克什克腾旗、莫旗、乌兰浩特、赤峰、多伦、锡林浩特、霍林郭勒、东乌珠穆沁旗、西乌珠穆沁旗、正蓝旗、镶黄旗、阿巴嘎旗。

分布：中国（黑龙江、吉林、辽宁、内蒙古、河北、山西、陕西、甘肃、宁夏、山东），朝鲜半岛，蒙古，俄罗斯。

入药部位及药用价值：

根（防风），性温，味辛、甘，有祛风解表、胜湿、止痉的功能，主治风温痹痛、风疹、破伤风。

60. 罗布麻 Apocynum venetum L.

别名：红麻泽、漆麻、野麻、茶叶花

生境：碱性草甸，干草原。

产地：吉林省大安、长岭，内蒙古扎鲁特旗、巴林右旗、科尔沁右翼中旗、扎赉特旗、通辽。

分布：中国（吉林、辽宁、内蒙古、河北、山西、陕西、甘肃、青海、新疆、山东、江苏、河南），朝鲜半岛，蒙古，俄罗斯；中亚。

入药部位及药用价值：

叶（罗布麻叶），性凉，味甘、苦，有平肝安神、清热利水的功能，主治肝阳眩晕、心悸失眠、浮肿尿少、高血压症、肾虚、水肿。

全草（罗布麻），性凉，味甘、苦，有小毒，有清火、降压、强心、利尿的功能，主治心脏病、高血压症、肾虚、肝炎腹胀、水肿。

乳汁，有愈合伤口的功能。

61. 白薇 Cynanchum atratum Bunge

别名：老君须、荞麦细辛、薇草

生境：山坡草地，林缘路旁，林下，灌丛。

产地：黑龙江省大庆、肇东、泰来、安达，吉林省白城，内蒙古扎赉特旗、扎兰屯、科尔沁右翼前旗。

分布：中国（黑龙江、吉林、辽宁、内蒙古、河北、山西、陕西、山东、江苏、福建、河南、湖北、湖南、江西、广东、广西、四川、贵州、云南），朝鲜半岛，日本，俄罗斯。

入药部位及药用价值：

根及根状茎（白薇），性寒，味苦、咸，有清热凉血、利尿通淋、解毒疗疮的功能，主治温邪发热、阴虚发热、骨蒸潮热、产后血虚发热、热淋、血淋、痈疽肿毒。

62. 徐长卿 Cynanchum paniculatum (Bunge) Kitag.

别名：竹叶细辛、寮刁竹、柳叶细辛

生境：沟边石砾质地，林下灌丛，山坡草地，路旁。

产地：黑龙江省安达、杜尔伯特，吉林省前郭尔罗斯、通榆、白城、镇赉，内蒙古

额尔古纳、扎兰屯、科尔沁右翼中旗、科尔沁右翼前旗、阿荣旗、巴林右旗、乌兰浩特、扎鲁特旗、科尔沁左翼后旗、科尔沁左翼中旗、扎赉特旗、莫旗、突泉。

分布：中国（黑龙江、吉林、辽宁、内蒙古、河北、山西、陕西、甘肃、山东、江苏、安徽、浙江、河南、湖北、江西、湖南、广东、广西、四川、贵州、云南），朝鲜半岛，日本。

入药部位及药用价值：

全草（徐长卿），性温，味辛，有祛风除湿、行气通经的功能，主治风湿痹痛、胃气胀满、腰痛、牙痛、跌打肿痛，外用治神经性皮炎、瘾疹、缠腰火丹。

63. 萝藦 Metaplexis japonica (Thunb.) Makino

别名：斫合了
生境：山坡，路旁，灌丛，林间草地，林缘，人家附近。
产地：黑龙江省肇东、兰西、肇源、富裕，吉林省长岭、大安、乾安，内蒙古扎鲁特旗、科尔沁右翼前旗、科尔沁左翼后旗、扎赉特旗、乌兰浩特。
分布：中国（黑龙江、吉林、辽宁、内蒙古、河北、山西、陕西、甘肃、山东、江苏、安徽、浙江、福建、河南、湖北、江西、湖南、四川、贵州、台湾），朝鲜半岛，日本，俄罗斯。

入药部位及药用价值：

全草，性平，味甘、辛，有补肾强壮、行气活血、消肿解毒的功能，主治虚损劳伤、阳痿、带下病、乳汁不通、丹毒疮肿。

果实（天浆壳），性温，味辛，有补虚助阳、止咳化痰的功能，主治体质虚弱、痰喘咳嗽、顿咳、阳痿、遗精，治创伤出血。

根，性温，味甘，有补气益精的功能，主治体质虚弱、阳痿、带下病、乳汁不足、小儿疳积，外用治疗疮、五步蛇咬伤。

64. 蓬子菜拉拉藤 Galium verum L.

别名：蓬子菜、土黄连、土茜草、白茜草、黄牛尾、铁尺草
生境：草甸，林下，林缘，山坡草地。
产地：黑龙江省大庆、安达、齐齐哈尔、明水、林甸、杜尔伯特、泰来、龙江、富裕，吉林省长岭、前郭尔罗斯、洮南、镇赉、大安，内蒙古额尔古纳、陈巴尔虎旗、鄂温克旗、翁牛特旗、科尔沁左翼中旗、科尔沁左翼后旗、扎鲁特旗、通辽、新巴尔虎右旗、新巴尔虎左旗、根河、乌兰浩特、科尔沁右翼前旗、科尔沁右翼中旗、克什克腾旗、林西、巴林左旗、巴林右旗、阿鲁科尔沁旗、宁城、阿荣旗、莫旗、扎兰屯、赤峰、喀喇沁旗、多伦、锡林浩特、霍林郭勒、东乌珠穆沁旗、西乌珠穆沁旗、正蓝旗、正镶白旗、阿巴嘎旗。
分布：中国（黑龙江、吉林、辽宁、内蒙古、河北、山西、陕西、甘肃、宁夏、青海、新疆、山东、江苏、安徽、浙江、河南、湖北、四川、西藏），朝鲜半岛，日本，俄罗斯，土耳其；中亚，欧洲。

入药部位及药用价值：

全草（蓬子菜），性寒，味辛、苦，有清热解毒、活血化瘀、利尿、通经、止痒的功能，主治肝炎、风热咳嗽、水肿、咽喉肿、稻田皮炎、瘾疹、疔疮痈肿、跌打损伤、骨折、妇女血气痛、阴道滴虫病、蛇咬伤。

根，性寒，味甘，有清热止血、活血祛瘀的功能，主治吐血、衄血、便血、血崩、尿血、月经不调、腹痛、瘀血肿痛、跌打损伤、痢疾。

65. 大果琉璃草 Cynoglossum divaricatum Steph.

生境：山坡草地，沙地。
产地：黑龙江省依安，吉林省长岭、前郭尔罗斯、洮南、镇赉，内蒙古科尔沁右翼前旗、科尔沁右翼中旗、额尔古纳、扎鲁特旗、巴林右旗、科尔沁左翼中旗、科尔沁左翼后旗、克什克腾旗、陈巴尔虎旗、新巴尔虎右旗、突泉、霍林郭勒。
分布：中国（黑龙江、吉林、辽宁、内蒙古、河北、山西、陕西、甘肃、新疆），蒙古，俄罗斯。
入药部位及药用价值：
根（琉璃草根），性寒，味淡，有清热解毒的功能，主治乳蛾、疮疖痈肿。
果实（琉璃草果实），性平，味苦，有收敛止泻的功能，主治小儿泄泻。

66. 香薷 Elsholtzia ciliata (Thunb.) Hyland.

别名：山苏子、半边苏、野芝麻、野芭子、野坝蒿
生境：河边草地，山坡草地，林下，林缘，路旁，耕地旁，人家附近，荒地。
产地：黑龙江省安达、大庆、富裕、依安、克山、甘南，吉林省长岭，内蒙古翁牛特旗、额尔古纳、科尔沁右翼中旗、阿鲁科尔沁旗、喀喇沁旗、克什克腾旗、巴林右旗、林西、扎兰屯、突泉。
分布：中国（全国各地），朝鲜半岛，日本，蒙古，俄罗斯，印度，中南半岛。
入药部位及药用价值：
全草（土香薷），性微温，味辛，有祛风、发汗、解暑、利尿的功能，主治急性吐泻、感冒发热、恶寒无汗、中暑、胸闷、口臭、小便不利，可解食鱼中毒。

67. 益母草 Leonurus japonicus Houtt.

别名：益母蒿、九重楼、益母花、童子益母草、玉米草、地母草、灯笼草、野麻
生境：耕地旁，荒地，山坡草地。
产地：黑龙江省肇东、肇源、大庆、兰西、青冈、明水、齐齐哈尔、依安、克山、富裕、讷河、甘南、龙江、拜泉、克东，吉林省长岭、通榆、洮南、大安、乾安、扶余、镇赉，内蒙古扎赉特旗、科尔沁左翼后旗、宁城、额尔古纳、鄂温克旗、科尔沁右翼中旗、喀喇沁旗、新巴尔虎左旗、扎兰屯、阿荣旗、乌兰浩特、突泉、扎鲁特旗、库伦旗、翁牛特旗、林西、巴林左旗、巴林右旗、克什克腾旗、敖汉旗、霍林郭勒、东乌珠穆沁旗、西乌珠穆沁旗、正镶白旗。

分布：中国（全国各地），朝鲜半岛，日本，俄罗斯；亚洲温带至热带地区，非洲，北美洲。

入药部位及药用价值：

地上部分（益母草），性凉，味苦、辛，有活血调经、利尿消肿的功能，主治月经不调、痛经、经闭、恶露不尽、水肿尿少。

幼株（童子益母草），有补血、祛瘀生新的功能，主治疮疡肿毒，跌打损伤。

花（益母草花），性凉，味微苦、甘，主治肿毒疮疡、利水行血、妇人胎产诸病，民间用作妇女补血剂。

果实（茺蔚子），性凉，味辛、苦，有活血调经的功能，主治经闭、痛经、产后瘀血腹痛。

68. 薄荷 Mentha haplocalyx Briq.

别名： 野薄荷、见肿消、水薄荷、古尔蒂

生境： 河边，沟边，林缘湿草地。

产地： 黑龙江省大庆、肇东、杜尔伯特、安达、明水、甘南、依安，吉林省长岭、大安、扶余，内蒙古科尔沁右翼前旗、额尔古纳、翁牛特旗、根河、科尔沁左翼后旗、克什克腾旗、阿鲁科尔沁旗、喀喇沁旗、宁城、鄂温克旗、陈巴尔虎旗、新巴尔虎左旗、新巴尔虎右旗、巴林左旗、巴林右旗、扎赉特旗、赤峰、突泉、科尔沁右翼中旗、扎鲁特旗。

分布： 中国（全国各地），朝鲜半岛，日本，俄罗斯；热带亚洲，北美洲。

入药部位及药用价值：

地上部分（薄荷），性凉，味辛，有宣散风热、明目、透疹的功能，主治风热感冒、风温初起、头痛、目赤、喉痹、口疮、风疹、麻疹、胸胁胀闷。

挥发油（薄荷油），有芳香、调味、祛风的功能，通过使皮肤或黏膜产生清凉感以减轻疼痛。

鲜茎、叶的蒸馏液（薄荷露），性凉，味辛，有和中、发汗、解热、宣滞、凉膈、清头目的功能，主治头痛、热嗽、皮肤瘰疹，耳、目、咽喉、口、齿诸病。

薄荷油中提取的一种饱和的环状醇（薄荷脑），有祛痰的功能，可止痛、止痒。

69. 黄芩 Scutellaria baicalensis Georgi

别名： 香水水草

生境： 沙质地，山坡草地，石砾质地，草甸草原。

产地： 黑龙江省大庆、安达、肇东、杜尔伯特、富裕、泰来、甘南，吉林省洮南、镇赉、通榆、前郭尔罗斯，内蒙古根河、额尔古纳、通辽、科尔沁右翼前旗、鄂温克旗、扎赉特旗、赤峰、巴林左旗、巴林右旗、宁城、克什克腾旗、陈巴尔虎旗、新巴尔虎右旗、扎兰屯、莫旗、阿荣旗、乌兰浩特、突泉、扎鲁特旗、科尔沁左翼后旗、翁牛特旗、喀喇沁旗、多伦、锡林浩特、霍林郭勒、东乌珠穆沁旗、西乌珠穆沁旗、正蓝旗、正镶白旗、阿巴嘎旗。

分布：中国（黑龙江、吉林、辽宁、内蒙古、河北、山西、陕西、甘肃、山东、河南、四川），朝鲜半岛，蒙古，俄罗斯。

入药部位及药用价值：

根（黄芩），性寒，味苦，有清热燥湿、泻火解毒、止血、安胎的功能，主治湿温、暑温胸闷呕恶、湿热痞满、泻痢、黄疸、肺热咳嗽、高热烦渴、血热吐衄、痈肿疮毒、胎动不安。

果实（黄芩子），主治肠癖脓血。

70. 百里香 Thymus mongolicus Ronn.

别名：地角花、地姜、千里香、地椒叶

生境：沙地。

产地：吉林省长岭、前郭尔罗斯，内蒙古额尔古纳、扎鲁特旗、新巴尔虎左旗、新巴尔虎右旗、阿鲁科尔沁旗、克什克腾旗、赤峰、翁牛特旗、敖汉旗、喀喇沁旗、锡林浩特、霍林郭勒、东乌珠穆沁旗、西乌珠穆沁旗、正蓝旗、正镶白旗。

分布：中国（吉林、辽宁、内蒙古、河北、山西、陕西、甘肃、青海）。

入药部位及药用价值：

地上部分（地椒），性温，味辛，有小毒，有祛风解表、行气止痛的功能，主治感冒、头痛、牙痛、周身疼痛、腹胀冷痛。

71. 车前 Plantago asiatica L.

别名：车轮草、猪耳草、牛耳朵草、车轱辘菜、蛤蟆草

生境：路旁草地，山坡草地，湿草地，林下，林缘，沟边，荒地，耕地旁。

产地：黑龙江省大庆、兰西、青冈、明水、安达、泰来、依安、富裕、甘南、龙江，吉林省大安、前郭尔罗斯、扶余、镇赉，内蒙古额尔古纳、赤峰、科尔沁左翼后旗、陈巴尔虎旗、新巴尔虎左旗、新巴尔虎右旗、扎兰屯、阿荣旗、乌兰浩特、科尔沁右翼中旗、扎鲁特旗、库伦旗、开鲁、翁牛特旗、林西、阿鲁科尔沁旗、巴林左旗、巴林右旗、克什克腾旗、喀喇沁旗、多伦、锡林浩特、西乌珠穆沁旗。

分布：中国（全国各地），朝鲜半岛，日本，俄罗斯，尼泊尔，马来西亚，印度尼西亚。

入药部位及药用价值：

种子（车前子），性微寒，味甘，有清热利尿、渗湿通淋、明目、祛痰的功能，主治水肿胀满、热淋涩痛、暑湿泄泻、目赤肿痛、痰热咳嗽。

全草（车前草），性寒，味甘，有清热利尿、祛痰、凉血、解毒的功能，主治水肿尿少、热淋涩痛、暑湿泻痢、痰热咳嗽、吐血衄血、痈肿、疮毒。

72. 岩败酱 Patrinia rupestris (Pall.) Juss.

生境：林间草地，石砾质山坡，栎林下。

产地：吉林省洮南，内蒙古额尔古纳、根河、扎兰屯、鄂温克旗、新巴尔虎左旗、

科尔沁右翼前旗、科尔沁右翼中旗、扎赉特旗、翁牛特旗、林西、克什克腾旗、巴林右旗、阿鲁科尔沁旗、赤峰、宁城、阿荣旗、莫旗、多伦。

分布：中国（黑龙江、吉林、辽宁、内蒙古、河北、山西），朝鲜半岛，俄罗斯。

入药部位及药用价值：

全草（岩败酱），性凉，味苦，有清热解毒、活血、排脓的功能，主治肠痈、泄泻。

73. 缬草 **Valeriana alternifolia** Bunge

别名：拔地麻、媳妇菜、香草、珍珠香、满山香、大救驾、小救驾、满坡香、五里香

生境：林缘，灌丛，河边，山坡草地。

产地：内蒙古鄂温克旗、额尔古纳、阿荣旗、扎兰屯、科尔沁左翼后旗、巴林右旗、陈巴尔虎旗、扎鲁特旗、赤峰、克什克腾旗、阿鲁科尔沁旗、多伦、东乌珠穆沁旗。

分布：中国（黑龙江、吉林、辽宁、内蒙古、河北、山西），俄罗斯。

入药部位及药用价值：

根及根状茎（小救驾），性温，味辛、甘、苦，有安神镇静、祛风解痉、生肌止血、止痛的功能，主治肾虚失眠、癔病、癫痫、胃腹胀痛、腰腿痛、跌打损伤。

74. 荠苨 **Adenophora trachelioides** Maxim.

别名：梅参、杏参、杏叶沙参、白面根、心叶沙参、杏叶菜、老母鸡肉

生境：林间草地，山坡草地，路旁。

产地：内蒙古科尔沁左翼后旗、科尔沁右翼中旗、奈曼旗、赤峰、敖汉旗、喀喇沁旗、翁牛特旗。

分布：中国（吉林、辽宁、内蒙古、河北、山东、江苏、安徽、浙江），朝鲜半岛，俄罗斯。

入药部位及药用价值：

根（甜桔梗），性凉，味甘，有清热解毒、化痰的功能，主治肺热咳嗽、咽喉痛、消渴、疗疮肿毒。

75. 桔梗 **Platycodon grandiflorum** (Jacq.) A. DC.

别名：道拉基、苦菜根、铃铛花、大药、土洋参、包裕花、鸡把腿

生境：山坡草地，林缘，灌丛，草甸。

产地：黑龙江省齐齐哈尔、大庆、克山、安达，吉林省镇赉、洮南、前郭尔罗斯，内蒙古额尔古纳、科尔沁右翼前旗、科尔沁右翼中旗、宁城、敖汉旗、赤峰、巴林左旗、巴林右旗、阿鲁科尔沁旗、扎赉特旗、鄂温克旗、科尔沁左翼后旗、陈巴尔虎旗、扎兰屯、莫旗、阿荣旗、乌兰浩特、突泉、扎鲁特旗、喀喇沁旗、霍林郭勒。

分布：中国（黑龙江、吉林、辽宁、内蒙古、河北、山西、陕西、山东、江苏、安徽、浙江、福建、河南、湖北、江西、湖南、广东、广西、四川、贵州、云南、台湾），朝鲜半岛，日本，俄罗斯。

入药部位及药用价值：

根（桔梗），性微温，味苦、辛，有宣肺、散寒、祛痰、排脓的功能，主治外感咳嗽、咳痰不爽、咽喉痛、胸闷腹胀、肺痛。

76. 牛蒡 Arctium lappa L.

别名： 恶实、大力子

生境： 林下，林缘，山坡草地，路旁，人类聚集地附近。

产地： 黑龙江省克山、青冈、龙江、肇东、兰西、富裕、拜泉，吉林省扶余，内蒙古赤峰、巴林右旗、科尔沁左翼后旗、喀喇沁旗、敖汉旗、突泉。

分布： 中国（全国各地）；遍布欧亚大陆。

入药部位及药用价值：

根（牛蒡根），性凉，味苦、辛，有清热解毒、疏风利咽、消肿的功能，主治风热感冒、咳嗽、咽喉痛、疮疖肿毒、脚癣、湿疹。

茎叶，味甘，主治头风痛、烦闷、金疮、乳痛、皮肤风痒。

果实（牛蒡子），性凉，味辛、苦，有疏风散热、宣肺透疹、解毒利咽的功能，主治风热感冒、头痛、咽喉痛、痄腮、疹出不透、痈疖疮疡。

77. 茵陈蒿 Artemisia capillaris Thunb.

别名： 白蒿、青蒿、棉茵陈、臭蒿、猴子毛、绒蒿、小马尿蒿、土茵陈、茵陈

生境： 湖边，山坡草地，灌丛。

产地： 吉林省通榆，内蒙古额尔古纳、鄂温克旗、新巴尔虎左旗、新巴尔虎右旗、莫旗、扎鲁特旗、科尔沁左翼中旗、通辽、开鲁。

分布： 中国（黑龙江、吉林、辽宁、内蒙古、河北、山西、陕西、山东、江苏、安徽、浙江、福建、河南、湖北、江西、广东、广西、四川、台湾），朝鲜半岛，日本，俄罗斯，越南，柬埔寨，菲律宾，马来西亚，印度尼西亚。

入药部位及药用价值：

幼嫩茎叶（茵陈蒿），性凉，味苦、辛，有清热利湿、利胆退黄的功能，主治黄疸、胆囊炎、膀胱湿热、风痒疮疥。

78. 野艾蒿 Artemisia umbrosa (Bess.) Turcz.

别名： 野艾、荫地蒿、小叶艾、狭叶艾、苦艾、色古得尔音-沙里尔日、哲尔日格-荽哈

生境： 山坡，林缘，路旁，干旱草原坡地，碱性草甸。

产地： 黑龙江省大庆、肇东、兰西、青冈、安达、讷河、龙江、甘南、拜泉、克东、克山、依安，吉林省长岭、前郭尔罗斯、通榆、洮南、镇赉、乾安、扶余，内蒙古额尔古纳、根河、鄂温克旗、科尔沁右翼前旗、科尔沁右翼中旗、扎赉特旗、突泉、乌兰浩特、科尔沁左翼后旗、巴林右旗、克什克腾旗、翁牛特旗、阿荣旗、扎兰屯、扎鲁特旗。

分布： 中国（黑龙江、吉林、辽宁、内蒙古、河北、山西、陕西、甘肃、山东、江

苏、安徽、河南、湖北、江西、湖南、广东、广西、四川、贵州、云南），朝鲜半岛，日本，蒙古，俄罗斯。

入药部位及药用价值：

叶，性温，味苦、辛，有散寒除湿、温经止血、安胎的功能，主治崩漏、先兆流产、痛经、月经不调、湿疹、皮肤瘙痒。

79. 紫菀 Aster tataricus L. f.

别名： 青牛舌头花、青菀、山白菜、驴夹板菜、还魂草

生境： 河边，草甸，山坡草地，林下。

产地： 黑龙江省大庆、杜尔伯特、安达、肇东、肇源、富裕、齐齐哈尔，吉林省镇赉、前郭尔罗斯，内蒙古额尔古纳、新巴尔虎左旗、科尔沁左翼后旗、鄂温克旗、科尔沁右翼前旗、科尔沁右翼中旗、扎鲁特旗、翁牛特旗、赤峰、阿鲁科尔沁旗、巴林左旗、巴林右旗、敖汉旗、喀喇沁旗、宁城、克什克腾旗、扎兰屯、阿荣旗、东乌珠穆沁旗、霍林郭勒。

分布： 中国（黑龙江、吉林、辽宁、内蒙古、河北、山西、陕西、甘肃、河南），朝鲜半岛，日本，蒙古，俄罗斯。

入药部位及药用价值：

根及根状茎（紫菀），性温，味苦，有润肺、化痰、止咳的功能，主治咳嗽痰喘、肺痨、咯血。

80. 关苍术 Atractylodes japonica Koidz. ex Kitam.

别名： 东苍术、抢头草

生境： 干山坡，林缘，栎林下。

产地： 内蒙古巴林右旗、扎兰屯。

分布： 中国（黑龙江、吉林、辽宁、内蒙古），朝鲜半岛，日本。

入药部位及药用价值：

根状茎，性温，味辛、苦，有补脾、益胃、燥湿、和中的功能，主治脘腹胀痛、泄泻、水肿、风湿痹痛、脚气痿躄、风寒感冒、雀目。

81. 东风菜 Doellingeria scaber (Thunb.) Nees

别名： 草三七、疙瘩药、盘龙草、白云草

生境： 林下，路旁，山坡草地。

产地： 黑龙江省安达，内蒙古根河、阿荣旗、宁城、额尔古纳、科尔沁右翼前旗、扎赉特旗、科尔沁左翼后旗、赤峰、克什克腾旗、阿鲁科尔沁旗、敖汉旗、喀喇沁旗、扎兰屯。

分布： 中国（黑龙江、吉林、辽宁、内蒙古、河北、山西、陕西、甘肃、安徽、浙江、福建、河南、湖北、江西、湖南、广西、贵州），朝鲜半岛，日本，俄罗斯。

入药部位及药用价值：

根（东风菜根），性温，味辛，有祛风、行气、活血、止痛的功能，主治泄泻、风湿关节痛、跌打损伤。

全草（东风菜），性凉，味甘，有清热解毒、祛风止痛、行气活血的功能，主治风湿关节痛、感冒头痛、目赤肿痛、咽喉痛、疮疖、毒蛇咬伤。

82. 欧亚旋覆花 Inula britannica L.

别名：小野烟、旋覆花、大花旋覆花、毛旋覆花

生境：河滩，林缘，路旁，沟边，湿草甸，耕地旁。

产地：黑龙江省克山、齐齐哈尔、安达、肇东、兰西、青冈、明水、龙江、拜泉、依安，吉林省洮南、大安、通榆、镇赉，内蒙古敖汉旗、宁城、赤峰、喀喇沁旗、阿鲁科尔沁旗、额尔古纳、克什克腾旗、鄂温克旗、科尔沁右翼前旗、科尔沁左翼后旗、陈巴尔虎旗、新巴尔虎左旗、新巴尔虎右旗、巴林左旗、巴林右旗、扎兰屯、莫旗、阿荣旗、乌兰浩特、科尔沁右翼中旗、突泉、通辽、扎鲁特旗、奈曼旗、翁牛特旗、多伦、正蓝旗。

分布：中国（黑龙江、吉林、辽宁、内蒙古、河北、山西、新疆），朝鲜半岛，日本，蒙古，俄罗斯，土耳其，伊朗；中亚，欧洲。

入药部位及药用价值：

花序（旋覆花），性温，味咸，有消痰、降气、软坚、行水的功能，主治胸中痰结、胁下胀满、咳嗽痰喘、呃逆、睡如胶漆、噫气不除、水肿。

茎叶（金佛草），性温，味咸，有散风寒、化痰饮、消肿毒的功能，主治咳嗽痰喘、胁下胀痛、疔疮、肿毒。

根（旋覆花根），主治平喘镇咳、风湿痛、刀伤、疔疮。

83. 火绒草 Leontopodium leontopodioides (Willd.) Beauv.

别名：老头草、老头艾、火绒蒿、大头毛香、小毛香艾

生境：河边，林缘，干草原，石砾质山坡。

产地：黑龙江省杜尔伯特、大庆、安达、齐齐哈尔、林甸、肇州、泰来、龙江，吉林省长岭、前郭尔罗斯、镇赉、通榆、白城，内蒙古额尔古纳、科尔沁左翼后旗、喀喇沁旗、科尔沁右翼前旗、科尔沁右翼中旗、通辽、扎赉特旗、突泉、宁城、鄂温克旗、陈巴尔虎旗、新巴尔虎左旗、扎兰屯、阿荣旗、莫旗、乌兰浩特、扎鲁特旗、库伦旗、霍林郭勒、翁牛特旗、巴林左旗、巴林右旗、赤峰、克什克腾旗、阿鲁科尔沁旗。

分布：中国（黑龙江、吉林、辽宁、内蒙古、河北、山西、陕西、甘肃、青海、新疆、山东），朝鲜半岛，日本，蒙古，俄罗斯。

入药部位及药用价值：

全草（老头草），性凉，味微苦，有清热凉血、益肾利水的功能，主治急、慢性水肿，淋浊。

84. 祁州漏芦 Rhaponticum uniflorum (L.) DC.

别名：漏芦、老虎爪、郎头花、大口袋花、和尚头、大脑袋花、土烟叶、打锣锤

生境：林下，石砾质地，沙质地。

产地：内蒙古新巴尔虎左旗、赤峰、科尔沁右翼前旗、敖汉旗、新巴尔虎右旗、翁牛特旗、通辽、喀喇沁旗、宁城、扎鲁特旗、科尔沁左翼后旗、额尔古纳、巴林右旗、陈巴尔虎旗、鄂温克旗、扎兰屯、莫旗、乌兰浩特、阿鲁科尔沁旗、克什克腾旗、多伦、霍林郭勒、西乌珠穆沁旗。

分布：中国（黑龙江、吉林、辽宁、内蒙古、河北、山西），朝鲜半岛，蒙古，俄罗斯。

入药部位及药用价值：

根状茎（漏芦），性凉，味苦、咸，有清热解毒、消肿排脓、下乳、通筋脉的功能，主治乳痈、乳汁不通、疖腮、疔肿、瘰疬、风湿关节痛、痔疮。

85. 兔儿伞 Syneilesis aconitifolia (Bunge) Maxim.

别名：龙头七、小鬼伞、一把伞、南天扇

生境：干山坡，灌丛，林缘，林间草地。

产地：黑龙江省大庆、安达、林甸，吉林省大安，内蒙古扎兰屯、喀喇沁旗、额尔古纳、宁城、扎鲁特旗、莫旗。

分布：中国（黑龙江、吉林、辽宁、内蒙古、河北、山西、陕西、甘肃、山东、江苏、安徽、浙江、福建、河南、湖北、江西、湖南、贵州、台湾），朝鲜半岛，俄罗斯。

入药部位及药用价值：

根或全草（兔儿伞），性温，味苦、辛，有毒，有祛风除湿、解毒活血、消肿止痛的功能，主治风湿肢体麻木、风湿关节痛、腰眼痛、骨折、月经不调、痛经。

86. 狗舌草 Tephroseris campestris (Rutz.) Rchb.

别名：朝阳花、一枝花

生境：向阳山坡草地，灌丛，路旁。

产地：黑龙江省泰来、肇东、安达、龙江、齐齐哈尔，吉林省长岭，内蒙古根河、乌兰浩特、阿荣旗、科尔沁左翼后旗、科尔沁右翼前旗、科尔沁右翼中旗、扎赉特旗、额尔古纳、巴林右旗、克什克腾旗、翁牛特旗、喀喇沁旗、陈巴尔虎旗、新巴尔虎左旗、新巴尔虎右旗、鄂温克旗、扎兰屯、莫旗、阿鲁科尔沁旗。

分布：中国（黑龙江、吉林、辽宁、内蒙古、河北、山西、陕西、甘肃、青海、山东、江苏、安徽、浙江、福建、河南、湖北、江西、湖南、广东、四川、贵州、台湾），朝鲜半岛，日本，俄罗斯；欧洲。

入药部位及药用价值：

全草，性寒，味微甘，有小毒，有清热解毒、利水、杀虫的功能，主治肺痈、小便淋痛、口腔破溃、疔肿。

87. 泽泻 **Alisma orientale** (Sam.) Juz.

别名：水车前、如意花、水泽、如意菜、水白菜、水蛤蟆叶、天鹅蛋

生境：沟谷，水边湿草地，沼泽。

产地：黑龙江省齐齐哈尔、安达，吉林省白城、镇赉，内蒙古根河、科尔沁左翼后旗、额尔古纳、科尔沁右翼前旗、通辽、新巴尔虎右旗、扎赉特旗、鄂温克旗、新巴尔虎左旗、莫旗、奈曼旗。

分布：中国（黑龙江、吉林、辽宁、内蒙古、河北、山西、陕西、甘肃、青海、宁夏、新疆、山东、江苏、安徽、浙江、福建、河南、湖北、江西、湖南、广东、广西、四川、贵州、云南），朝鲜半岛，日本，俄罗斯。

入药部位及药用价值：

球茎（泽泻），性寒，味甘，有利小便、清湿热的功能，主治小便淋痛、水肿胀满、泄泻尿少、痰饮眩晕、热淋涩痛、高脂血症。

叶（泽泻叶），性平，味咸，主治慢性咳嗽痰喘、乳汁不通。

果实（泽泻实），性平，味甘，主治风痹，消渴。

附注：《中华人民共和国药典（1990 年版）》收载。福建、江西产者称建泽泻，个大，光圆，品质佳；四川、贵州、云南产者称川泽泻，个小，皮较粗糙。

88. 三裂慈菇 **Sagittaria trifolia** L.

别名：慈果子、剪刀草、燕尾草

生境：沟边，河边，池沼，沼泽。

产地：黑龙江省齐齐哈尔、泰来，吉林省扶余、白城，内蒙古新巴尔虎左旗、科尔沁左翼后旗、额尔古纳、新巴尔虎右旗、扎兰屯。

分布：中国（全国各地），朝鲜半岛，日本，俄罗斯，土耳其，伊朗；中亚，南亚。

入药部位及药用价值：

根状茎，性微温，味甘、涩，有敛肺咳、止血、实肠的功能，主治狂犬咬伤，治疮疡肿毒。

全株（剪刀草），有清热解毒、凉血消肿的功能，主治黄疸、瘰疬、蛇咬伤。

89. 薤白 **Allium macrostemon** Bunge

别名：小根蒜、子根蒜、小根菜、野蒜、密花小根蒜、团葱

生境：向阳山坡草地，耕地旁。

产地：黑龙江省泰来，吉林省乾安、前郭尔罗斯，内蒙古宁城、喀喇沁旗、敖汉旗、翁牛特旗、科尔沁右翼中旗、扎赉特旗、科尔沁左翼后旗。

分布：中国（全国各地），朝鲜半岛，日本，俄罗斯。

入药部位及药用价值：

茎（薤白），性温，味辛，苦，有温中通阳、理气宽胸的功能，主治胸痛、胸闷、心绞痛、胁肋刺痛、咳嗽痰喘、胃脘痛胀、痢疾。

90. 知母 **Anemarrhena asphodeloides** Bunge

别名：蒜瓣子草、兔子油草、羊胡子草、穿地龙

生境：向阳山坡草地。

产地：黑龙江省大庆、肇东、肇源、肇州、杜尔伯特、安达、泰来、龙江、富裕、林甸，吉林省前郭尔罗斯、洮南、通榆、镇赉、乾安，内蒙古莫旗、科尔沁右翼前旗、科尔沁右翼中旗、通辽、库伦旗、克什克腾旗、科尔沁左翼后旗、乌兰浩特、宁城、喀喇沁旗、赤峰、扎兰屯、阿荣旗、突泉、科尔沁左翼中旗、扎鲁特旗、霍林郭勒、翁牛特旗、巴林右旗、巴林左旗、阿鲁科尔沁旗、东乌珠穆沁旗、西乌珠穆沁旗、锡林浩特、镶黄旗、正镶白旗。

分布：中国（黑龙江、吉林、辽宁、内蒙古、河北、山西、陕西、甘肃、山东），朝鲜半岛，蒙古。

入药部位及药用价值：

根状茎（知母），性寒，味苦、甘，有清热泻火、生津润燥的功能，主治外感热病、高热烦渴、肺热燥咳、胃热潮热、内热消渴、怀胎蕴热、胎动不安、肠燥便秘。

91. 龙须菜 **Asparagus schoberioides** Kunth

别名：雉隐天冬

生境：山坡草地，林下，林缘。

产地：黑龙江省肇东、泰来，吉林省前郭尔罗斯，内蒙古宁城、翁牛特旗、克什克腾旗、阿鲁科尔沁旗、喀喇沁旗、科尔沁右翼前旗、科尔沁左翼后旗、扎赉特旗、鄂温克旗、额尔古纳、陈巴尔虎旗、扎鲁特旗。

分布：中国（黑龙江、吉林、辽宁、内蒙古、河北、山西、陕西、甘肃、山东、河南），朝鲜半岛，日本，俄罗斯。

入药部位及药用价值：

根、根状茎，性寒，味甘，有润肺降气、下痰止咳的功能，主治肺实喘满、咳嗽多痰、胃脘疼痛。

全草，有止血利尿的功能。

92. 铃兰 **Convallaria keiskei** Miq.

别名：香水花、芦藜花、鹿铃草、草寸香、草玉铃

生境：林下，林缘灌丛。

产地：黑龙江省齐齐哈尔，内蒙古科尔沁右翼前旗、额尔古纳、阿荣旗、鄂温克旗、根河、科尔沁左翼后旗、巴林右旗、克什克腾旗、扎赉特旗、扎兰屯。

分布：中国（黑龙江、吉林、辽宁、内蒙古、河北、山西、陕西、宁夏、甘肃、山东、浙江、河南、湖南），朝鲜半岛，日本，俄罗斯。

入药部位及药用价值：

根及全草（铃兰），性温，味甘、苦，有毒，有温阳利水、活血祛风的功能，主治心力衰竭、浮肿、劳伤、崩漏、带下病、跌打损伤。

93. 山丹 **Lilium pumilum** DC.

别名：细叶百合、卷莲花、灯伞花、散莲花
生境：草甸，林缘，山坡草地。
产地：黑龙江省杜尔伯特、肇东、大庆、安达、龙江、齐齐哈尔、甘南，吉林省前郭尔罗斯、白城，内蒙古额尔古纳、科尔沁左翼前旗、宁城、克什克腾旗、通辽、科尔沁左翼后旗、科尔沁右翼中旗、扎赉特旗、乌兰浩特、陈巴尔虎旗、鄂温克旗、新巴尔虎左旗、新巴尔虎右旗、阿荣旗、扎兰屯、莫旗、突泉、扎鲁特旗、巴林左旗、巴林右旗、多伦。
分布：中国（黑龙江、吉林、辽宁、内蒙古、河北、山西、陕西、甘肃、宁夏、青海、山东、河南），朝鲜半岛，蒙古，俄罗斯。
入药部位及药用价值：
鳞茎（百合），性寒，味甘，有养阴润肺、清心安神的功能，主治阴虚久咳、痰中带血、虚烦惊悸、失眠多梦、精神恍惚。

94. 玉竹 **Polygonatum odoratum** (Mill.) Druce

别名：铃铛菜、笔管菜、玉参、玉竹参、尾参、萎蕤
生境：灌丛，林下，林缘。
产地：黑龙江省富裕、安达、大庆，吉林省前郭尔罗斯，内蒙古科尔沁右翼前旗、翁牛特旗、克什克腾旗、科尔沁左翼后旗、科尔沁右翼中旗、巴林右旗、喀喇沁旗、宁城、扎鲁特旗、突泉、额尔古纳、奈曼旗、阿荣旗、阿鲁科尔沁旗、林西、新巴尔虎左旗、鄂温克旗、陈巴尔虎旗、莫旗、扎兰屯、多伦、东乌珠穆沁旗、西乌珠穆沁旗。
分布：中国（黑龙江、吉林、辽宁、内蒙古、河北、山西、甘肃、青海、山东、江苏、安徽、河南、湖北、江西、湖南、台湾），朝鲜半岛，日本，蒙古，俄罗斯；欧洲。
入药部位及药用价值：
根状茎（玉竹），性微寒，味甘，有养阴润燥、生津止渴的功能，主治肺胃阴伤、燥热咳嗽、咽干口渴、内热消渴。

95. 黄精 **Polygonatum sibiricum** Redoute

别名：鸡头黄精、黄鸡菜、笔管菜、鸡头参、西伯利亚黄精
生境：灌丛，林下，向阳山坡草地。
产地：黑龙江省龙江、泰来、杜尔伯特、肇东、肇州，吉林省镇赉、前郭尔罗斯，内蒙古额尔古纳、新巴尔虎左旗、新巴尔虎右旗、扎赉特旗、科尔沁右翼前旗、宁城、克什克腾旗、巴林右旗、翁牛特旗、科尔沁左翼后旗、奈曼旗、鄂温克旗、多伦。
分布：中国（黑龙江、吉林、辽宁、内蒙古、河北、山西、陕西、甘肃、宁夏、山东、安徽、浙江、河南），朝鲜半岛，蒙古，俄罗斯。
入药部位及药用价值：
根状茎（黄精），性平，味甘，有补气养阴、健脾、润肺、益肾的功能，主治脾胃虚弱、体倦乏力、口干食少、肺虚燥咳、精血不足、内热消渴。

96. 穿龙薯蓣 Dioscorea nipponica Makino

别名： 穿山龙、穿地龙、金刚骨、鸡骨头、常山

生境： 疏林下，林缘，灌丛。

产地： 内蒙古科尔沁右翼前旗、宁城、科尔沁左翼后旗、巴林左旗、巴林右旗、克什克腾旗、敖汉旗、喀喇沁旗、突泉。

分布： 中国（黑龙江、吉林、辽宁、内蒙古、河北、山西、陕西、宁夏、甘肃、青海、山东、安徽、浙江、江西、河南、四川），朝鲜半岛，日本，俄罗斯。

入药部位及药用价值：

根状茎（穿山龙），性温，味甘、苦，有祛风除湿、舒筋活血、止咳平喘、止痛的功能，主治风湿关节痛、腰腿酸痛、麻木、大骨节病、跌打损伤、咳嗽痰喘。

97. 射干 Belamcanda chinensis (L.) DC.

别名： 野萱花、扇子草、老鸦扇、铁扁担、交剪草

生境： 向阳山坡草地。

产地： 吉林省长岭、镇赉、大安，内蒙古扎鲁特旗、通辽、扎兰屯、阿荣旗、巴林左旗、巴林右旗、克什克腾旗、喀喇沁旗。

分布： 中国（吉林、辽宁、内蒙古、河北、山西、陕西、甘肃、山东、河南、安徽、江苏、浙江、福建、台湾、湖北、湖南、广东、广西、四川、贵州、云南、西藏），朝鲜半岛，日本，俄罗斯，印度，越南。

入药部位及药用价值：

根状茎（射干），性寒，味苦，有小毒，有清热解毒、利咽消痰的功能，主治咽喉肿痛、痰咳气喘。

98. 马蔺 Iris lactea Pall. var. chinensis (Fisch.) Koidz.

别名： 马兰、马莲

生境： 碱性草甸，低洼碱性湿地。

产地： 黑龙江省安达、肇东、大庆、齐齐哈尔、甘南、克东，吉林省洮南、长岭、前郭尔罗斯、通榆、大安、乾安、扶余，内蒙古翁牛特旗、科尔沁右翼前旗、额尔古纳、鄂温克旗、陈巴尔虎旗、新巴尔虎左旗、新巴尔虎右旗、莫旗、扎兰屯、扎鲁特旗、通辽、阿鲁科尔沁旗。

分布： 中国（黑龙江、吉林、辽宁、内蒙古、河北、山西、陕西、甘肃、宁夏、青海、新疆、河南、山东、江苏、安徽、浙江、湖北、湖南、四川、西藏），蒙古，朝鲜半岛，俄罗斯，印度，阿富汗。

入药部位及药用价值：

根（马蔺根），性平，味甘，有清热解毒的功能，主治急性咽喉肿痛、病毒性肝炎、痔疮、牙痛。

花（马蔺花），性微凉，味咸、酸、苦，有清热凉血、利尿消肿的功能，主治吐血、咯血、衄血、咽喉肿痛、小便淋痛，外用治痈疖疮疡、外伤出血。

种子（马蔺子），性平，味甘，有清热、利湿、止血解毒的功能，主治黄疸、泄泻、吐血、衄血、血崩、带下病、喉痹、痈肿、肿瘤。

99. 芦苇 Phragmites australis (Clav.) Trin.

别名：苇子草、芦柴、芦
生境：池沼，湖泊，沼泽。
产地：黑龙江省杜尔伯特、肇东、肇源、大庆、明水、安达、克东，吉林省长岭、前郭尔罗斯、大安、乾安、通榆、镇赉，内蒙古科尔沁右翼前旗、阿鲁科尔沁旗、额尔古纳、陈巴尔虎旗、新巴尔虎左旗、新巴尔虎右旗、鄂温克旗、莫旗、突泉、扎鲁特旗、通辽、开鲁、赤峰、翁牛特旗、林西、巴林右旗、多伦。
分布：中国（全国各地）；遍布世界温带地区。
入药部位及药用价值：
根状茎（芦根），性寒，味甘，有清热生津、除烦、止呕、利尿的功能，主治热病烦渴、胃热呕吐、肺热咳嗽、肺痈吐脓、热淋涩痛。

100. 菖蒲 Acorus calamus L.

别名：白菖蒲、水菖蒲、臭草、臭蒲、土菖蒲、泥菖蒲
生境：溪流旁，沼泽。
产地：吉林省前郭尔罗斯，内蒙古额尔古纳、科尔沁左翼后旗、鄂温克旗、阿荣旗、莫旗。
分布：中国（全国各地）；遍布北半球温带至热带地区。
入药部位及药用价值：
根状茎（白菖蒲），性温，味苦、辛，有化痰、开窍、健脾、利湿的功能，主治癫痫、惊悸健忘、神志不清、湿滞痞胀、泄泻痢疾、风湿疼痛、痈肿疥疮。

101. 东北天南星 Arisaema amurense Maxim.

别名：山苞米、天老星、大头参、长虫苞米、天南星、大天落星
生境：林缘，林下，灌丛，沟边，山坡草地。
产地：内蒙古科尔沁左翼后旗、宁城。
分布：中国（黑龙江、吉林、辽宁、内蒙古、河北、山西、陕西、宁夏、山东、河南），朝鲜半岛，日本，俄罗斯。
入药部位及药用价值：
块茎（天南星），性温，味苦、辛，有毒，有燥湿化痰、祛风止痉、散结消肿的功能，主治顽痰咳嗽、风疾眩晕、中风痰壅、口眼歪斜、半身不遂、癫痫、惊风、破伤风，生品治痈肿及蛇虫咬伤。

102. 黑三棱 Sparganium coreanum Levl.

别名：光三棱、三棱
生境：池沼，沼泽，水沟边。

产地：黑龙江省富裕、齐齐哈尔、讷河、甘南，吉林省扶余，内蒙古新巴尔虎左旗、新巴尔虎右旗、科尔沁右翼前旗、科尔沁右翼中旗、扎赉特旗、阿鲁科尔沁旗、巴林右旗、额尔古纳、科尔沁左翼后旗、鄂温克旗。

分布：中国（黑龙江、吉林、辽宁、内蒙古、河北、山西、陕西、甘肃、新疆、江苏、河南、湖北、江西、云南、西藏），朝鲜半岛，日本，俄罗斯，阿富汗；中亚。

入药部位及药用价值：

块茎（三棱），性平，味辛、苦，有破血、行气、消积、止痛的功能，主治血瘀气滞、腹部结块、肝脾肿大、经闭腹痛、食积胀痛。

103. 香蒲 Typha orientalis Presl.

别名：东方香蒲、水蜡烛、蒲黄、毛蜡烛

生境：池沼，沼泽。

产地：黑龙江省安达、齐齐哈尔、兰西、甘南、拜泉、克东，吉林省大安、扶余、农安、镇赉，内蒙古通辽、科尔沁左翼后旗、额尔古纳、鄂温克旗、阿荣旗、科尔沁右翼前旗、阿鲁科尔沁旗。

分布：中国（黑龙江、吉林、辽宁、内蒙古、河北、山西、陕西、甘肃、新疆、江苏、安徽、浙江、河南、江西、广东、云南、台湾），朝鲜半岛，日本，俄罗斯，菲律宾。

入药部位及药用价值：

花粉（蒲黄），性平，味甘，有止血、化瘀、通淋的功能，主治吐血、衄血、咯血、崩漏、外伤出血、经闭痛经、脘腹刺痛、跌打肿痛、血淋涩痛。

全草，主治小便不利、乳痛。

带部分嫩茎的根状茎（蒲根），性凉，味甘，有清热凉血、利水消肿的功能，主治、胎动下血、消渴、口疮、热痢、淋证、带下病、水肿、瘰疬。

果穗（蒲棒），性平，味甘、微辛。主治外伤出血。

104. 手掌参 Gymnadenia conopsea (L.) R. Br.

别名：佛手参、虎掌参

生境：草甸，灌丛，林下，林缘。

产地：内蒙古额尔古纳、根河、扎兰屯、鄂温克旗、扎赉特旗、科尔沁右翼前旗、克什克腾旗、宁城、巴林右旗、喀喇沁旗、陈巴尔虎旗、扎鲁特旗、阿鲁科尔沁旗。

分布：中国（黑龙江、吉林、辽宁、内蒙古、河北、山西、陕西、甘肃、四川、云南、西藏），朝鲜半岛，日本，蒙古，俄罗斯；欧洲。

入药部位及药用价值：

块茎（手参），性平，味甘，有滋阴、生津、止血的功能，主治久病体虚、肺虚咳嗽、失血、久泻、阳痿。

第六章　东北草地生态治理用植物资源

生态治理用植物资源包括防风固沙植物、盐碱化治理用植物和水土保持用植物。防风固沙植物一般生长在物理性干旱的生态环境，在固定沙丘、流动沙丘上形成的群落一般都属于旱生性群落，群落组成的优势种都具有适应干旱的形态特征和生理特征（贺山峰等，2007；Yu et al.，1998）。沙区现有植被可分为流动和半流动沙地先锋植被、固定或半固定沙地灌木、半灌木植被、固定沙地草本植被、沙质草甸植被和沙地森林植被（Zuo et al.，2008；蒋德明等，2003）。自然选择使沙生植物成为能在高温、干旱、贫瘠的沙漠环境中生存的物种（Zhang et al.，2018；贺学林和刘翠英，2007）。它们不仅在防风固沙、修复生态环境、维持沙漠环境中起重要作用，而且也是目前作物、林木、草坪抗逆育种的重要种质资源（吕林有等，2016；尚建力和刘春红，2010）。

盐碱化治理用植物多指一类具有较强抗盐抗碱能力，能够在高盐高碱性生境中生长并完成生活史的盐生植物（Flowers and Colmer，2015；李彬等，2005a）。中国有盐生植物 423 种，占世界盐生植物总数的 27% 左右（李彬等，2005a；Zhao et al.，2002）。许多盐生植物对盐碱土具有很好的改良效果，是重度盐碱化土壤改良的先锋植物。同时，盐生植物可广泛应用于食品、纺织、酿造、建筑、医药及化工等行业，具有一定的经济价值（李彬等，2005b）。因此，种植具有经济价值的盐生植物在改良盐碱化土壤的同时，还能获得可观的经济效益（李彬等，2005a；Zhao et al.，2002）。

水土保持用植物指能够生长在山顶、坡面、河岸上，能够起到防治水土流失功能的植物（Srivastava and Singh，2012；Sun and Baderihu，2012；郑科等，2003）。在水土保持三大措施（工程措施、生物措施和耕作措施）中，生物措施具有强大的防治水土流失的功能，并且与另外两种措施相比，治根治本，对地表的破坏程度也非常小（López-Vicente and Wu，2019；马进福，2018）。加之，植被不仅能有效防治水土流失、改善生态条件，而且是农林牧副业生产的可再生资源，是生态系统的生产者（Han et al.，2018；Wu et al.，2016）。因此，水土保持用植物资源的应用在改善生态环境甚至促进农牧民增收致富方面可发挥重要的作用（郑科等，2003）。

第一节　生态治理用植物的组成

东北草地共有可用于生态保护与治理的植物 172 种，隶属于 39 科 82 属（表 6-1）。其中裸子植物 5 种，隶属于 2 科 3 属；双子叶植物 153 种，隶属于 35 科 65 属；单子叶植物 14 种，隶属于 2 科 14 属。

对东北草地生态治理用植物的科进行统计（表 6-2），结果表明，物种数 20 种及以上的科为蔷薇科、杨柳科和豆科，分别含 27 种、24 种和 22 种，分别占生态治理用植物总物种数的 15.70%、13.95% 和 12.79%，含 10～19 种的科为禾本科和藜科，都为 12 种，均占生态治理用植物总物种数的 6.98%，其他科所含物种数均少于 10 种。

表 6-1　东北草地生态环境建设用植物组成

类型		科		属		种	
		数量	占比（%）	数量	占比（%）	数量	占比（%）
裸子植物		2	5.13	3	3.66	5	2.91
被子植物	双子叶植物	35	89.74	65	79.27	153	88.95
	单子叶植物	2	5.13	14	17.07	14	8.14
合计		39	100	82	100	172	100

表 6-2　东北草地生态治理用植物科组成

科名	种数（种）	占比（%）
蔷薇科 Rosaceae	27	15.70
杨柳科 Salicaceae	24	13.95
豆科 Leguminosae	22	12.79
禾本科 Gramineae	12	6.98
藜科 Chenopodiaceae	12	6.98
桦木科 Betulaceae	7	4.07
鼠李科 Rhamnaceae	6	3.49
菊科 Compositae	5	2.91
榆科 Ulmaceae	5	2.91
白花丹科 Plumbaginaceae	4	2.33
松科 Pinaceae	4	2.33
卫矛科 Celastraceae	4	2.33
杜鹃花科 Ericaceae	3	1.74
木犀科 Oleaceae	3	1.74
槭树科 Aceraceae	3	1.74
忍冬科 Caprifoliaceae	3	1.74
桑科 Moraceae	3	1.74
柽柳科 Tamaricaceae	2	1.16
萝藦科 Asclepiadaceae	2	1.16
鸢尾科 Iridaceae	2	1.16
报春花科 Primulaceae	1	0.58
大戟科 Euphorbiaceae	1	0.58
椴树科 Tiliaceae	1	0.58
胡桃科 Juglandaceae	1	0.58
胡颓子科 Elaeagnaceae	1	0.58
蒺藜科 Zygophyllaceae	1	0.58
夹竹桃科 Apocynaceae	1	0.58
壳斗科 Fagaceae	1	0.58
蓼科 Polygonaceae	1	0.58
柳叶菜科 Onagraceae	1	0.58

续表

科名	种数（种）	占比（%）
麻黄科 Ephedraceae	1	0.58
毛茛科 Ranunculaceae	1	0.58
葡萄科 Vitaceae	1	0.58
茜草科 Rubiaceae	1	0.58
茄科 Solanaceae	1	0.58
山茱萸科 Cornaceae	1	0.58
芍药科 Paeoniaceae	1	0.58
无患子科 Sapindaceae	1	0.58
玄参科 Scrophulariaceae	1	0.58
合计	172	100

第二节　生态治理用植物的适应策略与作用机理

一、防风固沙植物

东北沙化草地主要分布在科尔沁沙地和呼伦贝尔沙地。尽管沙地自然条件比较恶劣，大量植物的生长和繁衍遇到困难，但在长期演替、选择和环境适应过程中，在局部小范围地形、土壤和水分等有利于植物生长的条件下，形成了比较丰富的植物资源，它们有规律地分布在一定的沙地环境中，并一直持续着对沙地环境及其变化的适应，这种适应其实就是自然选择的过程（周瑞莲等，2015；Yu et al.，1998），在此过程中，植物也形成了对各种沙地环境的适应方式和途径，其中干旱和沙土流动性是影响植物最普遍、最深刻的因素。

（一）对沙土流动性的适应特征

植物对流沙的适应性体现在：①种子含胶质或有较大的密度，与流沙紧密接触，利于种子萌芽，如盐蒿（*Artemisia halodendron*）（Zhang et al.，2018；尹航等，2006）；②在被沙埋的基干和枝条上，有形成不定根的能力，如黄柳（*Salix gordejevii*）等（刘玉山等，2017）；③在受风蚀的根上，具有形成不定芽的能力（尹航等，2006）；④植物基部包裹一层厚纤维鞘，后茎基部加大木质化以增强抗性（任美霖等，2017）；⑤植物沙埋后，有形成根状茎的能力，如芦苇（*Phragmites australis*）（杨国柱等，1994）；⑥通过幼苗枝条的迅速生长，减轻沙埋、沙割和风蚀危害，如山竹岩黄耆（*Hedysarum fruticosum*）；⑦具丛生性，可通过不断分蘖进行扩张，如小叶锦鸡儿等（*Caragana microphylla*）（曹成有等，2004）。

（二）对干旱、贫瘠适应的形态结构特征

植物对干旱、贫瘠适应的形态特征表现在：①根系发达，通过强大的根系来增加水分、养分的吸收；②苗期主根迅速向下延伸，以摆脱干沙层的威胁；③叶片强烈退化，

或枝条稀疏,以减少蒸腾面积;④机械组织发达(周瑞莲等,2015;张兵,2012)。

植物对干旱、贫瘠适应的旱生结构表现在:①表皮外壁强烈加厚,形成角质层、蜡层、油脂等;②具有特殊气孔结构(如下陷至表皮以下),以减少蒸腾;③覆被白色绒毛;④枝干上形成刺(周瑞莲等,2015;Zhang et al.,2013)。

(三)对干旱、贫瘠适应的生理特征

植物对干旱、贫瘠适应的生理特征表现在:①高渗透压,增加植物吸水力;②束缚水含量高,增加植物抗脱水能力;③萎蔫时对体内水分消耗有较大的抵抗力(周瑞莲等,2015)。

这些适应性状主要能够帮助植物充分而有效地利用沙质环境中的水分、营养物质和能量,以及防御某些不良因素的危害。自然界的这些适应现象是非常巧妙和合理的,有效保证了植物的生存和发展。沙生植物或旱生植物一般或多或少有上述特征,但不能苛求每种沙生植物或旱生植物都具备全部上述特征。防风固沙植物种类众多,生态功能也各有不同。由于不同地区的气候类型、土壤基质和沙害类型各异,单一种类的植物往往难以满足防风固沙的所有需求,因此为发挥防风固沙植物的功效,应针对不同的环境条件,选择多种类型植物相互配置,以达到更好的防风固沙效果。

二、盐碱化治理用植物

土地盐碱化是指在特定气候、水文、地质等自然因素综合作用下,以及人为引水灌溉不当的情况下,引起的土壤盐化与碱化的过程(高倩和卢楠,2021;Chen et al.,2015;李彬等,2005b)。当土壤中含盐量过高时,土壤的渗透压会大大升高,植物与土壤之间的水分平衡被破坏,即使土壤本身不缺水,植物也难以有效吸收水分,最后导致植物干渴而死。土壤盐碱化改变了土地原有的物理和生物学特性,恶化土壤,使土壤中众多微生物难以正常生活。另外,土壤中含有钠离子,会导致各土壤粒径高度分散,土粒干硬湿黏,影响植物根系的呼吸和对养分的有效吸收,抑制土壤微生物正常活动(焦德志和赵泽龙,2019)。

盐生植物是在盐渍土上生长的一种天然植物。它们在长期进化过程中,已经形成一系列适应盐生环境的特殊生存策略,对盐渍土中盐分、养分的分布产生一定影响。在许多盐渍土壤处理措施中,一般认为生物措施是最绿色经济和最有效的方法,因此耐盐盐生植物通常被用作改良盐渍土壤的优先物种(付丽等,2021;Zhao et al.,2002)。

(一)盐碱胁迫对植物的影响

生长在盐碱化土壤上的植物受到盐碱胁迫,会使种子萌发率显著下降,导致植物种子出苗率低;在植物生长过程中,植物光合作用、生理代谢会受到盐碱胁迫的影响,促进或抑制植物呼吸作用,导致植物生长期代谢紊乱,出现植株萎蔫或死亡的现象;pH的提高会严重损害植物根系,降低根系活力,影响根系结构和功能。在盐碱胁迫下,Na^+、HCO_3^- 和 pH 会对植物基因表达造成影响,基于不同的盐碱效应,形成不同的基因表达

（许盼云等，2020；楚乐乐等，2019；Flowers and Colmer，2015）。

（二）盐碱胁迫下的植物形态变化

植物为适应盐碱胁迫，其根、茎、叶等器官都会发生相应的形态变化，具体表现为：植物叶片增加表皮细胞、叶肉细胞厚度，增加海绵细胞长度和直径，以增强耐碱性；植物根形态结构增厚，以阻止 Na^+ 在侧根和植物新叶中积累；植物侧根的形成和非向地性生长等（植物形态变化对其耐碱能力有着非常重要的作用）（楚乐乐等，2019；Flowers and Colmer，2015）。

（三）盐生植物对环境的生理适应

盐生植物对盐度的适应性分为避盐性和耐盐性，其中避盐性包括泌盐、稀盐和拒盐，耐盐性包括多种生理、生化和分子适应机制。泌盐植物的叶片一般都有盐腺或盐囊泡，植物通过盐腺或盐囊泡排出过多的可溶性离子，如柽柳属植物、补血草属的二色补血草等。拒盐植物适应盐碱环境的方式是阻止外界的盐进入植物体内，或者在外界的盐进入植物体内后植物将盐离子积累在薄壁液泡和根部木质部薄壁组织中，以防止盐进入植物代谢最活跃的地上部分，如芦苇、星星草等（付丽等，2021；许盼云等，2020）。耐盐性是指盐生植物对盐的耐受性，主要包括对渗透胁迫、离子胁迫的耐受性。植物通过渗透物质的合成、细胞信号转导和离子选择性转运来响应渗透胁迫和离子毒性。耐盐性生理机制包括渗透调节、内源激素响应、离子的区域化与 pH 的调节、抗氧化防御调节、代谢途径的转化、信号转导和抗盐碱基因等，植物通过这些机制将盐离子积累在叶片肉质化组织及绿色组织的液泡中或肉质化茎中，如碱蓬属和猪毛菜属的植物（付丽等，2021；许盼云等，2020）。

盐生植物对盐碱地生态环境的影响是通过生理功能和根系渗透等物理机械效应来改善土壤结构、增加地表覆盖度、增强盐淋洗作用实现的，盐生植物通过自身的盐吸收和盐分泌达到降低土壤含盐量的效果。

三、水土保持用植物

水土保持是防治水土流失，保护、改良和合理利用水土资源，维护和提高土地生产力，以利于充分发挥水土资源的经济效益和社会效益，建立良好生态环境的综合措施。在当前水土流失治理工作中，生物措施一直倍受水土保持工作者的重视（Han et al.，2018；马海霞和王柳英，2007；郑科等，2003）。

一般认为，理想的水土保持生物措施应具有明显的水土保持效益和经济效益，所以对水土保持生物物种的选择十分重要。首先，水土保持植物应具有明显的水土保持效益。一般要求植株成活率高，耐贫瘠，抗逆再生长能力强，生长速度快，地上部分郁闭度大，通过截流降雨，减少表层结皮，以及增加枯枝落叶层的水分蓄积而削弱径流，延长水分入渗时间，达到减少土壤侵蚀的目的。其次，水土保持植被还应具有明显的经济效益，即水土保持要与区域经济发展相结合（Wu et al.，2016；程冬兵和刘士余，2003）。

植被对水土保持的作用主要包括植被冠层对降雨的截留及对降雨侵蚀动能的缓冲，地表枯枝落叶层的水土保持作用和地下根系提高土壤抗冲性等（马海霞和王柳英，2007）。

（一）植被冠层水土保持机制

植被冠层主要是通过截留降雨、减少地表击溅以达到减少侵蚀的目的。乔木、灌木植被通过两种途径减弱降雨能量：一是林冠层截留降雨减弱了降雨势能；二是林冠降低雨滴速度减弱了降雨动能。林冠削减的降雨动能为降雨总动能的17%～40%，灌木草本层削减的降雨动能为降雨总动能的44%（Xiong et al.，2018；马海霞和王柳英，2007）。与乔木和灌木相比，草本植被与土壤侵蚀关系最大的不是截留量，而是减少雨滴动能和溅蚀量，通常情况下土壤流失量随植被覆盖度的增加而呈指数下降。采用模拟降雨实验对草被拦蓄径流效益和减少泥沙效益的分析显示，草被盖度达90%时，拦蓄径流效益达90%以上，基本上无侵蚀发生（Xiong et al.，2018；马海霞和王柳英，2007）。

（二）枯枝落叶层水土保持机制

凋落物具有蓄水固土作用。枯枝落叶层可以防止雨滴直接击溅地表造成土壤侵蚀。枯枝落叶层不仅可削减降雨总动能的9%，而且可将透过林冠层、灌木草本层的降雨动能全部削弱。枯枝落叶层还具有很高的透水性和水容量。枯枝落叶层通过吸收雨水而截留部分降水，其截留量相当于其自身质量的1.7～3.5倍，相当于2～3mm降水。当林地凋落物吸水饱和后，多余的降水通过枯枝落叶层渗入土壤中变为地下水，因而可以大大减少地表径流。由于凋落物增加了地表的粗糙度，延迟了降水汇流时间，进而降低了径流流速（Xiong et al.，2018；马海霞和王柳英，2007）。

凋落物有抑制蒸发的作用。凋落物是热的不良导体，会使土壤散热较慢，同时土壤蒸发散失的水汽受到凋落物层的阻滞，向大气逸散较慢，从而使林地蒸发减少（Xiong et al.，2018；马海霞和王柳英，2007）。

凋落物可以改良土壤结构，增加水分入渗。土壤渗透量不取决于林分的表象或林分密度，而取决于林内凋落物性质和土壤表层腐殖质层的厚度。在大量凋落物存在的林地中，土壤具有容重低、孔隙度高、水分入渗快的特点，这种入渗特性表现出强大的调节降水、涵养水源的功能（Xiong et al.，2018；马海霞和王柳英，2007）。

（三）植被根系水土保持机理

植物根系可以提高土壤的抗冲性和渗透性。土壤抗冲性是指土壤抵抗径流分散和悬浮的能力。土壤抗冲性的增强主要取决于植物根系的缠绕和固结作用。植被根系可以增加土壤有机质含量，增大非毛管孔隙度，提高大于0.25mm的水稳性团聚体含量，以及增大土壤稳渗率、土壤崩解率、土壤抗冲性、抗蚀性等，对土壤理化性质的改良也有利于防止水土流失（Xiong et al.，2018；马海霞和王柳英，2007）。

植物根系可以提高土体抗剪切力强度。当土壤受剪切力产生滑动时，植物根系就会通过根系与土壤之间的摩擦力和根系与土壤之间的胶合力来阻止土体滑动，从而提高土壤的抗剪切力强度（Xiong et al.，2018；马海霞和王柳英，2007）。

第三节　生态治理用植物资源利用现状与前景

一、利用现状

随着时间的推移，用于防风固沙、盐碱化治理和水土保持的植物暴露出许多新问题，如植物生长衰退、天然更新困难等。随着恢复生态学、景观生态学、生态水文学等概念的提出和被广泛接受，在生态环境治理中会更多根据植物的演替规律、形态特征、生物学特性、生态适应性特征，合理利用植物资源，配置乔灌草植物种及其比例，建设综合的风沙防护、盐碱地治理和水土保持体系，保证生态环境治理工程长期有效。

东北地区沙地先锋植物和演替后期植物被大量用于风沙防护和荒漠化整治模式构建。在东北草地防风固沙实践中，人们根据流沙危害的特点、不同植物生长和演替规律与适地适树原则，选取先锋植物盐蒿、披碱草（*Elymus dahuricus*）、草木犀（*Melilotus suaveolens*）和黄柳等，以及演替后期植物小叶锦鸡儿、柠条锦鸡儿（*Caragana korshinskii*）和樟子松（*Pinus sylvestris* var. *mongolica*）等在不同地段建立不同层次防护体系。例如，首先，利用盐蒿、披碱草、草木犀和黄柳等植物，配置前沿阻固带、边缘固沙草灌带和防风阻沙林带；其次，为削减地表风速、防止风蚀起沙，利用小叶锦鸡儿、柠条锦鸡儿建立耐干旱、抗沙埋的草灌带；再次，为继续削减越过草灌带的风沙流速度，进一步减轻风沙灾害，利用柠条锦鸡儿和樟子松等建立防风阻沙林带。该防护模式可以有效治理沙害并取得了显著成果，为公路交通、铁路交通、人居安全和草地农田提供了有效的沙害治理技术模式（乔伟光等，2013；Yue et al.，2005；蒋德明等，2003）。

在荒漠化整治模式方面，蒋德明等（2002）利用乡土植物资源，构建了人工固沙植被建设模式，即人工植被在宏观上表现为疏林草原景观。以灌木和半灌木为主、乔木为辅，在地下水位不低于 4～5m 的丘间低地栽植樟子松，在地下水位低于 4～5m 的丘间低地栽种小叶锦鸡儿或木岩黄耆（*Hedysarum fruticosum* var. *lignosum*），在沙丘背风坡坡脚栽植黄柳，在沙丘迎风坡建立盐蒿和小叶锦鸡儿植被，植被建立顺序是先在沙丘迎风坡栽种盐蒿、在背风坡坡脚栽植黄柳，然后建立小叶锦鸡儿和樟子松植被的模式，取得了良好的生态效益。

具有避盐性和耐盐性的植物被广泛应用于盐碱化土地治理的研究和生产实践中。小叶杨（*Populus simonii*）、榆（*Ulmus pumila*）、沙枣（*Elaeagnus angustifolia*）、旱柳（*Salix matsudana*）、紫穗槐（*Amorpha fruticosa*）、柽柳（*Tamarix chinensis*）、芦苇、碱蓬（*Suaeda glauca*）和星星草（*Puccinellia tenuiflora*）等具有较强的耐盐碱能力，可用于碱化草甸土、盐化草甸土和盐碱土的改良（付丽等，2021；蒋德明等，1997）。碱地乔、灌防护林网不仅可以通过扩大地表植被覆盖度，改善小气候环境，降低土壤和空气间的水热交换速率，减小地表积盐的动力，达到降低土壤盐碱积聚的效果，还可以通过植物根系吸收土壤水分，降低地下水水位，减少土壤次生盐碱化。通过在不同盐碱化程度的土地上种植耐盐碱植物（如羊草、草木犀、紫花苜蓿等）吸收土壤中的盐碱成分，阻止盐分积累在土壤表层，实现对盐碱化土壤的有效修复。保护野生盐生植物，如芦苇、碱蓬、星星草等，通过增加土壤植被覆盖率、减少土壤中水分蒸发的手段，从根本上改善盐碱地。

水土保持用植物应用范围更加宽泛，可用于建造道路防护林、水土保持林、草地防护林等。造林乔木树种可选用油松、樟子松、侧柏、刺槐、小叶杨、旱柳、榆树、山杏、沙枣、山桃等，灌木树种可选用柠条锦鸡儿、紫穗槐、柽柳、沙棘和胡枝子等（王崇山等，2004；郑科等，2003）。在水土保持实践过程中，通过种间生态位互补以及空间互补、时间交替，达到充分利用自然资源，在同等物质与能量输入的情况下，得到更多的物质以及更多样的产品和良好的水土保持效益。为加速植被的演化过程，按照比例种植草、灌、乔，使自然资源得到充分的发挥，使环境与经济效益之间达到一种平衡，在不影响环境的前提下，人们获得丰富的经济效益。人们在实践中总结的配置模式是在山顶栽植草灌，在山坡上种植经济林，在山腰上建造农田，在山下植树造林，通过对整个山林的合理分配，既优化了资源配置，又充分利用了地形优势，获得资源的最大效益。

二、开发利用前景

党的十八大召开以来，我国生态文明建设步伐日益加速，国家和地方各类生态治理工程比比皆是。数十年来，随着生态恢复实践和理论研究的深入，人们越来越多地认识到"近自然"生态恢复的重要性，其中极其重要的理念就是在生态恢复过程中应以乡土植物为主导。我国新一轮三北防护林建设、北方防沙带生态治理、京津风沙源治理等生态屏障建设重大工程、山水林田湖草沙一体化保护与修复系列工程，都需要大量使用具有防风固沙效能的乡土植物；加强大江大河生态功能区治理，推进小流域综合治理，也需要大量使用具有水土保持功能的野生植物；防范和防除外来入侵植物的一个重要方式就是利用具有经济价值的乡土植物进行生态替代；盐碱地治理也要依赖耐盐碱乡土植物。因此，生态治理用植物资源开发利用前景广阔。

东北草地用于防风固沙、盐碱化治理和水土保持用植物资源丰富，然而，本书统计的1293种植物，已用于生态治理的植物仅占13.23%。因此，野生植物资源开发利用潜力巨大。当前，东北草地退化、沙化、盐碱化和水土流失形势严峻，亟待大力开发野生乡土植物资源，促进生态治理成功实施。

第四节　常见生态治理用植物

一、防风固沙植物

1. 樟子松 Pinus sylvestris L. var. mongolica Litv.

别名：海拉尔松
生境：山脊，向阳山坡，较干旱的沙地及石砾沙土地。
产地：内蒙古根河、额尔古纳、鄂温克旗、新巴尔虎左旗。
分布：中国（黑龙江、内蒙古），蒙古。

生物学特性：能耐–50～–40℃低温，耐旱性和抗旱性强，根系非常发达。适应性强，在风积沙土、砾质粗沙土、沙壤、黑钙土、栗钙土、白浆土上都能生长。

用途：庭园观赏及绿化，营造农田防护林、草场防护林。

2. 黄柳 Salix gordejevii Y. L. Chang et Skv.

别名：小黄柳

生境：沙丘。

产地：黑龙江省杜尔伯特，吉林省扶余，内蒙古新巴尔虎右旗、新巴尔虎左旗、克什克腾旗、科尔沁左翼后旗、巴林右旗、翁牛特旗、库伦旗、奈曼旗、正蓝旗。

分布：中国（黑龙江、吉林、辽宁、内蒙古、陕西、青海、宁夏），蒙古。

生物学特性：耐沙埋，沙埋后生长大量不定根，沙埋后植株也迅速生长，生长速度达 1.5～2.0m/a。耐寒、耐高温，能忍耐–40℃低温和60℃高温。耐风蚀，风蚀裸露部分会长出枝叶，风蚀后还会生长不定芽。

用途：营造流动沙丘防风障、固沙障和固沙林。

3. 柠条锦鸡儿 Caragana korshinskii Kom.

别名：柠条、白柠条、毛条

生境：沙地。

产地：内蒙古克什克腾旗、多伦、东乌珠穆沁旗、西乌珠穆沁旗、正镶白旗、正蓝旗。

分布：中国（内蒙古、宁夏、甘肃）。

生物学特性：根系十分发达，地下根量大于地上无性繁殖萌蘖力很强、具有发达根茎的生物量，根深大于株高，根幅大于冠幅，可萌发大量的枝条。柠条锦鸡儿的茎被沙埋后也可产生不定根和不定芽，萌发新枝条，有性繁殖能力也很强。

用途：营造流动沙丘防风障、固沙障、固沙林。

4. 小叶锦鸡儿 Caragana microphylla Lam.

别名：雪里洼

生境：沙质草地，固定沙丘，干山坡，草甸草原。

产地：吉林省大安，内蒙古扎鲁特旗、翁牛特旗、赤峰、通辽、克什克腾旗、陈巴尔虎旗、鄂温克旗、新巴尔虎左旗、新巴尔虎右旗、科尔沁右翼中旗、突泉、奈曼旗、锡林浩特、东乌珠穆沁旗、西乌珠穆沁旗、苏尼特左旗、镶黄旗、正镶白旗、正蓝旗、阿巴嘎旗。

分布：中国（吉林、辽宁、内蒙古、河北、陕西、甘肃），蒙古，俄罗斯。

生物学特性：耐寒、耐高温，夏季能忍耐55℃地温，喜光，不耐庇荫，极耐干旱贫瘠，在丘陵岩石山地，丘间地，以及固定、半固定沙丘上均能生长。根系发达，主根穿透力强，侧根发达，远超出冠幅，枝条萌芽力强。

用途：营造流动沙丘防风障、固沙障、固沙林。

5. 山竹岩黄耆 Hedysarum fruticosum Pall. var. mongolicum Turcz.

别名： 山竹子

生境： 半固定沙丘，固定沙丘，沙质草地。

产地： 内蒙古克什克腾旗、新巴尔虎左旗、新巴尔虎右旗、科尔沁左翼后旗、科尔沁右翼中旗、多伦、东乌珠穆沁旗。

分布： 中国（辽宁、内蒙古），蒙古。

生物学特性： 自然繁殖能力强，多从根际萌枝，多侧根根蘖，靠近地面向外扩展，积沙后能生不定根蔓延繁生，覆盖沙面，自然形成较大的灌丛堆。根系有根瘤，可以改良土壤。

用途： 营造流动沙丘防风障、固沙障、固沙林。

6. 草麻黄 Ephedra sinica Stapf

别名： 麻黄、华麻黄

生境： 山坡，干燥荒地，草原，沙丘，海边沙地。

产地： 吉林省通榆、前郭尔罗斯，内蒙古新巴尔虎右旗、科尔沁右翼前旗、扎鲁特旗、翁牛特旗、赤峰、科尔沁左翼中旗、科尔沁左翼后旗、科尔沁右翼中旗、库伦旗、奈曼旗、阿鲁科尔沁旗、锡林浩特、东乌珠穆沁旗、正镶白旗。

分布： 中国（吉林、辽宁、内蒙古、河北、山西、陕西、河南），蒙古。

生物学特性： 喜凉爽较干燥气候，耐严寒，对土壤要求不严格，砂质壤土、砂土、壤土均可生长，低洼地和排水不良的黏土不宜栽培。用种子及分株繁殖。

用途： 营造固定沙丘固沙障。

7. 乌丹蒿 Artemisia wudanica Liou et W. Wang

别名： 大头蒿、圆头蒿

生境： 流动沙丘，半固定沙丘。

产地： 黑龙江省泰来，内蒙古翁牛特旗、克什克腾旗。

分布： 中国（黑龙江、内蒙古、河北）。

生物学特性： 根状茎木质，具多数营养枝。茎部有纤维群等厚壁组织，不易折断。极耐沙埋，越埋生长越旺。主根深、长而粗壮。易生不定根，耐旱性强、抗风、固沙性能好，是固沙的先锋植物。

用途： 营造流动沙丘固沙障。

8. 斜茎黄耆 Astragalus adsurgens Pall.

别名： 直立黄芪

生境： 灌丛，林缘，向阳山坡，碱性草地。

产地： 黑龙江省肇东、肇源、大庆、克山、安达、杜尔伯特、兰西、青冈、明水、林甸、泰来、齐齐哈尔、龙江、甘南、富裕、依安，吉林省前郭尔罗斯、洮南、通榆、镇赉、大安、乾安，内蒙古额尔古纳、翁牛特旗、扎鲁特旗、赤峰、陈巴尔虎旗、鄂温克旗、新巴尔虎左旗、新巴尔虎右旗、扎兰屯、阿荣旗、莫旗、科尔沁左翼中旗、科尔沁右翼中旗、突泉、通辽、开鲁、巴林左旗、巴林右旗、克什克腾旗、阿鲁科尔沁旗、敖汉旗、喀喇沁旗、多伦、霍林郭勒、锡林浩特、二连浩特、东乌珠穆沁旗、西乌珠穆沁旗、苏尼特左旗、苏尼特右旗、正蓝旗、镶黄旗、正镶白旗、阿巴嘎旗。

分布：中国（黑龙江、吉林、辽宁、内蒙古、河北、山西、陕西、甘肃、河南、四川、云南），朝鲜半岛，日本，蒙古，俄罗斯。

生物学特性：具有很强的抗逆性和抗沙能力，在风沙吹打下仍能生长良好，茎叶强壮，被风沙吹打后即使被损伤或被风沙浅埋数日或被大风吹出部分根裸露于地面，都能继续生长。生长在贫瘠干燥、退化草地上的斜茎黄耆，在 70 天无雨的情况下仍能生长良好。

用途：营造草地、农田固沙障。

9. 烛台虫实 Corispermum candelabrum Iljin

生境：沙地，河边沙滩。
产地：内蒙古翁牛特旗、赤峰、科尔沁右翼中旗、新巴尔虎左旗。
分布：中国（黑龙江、辽宁、内蒙古、河北）。
生物学特性：耐旱，耐瘠薄，抗风蚀，耐沙埋，为固沙先锋植物。
用途：营造流动沙丘固沙障。

10. 沙蓬 Agriophyllum squarrosum (L.) Moq.

别名：沙米
生境：石砾质山坡，沙质草原。
产地：黑龙江省齐齐哈尔，内蒙古陈巴尔虎旗、新巴尔虎左旗、新巴尔虎右旗、科尔沁左翼中旗、库伦旗、扎鲁特旗、奈曼旗、巴林左旗、巴林右旗、阿鲁科尔沁旗、敖汉旗、翁牛特旗、多伦。
分布：中国（黑龙江、辽宁、内蒙古、河北、河南、山西、陕西、宁夏、青海、新疆、西藏），蒙古，俄罗斯；中亚。
生物学特性：沙蓬因其独特的生理生态特性，在流动沙丘上容易定居、生长快，集中连片分布，其覆盖度达到 70%以上就能控制风沙流活动，固定流动沙丘，防止风蚀。即使在冬季，死亡的沙蓬株也能够防止风蚀，达到积沙的效果。
用途：营造固沙障。

11. 雾冰藜 Bassia dasyphylla (Fisch. et C. A. Mey.) O. Kuntze

别名：星状刺果藜、雾冰草
生境：盐碱地，沙丘，沙质草地，河滩。
产地：吉林省通榆，内蒙古科尔沁左翼后旗、科尔沁右翼中旗、翁牛特旗、阿鲁科尔沁旗、巴林右旗、克什克腾旗、赤峰、新巴尔虎左旗、新巴尔虎右旗、库伦旗、扎鲁特旗、奈曼旗、多伦、锡林郭勒、苏尼特左旗、正蓝旗、阿巴嘎旗。

分布：中国（吉林、辽宁、内蒙古、山东、河北、山西、陕西、甘肃、青海、新疆、西藏），蒙古；中亚。

生物学特性：耐旱，耐瘠薄，抗风蚀，喜沙埋，结实丰富。

用途：营造固沙障。

12. 刺沙蓬 Salsola ruthenica Iljin

别名：刺蓬

生境：石砾质山坡，沙质草原。

产地：黑龙江省安达、肇东、齐齐哈尔，吉林省通榆、大安，内蒙古新巴尔虎右旗、新巴尔虎左旗、根河、科尔沁右翼中旗、赤峰、巴林右旗、翁牛特旗、科尔沁左翼后旗。

分布：中国（黑龙江、吉林、辽宁、内蒙古、河北、山西、陕西、甘肃、青海、新疆、山东、江苏、西藏），朝鲜半岛，蒙古，俄罗斯，土耳其；中亚，欧洲。

生物学特性：耐旱，耐盐碱，耐瘠薄，抗风蚀。

用途：营造固定沙丘固沙障。

13. 地梢瓜 Cynanchum thesioides K. Schum.

别名：老瓜瓢、细叶白前、女青、地梢花

生境：沙质草地，路旁。

产地：黑龙江省肇东、泰来、大庆、安达、林甸、杜尔伯特、肇州、齐齐哈尔、富裕、龙江，吉林省长岭、洮南、通榆、大安、乾安、前郭尔罗斯、扶余、镇赉、白城，内蒙古新巴尔虎右旗、新巴尔虎左旗、扎鲁特旗、赤峰、巴林右旗、宁城、科尔沁右翼前旗、科尔沁右翼中旗、扎赉特旗、乌兰浩特、科尔沁左翼中旗、科尔沁左翼后旗、陈巴尔虎旗、鄂温克旗、扎兰屯、阿荣旗、莫旗、突泉、库伦旗、通辽、奈曼旗、阿鲁科尔沁旗、克什克腾旗、翁牛特旗、敖汉旗、多伦、霍林郭勒、锡林浩特、东乌珠穆沁旗、西乌珠穆沁旗、苏尼特左旗、正蓝旗、阿巴嘎旗。

分布：中国（黑龙江、吉林、辽宁、内蒙古、河北、山西、陕西、甘肃、宁夏、青海、新疆、江苏），朝鲜半岛，蒙古，俄罗斯。

生物学特性：耐旱，耐瘠薄，抗风蚀，种子传播远，为固沙先锋植物。

用途：营造固定沙丘固沙障。

14. 柳穿鱼 Linaria vulgaris Mill. var. sinensis Bebeaux

别名：小金鱼草

生境：山坡草地，河边石砾地，耕地旁，路旁，草原，固定沙丘。

产地：黑龙江省杜尔伯特、齐齐哈尔、青冈、富裕，吉林省洮南、白城、大安，内蒙古鄂温克旗、额尔古纳、根河、科尔沁左翼中旗、科尔沁右翼前旗、科尔沁右翼中旗、扎鲁特旗、奈曼旗、扎赉特旗、翁牛特旗、乌兰浩特、敖汉旗、科尔沁左翼后旗、阿鲁科尔沁旗、巴林左旗、巴林右旗、宁城、陈巴尔虎旗、新巴尔虎左旗、新巴尔虎右旗、扎兰屯、莫旗、克什克腾旗、多伦、霍林郭勒、东乌珠穆沁旗、西乌珠穆沁旗、

阿巴嘎旗。

分布：中国（黑龙江、吉林、辽宁、内蒙古、河北、山西、陕西、甘肃、山东、江苏、河南）。

生物学特性：喜光，较耐寒，不耐酷热，宜植于中等肥沃、适当湿润而又排水良好的土壤。

用途：营造固定沙丘固沙障。

15. 断穗狗尾草 Setaria arenaria Kitag.

生境：山坡草地，路旁沙质地。

产地：内蒙古额尔古纳、根河、赤峰、扎兰屯、科尔沁右翼前旗、科尔沁左翼后旗、翁牛特旗、科尔沁右翼中旗、阿鲁科尔沁旗、多伦、锡林浩特。

分布：中国（内蒙古、山西）。

生物学特性：耐旱，耐瘠薄，抗风蚀，耐沙埋。

用途：营造固定沙丘固沙障。

二、土壤盐碱化治理用植物

1. 榆树 Ulmus pumila L.

别名：榆、白榆、家榆、钻天榆、钱榆、长叶家榆

生境：沙地，河边，路旁，人家附近，常有栽培。

产地：吉林省长岭、前郭尔罗斯、通榆，内蒙古科尔沁右翼前旗、通辽、新巴尔虎右旗、鄂温克旗、科尔沁左翼后旗、扎鲁特旗、奈曼旗。

分布：中国（黑龙江、吉林、辽宁、内蒙古、河北、山西、西北、西南），朝鲜半岛，蒙古，俄罗斯。

生物学特性：喜光，树冠庞大，耐寒性强，能忍受−40℃低温，耐旱性强，在年降水量 200mm 以下的荒漠区能生长，喜湿润、深厚、肥沃的土壤，耐贫瘠。

用途：营造盐碱地防护林网和速生用材林。

2. 旱柳 Salix matsudana Koidz.

别名：柳树、河柳、江柳、立柳、直柳

生境：水边，沟旁，河滩，路旁。

产地：黑龙江省泰来，吉林省前郭尔罗斯，内蒙古扎兰屯、额尔古纳、新巴尔虎左旗、扎鲁特旗。

分布：中国（黑龙江、吉林、辽宁、内蒙古、河北、山西、陕西、甘肃、宁夏、青海、新疆、山东、江苏、安徽、浙江、河南、湖北、江西、广东、广西、四川、云南），朝鲜半岛，日本。

生物学特性：耐寒，喜光，喜湿润，不耐庇荫。在含盐量 0.3%的轻度盐碱地上生长。深根树种，侧根庞大、发达，枝干韧性大，不易风折。

用途：营造盐碱地防护林网和速生用材林。

3. 柽柳 Tamarix chinensis Lour.

别名： 西河柳、山川柳、三春柳

生境： 盐碱地，海边。

产地： 黑龙江省大庆，吉林省洮南、前郭尔罗斯、长岭，内蒙古科尔沁左翼后旗、通辽、奈曼旗、正镶白旗。

分布： 中国（黑龙江、吉林、辽宁、内蒙古、河北、山西、陕西、甘肃、宁夏、青海、山东、河南）。

生物学特性： 耐旱，根系长，多靠吸取地下水维持生存。抗盐碱，在含盐 0.5%～1%的盐渍化沙地上也能生长旺盛。

用途： 营造盐碱地防护林网和速生用材林。

4. 万年蒿 Artemisia sacrorum Ledeb.

别名： 白蒿、白莲蒿、香蒿、铁秆蒿、蚊艾

生境： 石砾质阴山坡，杂木林下，灌丛，荒地。

产地： 黑龙江省大庆、杜尔伯特、安达、富裕、肇东、肇源、齐齐哈尔，吉林省大安、通榆、镇赉，内蒙古鄂温克旗、科尔沁左翼后旗、额尔古纳、科尔沁右翼前旗、科尔沁右翼中旗、突泉、扎赉特旗、翁牛特旗、巴林左旗、巴林右旗、林西、克什克腾旗、喀喇沁旗、阿鲁科尔沁旗、宁城、赤峰、陈巴尔虎旗、新巴尔虎右旗、扎兰屯、莫旗、阿荣旗、乌兰浩特、扎鲁特旗、多伦、霍林郭勒、东乌珠穆沁旗、西乌珠穆沁旗、苏尼特右旗、正镶白旗、阿巴嘎旗。

分布： 中国（全国各地），朝鲜半岛，日本，蒙古，俄罗斯，阿富汗，印度，巴基斯坦，尼泊尔；中业。

生物学特性： 耐旱，耐寒，耐盐碱，结实数量很大，种子繁殖力很强，根蘖也很发达。

用途： 盐碱地治理和改良。

5. 西伯利亚滨藜 Atriplex sibirica L.

生境： 碱性草地，草甸。

产地： 吉林省通榆、扶余，内蒙古翁牛特旗、新巴尔虎左旗、新巴尔虎右旗、科尔沁右翼中旗、克什克腾旗、开鲁。

分布： 中国（黑龙江、吉林、内蒙古、河北、陕西、宁夏、甘肃、青海、新疆），蒙古，俄罗斯，哈萨克斯坦。

生物学特性： 耐寒，耐旱，耐盐碱，耐水湿，盐生至中生植物。

用途： 盐碱地治理和改良。

6. 碱地肤 Kochia sieversiana (Pall.) C. A. Mey.

生境： 盐碱地，碱性池沼边，沙地，河边沙地，碎石山坡，垃圾堆附近。

产地： 黑龙江省肇东、泰来、富裕、大庆、安达、齐齐哈尔、龙江，吉林省长岭、

洮南、通榆、镇赉、前郭尔罗斯，内蒙古新巴尔虎左旗、新尔虎右旗、扎鲁特旗、克什克腾旗、阿鲁科尔沁旗、赤峰、翁牛特旗、科尔沁左翼后旗、东乌珠穆沁旗、苏尼特右旗。

分布：中国（黑龙江、吉林、辽宁、内蒙古、河北、山西、陕西、宁夏、甘肃、青海、新疆），朝鲜半岛，蒙古，俄罗斯。

生物学特性：耐盐碱的旱生、中旱生植物，生长在碱性、沙质和沙砾质栗钙土、棕钙土、灰钙土、淡灰钙土上，荒漠带的盐渍化低地。常见于河谷冲积平原、阶地和湖滨的芨芨草群落。

用途：盐碱地治理和改良。

7. 碱蓬 Suaeda glauca (Bunge) Bunge

别名：猪尾巴草、灰绿碱蓬
生境：海边，河边，草甸，耕地旁，盐碱地。
产地：黑龙江省安达、杜尔伯特、肇东、大庆，吉林省通榆、洮南、大安、乾安、农安、镇赉、前郭尔罗斯，内蒙古新巴尔虎左旗、新巴尔虎右旗、翁牛特旗、科尔沁右翼中旗、阿鲁科尔沁旗、额尔古纳、陈巴尔虎旗、鄂温克旗、林西。

分布：中国（黑龙江、吉林、辽宁、内蒙古、河北、山西、陕西、宁夏、甘肃、青海、新疆、山东、江苏、浙江、河南），蒙古，朝鲜半岛，日本，俄罗斯。

生物学特性：喜高湿，耐盐碱，耐贫瘠，少病虫害，是一种盐生植物，呈星散或群集生长。

用途：盐碱地治理和改良。

8. 西伯利亚蓼 Polygonum sibiricum Laxm.

别名：剪刀股、西伯利亚神血宁
生境：沙质盐碱地，盐生草甸，路边。
产地：黑龙江省泰来、大庆、兰西、安达、林甸、甘南、杜尔伯特、肇源、肇州，吉林省长岭、前郭尔罗斯、洮南、通榆、大安、镇赉，内蒙古阿鲁科尔沁旗、通辽、赤峰、扎鲁特旗、额尔古纳、新巴尔虎左旗、新巴尔虎右旗、鄂温克旗、喀喇沁旗、科尔沁右翼中旗、东乌珠穆沁旗。

分布：中国（黑龙江、吉林、辽宁、内蒙古、河北、山东、甘肃、四川、云南、西藏），蒙古，俄罗斯，哈萨克斯坦。

生物学特性：抗寒，抗旱，耐盐碱，耐土壤瘠薄，适于在沙土和盐碱土壤上生长。
用途：盐碱地治理和改良。

9. 草木犀黄耆 Astragalus melilotoides Pall.

别名：草木犀状黄芪、扫帚苗、马梢
生境：路旁，向阳干山坡，草甸草原。
产地：吉林省镇赉、长岭、大安，内蒙古额尔古纳、科尔沁右翼前旗、陈巴尔虎旗、

新巴尔虎左旗、新巴尔虎右旗、鄂温克旗、乌兰浩特、科尔沁右翼中旗、扎鲁特旗、赤峰、翁牛特旗、克什克腾旗、巴林左旗、巴林右旗、敖汉旗、喀喇沁旗、多伦、锡林浩特、霍林郭勒、东乌珠穆沁旗、西乌珠穆沁旗、苏尼特左旗、正镶白旗、阿巴嘎旗。

分布：中国（黑龙江、吉林、辽宁、内蒙古、河北、山西、陕西、甘肃、河南），蒙古，俄罗斯。

生物学特性：耐旱，耐轻度盐渍化。其生长状态常随环境而异，在干旱的生境，呈典型的旱生状态，叶量少；在雨量充裕的年份，植株高大，叶量增多。

用途：盐碱地治理和改良。

10. 披碱草 Elymus dahuricus Turcz.

生境：碱性草地，干草原，路旁。

产地：黑龙江省安达、杜尔伯特、肇东、克山、青冈、龙江、克东、依安，吉林省长岭、前郭尔罗斯、通榆，内蒙古宁城、额尔古纳、新巴尔虎左旗、新巴尔虎右旗、科尔沁右翼前旗、扎鲁特旗、克什克腾旗、阿鲁科尔沁旗、巴林右旗、阿荣旗、莫旗、扎兰屯、林西、翁牛特旗、多伦、霍林郭勒、正镶白旗、东乌珠穆沁旗。

分布：中国（黑龙江、吉林、辽宁、内蒙古、河北、山西、陕西、甘肃、青海、新疆、河南、四川），朝鲜半岛，日本，俄罗斯。

生物学特性：中生牧草，适应性广，特耐寒抗旱。根系发达，能吸收土壤深层水分，较耐盐碱，适于风沙大的盐碱地区种植，分蘖能力强。

用途：盐碱地治理和改良。

11. 隐花草 Crypsis aculeata (L.) Aiton

别名：扎屁股草

生境：河边，沟边，盐碱地。

产地：黑龙江省泰来、齐齐哈尔，吉林省乾安、大安、通榆、扶余，内蒙古新巴尔虎左旗、翁牛特旗、赤峰、科尔沁左翼后旗、新巴尔虎右旗。

分布：中国（黑龙江、吉林、辽宁、内蒙古、河北、山西、陕西、甘肃、新疆、山东、江苏、安徽），蒙古，俄罗斯，土耳其，伊朗；中亚，欧洲。

生物学特性：耐寒，耐旱，耐盐碱，是盐碱地指示植物。

用途：盐碱地治理和改良。

12. 短芒大麦草 Hordeum brevisubulatum (Trin.) Link

别名：野大麦

生境：草地，湿地，耕地旁，路旁。

产地：黑龙江省杜尔伯特、克山、安达、泰来、龙江、富裕、讷河、拜泉、甘南、齐齐哈尔，吉林省长岭、洮南、大安、白城、双辽、镇赉，内蒙古额尔古纳、科尔沁左翼后旗、翁牛特旗、通辽、科尔沁右翼前旗、乌兰浩特、克什克腾旗、新巴尔虎左旗、新巴尔虎右旗、阿荣旗、锡林浩特、东乌珠穆沁旗、阿巴嘎旗。

分布：中国（黑龙江、吉林、辽宁、内蒙古、陕西、宁夏、甘肃、青海、新疆、西藏），蒙古，俄罗斯；中亚。

生物学特性：适宜半湿润到半干旱的气候，耐干旱，耐寒冷，在东北各地区均能越冬，对土壤要求不严格，适于微碱性的土壤，耐盐碱性中等，分蘖力很强。

用途：盐碱地治理和改良。

13. 星星草 **Puccinellia tenuiflora** (Griseb.) Scribn. et Merr.

生境：盐碱低洼草地，碱斑。

产地：黑龙江省安达、大庆、肇州、林甸、肇东、肇源、青冈、杜尔伯特、泰来、富裕、齐齐哈尔、龙江、甘南、拜泉、克东、克山、依安，吉林省前郭尔罗斯、洮南、通榆、镇赉、大安、乾安、农安、白城，内蒙古科尔沁左翼后旗、额尔古纳、鄂温克旗、科尔沁右翼前旗、科尔沁右翼中旗、扎赉特旗、通辽、巴林右旗、敖汉旗、新巴尔虎右旗、新巴尔虎左旗、阿荣旗、奈曼旗、翁牛特旗、克什克腾旗、阿鲁科尔沁旗、多伦。

分布：中国（黑龙江、吉林、内蒙古、河北、山西、甘肃、青海、新疆、安徽），蒙古，俄罗斯；中亚。

生物学特性：耐寒喜湿，耐践踏滚翻，有较强的分蘖能力，耐盐碱，是形成盐生草甸的建群种。

用途：盐碱地治理和改良。

14. 羊草 **Leymus chinensis** (Trin.) Tzvel.

别名：碱草

生境：盐碱草地，沙质草地，路旁。

产地：黑龙江省龙江、齐齐哈尔、安达、大庆、杜尔伯特、肇东、兰西、林甸、肇源、肇州、泰来、富裕、甘南、拜泉、克东、克山、依安，吉林省长岭、前郭尔罗斯、通榆、洮南、大安、乾安、扶余、农安、镇赉、白城，内蒙古额尔古纳、乌兰浩特、扎赉特旗、扎鲁特旗、翁牛特旗、科尔沁右翼前旗、通辽市科尔沁区、赤峰市松山区、陈巴尔虎旗、新巴尔虎左旗、新巴尔虎右旗、科尔沁左翼后旗、科尔沁左翼中旗、巴林左旗、巴林右旗、阿鲁科尔沁旗、克什克腾旗、鄂温克旗、扎兰屯、莫旗、阿荣旗、霍林郭勒、林西、敖汉旗、喀喇沁旗、多伦、锡林浩特、东乌珠穆沁旗、西乌珠穆沁旗、阿巴嘎旗、正蓝旗、镶黄旗。

分布：中国（黑龙江、吉林、辽宁、内蒙古、河北、山西、陕西、新疆），朝鲜半岛，蒙古，俄罗斯。

生物学特性：抗寒，抗旱，耐盐碱，耐土壤瘠薄，适应范围很广，在排水不良的草甸土或盐化土、碱化土中亦生长良好，但不耐水淹，长期积水会大量死亡。

用途：盐碱地治理和改良。

15. 长叶碱毛茛 **Ranunculus ruthenicus** Jacq.

别名：黄戴戴

生境：盐碱地，湿草地。

产地：吉林省镇赉，内蒙古新巴尔虎右旗、新巴尔虎左旗、克什克腾旗、敖汉旗、通辽、科尔沁右翼中旗、鄂温克旗、扎赉特旗、扎鲁特旗、科尔沁左翼后旗、阿鲁科尔沁旗、巴林右旗、翁牛特旗、赤峰、陈巴尔虎旗、开鲁。

分布：中国（吉林、辽宁、内蒙古、河北、山西、陕西、宁夏、甘肃、青海、新疆），蒙古，俄罗斯。

生物学特性：喜高湿，耐盐碱，是我国温暖、寒冷气候区的碱土及盐碱土的指示植物。

用途：盐碱地治理和改良。

16. 海乳草 Glaux maritima L.

别名：西尚

生境：盐碱地，水边湿地。

产地：黑龙江省齐齐哈尔、肇东、泰来、龙江，吉林省长岭、前郭尔罗斯、白城，内蒙古新巴尔虎右旗、新巴尔虎左旗、通辽、扎鲁特旗、赤峰、巴林右旗、翁牛特旗、陈巴尔虎旗、阿鲁科尔沁旗、喀喇沁旗。

分布：中国（黑龙江、吉林、辽宁、内蒙古、河北、陕西、甘肃、青海、新疆、山东、四川、西藏），日本，蒙古，俄罗斯，土耳其，伊朗；中亚，欧洲，北美洲。

生物学特性：湿生盐生植物，喜生于海边、湖岸、河畔滩地、阶地的盐化草甸、沼泽草甸。耐湿，耐盐。

用途：盐碱地治理和改良。

17. 黄花补血草 Limonium aureum (L.) Hill

别名：黄花苍蝇架、黄里子白、干活草、石花子、金佛花、金匙叶草、黄花矶松、金色补血草

生境：草原，山坡草地，河边及湖边盐碱地。

产地：内蒙古鄂温克旗、额尔古纳、新巴尔虎左旗、新巴尔虎右旗、苏尼特左旗、阿巴嘎旗。

分布：中国（东北、华北和西北）。

生物学特性：抗寒，抗旱，耐盐碱，为多年生旱生植物。

用途：盐碱地治理和改良。

18. 二色补血草 Limonium bicolor (Bunge) Kuntze

别名：苍蝇架、苍蝇花、蝇子架、二色矶松、二色匙叶草、矶松

生境：典型草地，沙质草原，内陆盐碱地。

产地：黑龙江省安达、肇东、大庆，吉林省长岭、通榆、大安，内蒙古扎赉特旗、扎鲁特旗、科尔沁左翼中旗、科尔沁左翼后旗、翁牛特旗、新巴尔虎左旗、新巴尔虎右旗、通辽、奈曼旗、巴林右旗、克什克腾旗、多伦、锡林浩特、东乌珠穆沁旗、苏尼特

右旗、正蓝旗、镶黄旗、正镶白旗、阿巴嘎旗。

分布：中国（黑龙江、吉林、内蒙古、山西、陕西、甘肃、青海、新疆、四川），蒙古，俄罗斯。

生物学特性：适宜生长于土质疏松、水分适宜而盐分不太重的地方，为盐碱土指示植物。

用途：盐碱地治理和改良。

19. 碱蒿 **Artemisia anethifolia** Web.

别名：盐蒿、大莳萝蒿、糜糜蒿、臭蒿、伪茵陈

生境：碱性草地，沙丘间碱地。

产地：黑龙江省肇东、大庆、杜尔伯特、富裕、安达、依安，吉林省长岭、前郭尔罗斯、洮南、大安、通榆、镇赉，内蒙古新巴尔虎左旗、新巴尔虎右旗、翁牛特旗、阿鲁科尔沁旗、额尔古纳、科尔沁左翼后旗、苏尼特左旗、阿巴嘎旗。

分布：中国（黑龙江、吉林、内蒙古、河北、山西、陕西、宁夏、甘肃、青海、新疆），蒙古，俄罗斯。

生物学特性：是最耐盐碱的专性盐生植物，在碱湖边的盐碱滩上和低位碱斑上可形成单优种群落，生长茂盛，是强盐碱土的指示植物。

用途：盐碱地治理和改良。

20. 草地风毛菊 **Saussurea amara** (L.) DC.

别名：驴耳风毛菊、羊耳朵

生境：山坡草地，林缘，耕地旁，荒地，沙质地，湿草地。

产地：黑龙江省大庆、林甸、肇源、肇东、安达、杜尔伯特、泰来、龙江、依安、富裕、齐齐哈尔、克东、拜泉，吉林省洮南、通榆、扶余、农安、镇赉，内蒙古额尔古纳、根河、新巴尔虎右旗、新巴尔虎左旗、赤峰、翁牛特旗、科尔沁左翼后旗、科尔沁右翼中旗、扎鲁特旗、巴林右旗、克什克腾旗、阿鲁科尔沁旗、敖汉旗、多伦、锡林浩特、东乌珠穆沁旗、西乌珠穆沁旗、苏尼特右旗、正蓝旗、镶黄旗、正镶白旗、阿巴嘎旗。

分布：中国（黑龙江、吉林、辽宁、内蒙古、河北、山西、陕西、宁夏、甘肃、青海、新疆），蒙古，俄罗斯；中亚。

生物学特性：耐寒，耐旱，耐盐碱，耐水湿，适应范围广。

用途：盐碱地治理和改良。

21. 华蒲公英 **Taraxacum sinicum** Kitag.

别名：碱地蒲公英

生境：盐化草甸。

产地：黑龙江省大庆，内蒙古通辽。

分布：中国（黑龙江、内蒙古、北京、天津、山西、河北、西北、西南），蒙古，俄罗斯。

生物学特性：耐寒，耐旱，耐盐碱，适应范围广。

用途：盐碱地治理和改良。

22. 马蔺 Iris lactea Pall. var. chinensis (Fisch.) Koidz.

别名：紫蓝草、兰花草、箭秆风、马帚子、马莲

生境：碱性草甸，低洼碱性湿地。

产地：黑龙江省安达、肇东、大庆、齐齐哈尔、甘南、克东，吉林省洮南、长岭、前郭尔罗斯、通榆、大安、乾安、扶余，内蒙古翁牛特旗、科尔沁右翼前旗、额尔古纳、鄂温克旗、陈巴尔虎旗、新巴尔虎左旗、新巴尔虎右旗、莫旗、扎兰屯、扎鲁特旗、通辽、阿鲁科尔沁旗。

分布：中国（黑龙江、吉林、辽宁、内蒙古、河北、山西、陕西、甘肃、宁夏、青海、新疆、河南、山东、江苏、安徽、浙江、湖北、湖南、四川、西藏），蒙古，朝鲜半岛，俄罗斯，印度，阿富汗。

生物学特性：分布于半湿润到半干旱的气候区，耐干旱，耐寒冷，耐盐碱，在东北各地区均能越冬。

用途：盐碱地治理和改良。

三、水土保持用植物

1. 色木槭 Acer mono Maxim.

别名：五角枫、水色树、地锦槭、五角槭

生境：林中，林缘，灌丛。

产地：内蒙古喀喇沁旗、翁牛特旗、科尔沁右翼中旗、林西、巴林左旗、巴林右旗、乌兰浩特、克什克腾旗、宁城、科尔沁左翼后旗。

分布：中国（黑龙江、吉林、辽宁、内蒙古、河北、山西、陕西、江苏、浙江、安徽、江西、湖北、四川），朝鲜半岛，日本，俄罗斯。

生物学特性：耐阴性较强，喜侧方庇荫。喜深厚、肥沃、疏松的土壤，对土壤要求不严，较耐干旱瘠薄，但长期干旱会影响正常生长。根系发达，抗风力强，萌芽力中等。不耐涝，抗烟尘。

用途：营造水土保持林、护岸林、薪炭林。

2. 酸枣 Ziziphus jujuba Mill. var. spinosa (Bunge) Hu ex H. F. Chow

别名：棘、酸枣树、角针、硬枣、山枣树

生境：向阳干山坡，丘陵。

产地：内蒙古库伦旗、巴林左旗、奈曼旗。

分布：中国（辽宁、内蒙古、河北、山西、陕西、甘肃、宁夏、新疆、山东、江苏、安徽、河南），朝鲜半岛。

生物学特性：喜光，好干燥气候。耐寒，耐热，又耐旱涝。对土壤要求不严，平原、

沙地、沟谷、山地皆能生长，以肥沃的微碱性或中性沙壤土生长最好。根系发达，萌蘖力强。

用途：营造经济林、水土保持林、护岸林。

3. 山杏 **Prunus armeniaca** L. var. **ansu** Maxim.

别名：西伯利亚杏

生境：向阳石质山坡。

产地：吉林省前郭尔罗斯，内蒙古额尔古纳、乌兰浩特、突泉、科尔沁右翼中旗。

分布：中国（黑龙江、吉林、辽宁、内蒙古、甘肃、河北、山西）。

生物学特性：适应性强，喜光，根系发达，深入地下，具有耐寒、耐旱、耐瘠薄的特点。在−50～−40℃的低温条件下可安全越冬；在 7～8 月干旱情况下，当土壤含水率仅为 3%～5%时，山杏仍然叶色浓绿，生长良好。

用途：营造水土保持林和经济林。

4. 沙棘 **Hippophae rhamnoides** L.

别名：醋柳、黄酸刺、酸刺柳、黑刺、酸刺

生境：向阳的山脊、谷地，干涸河床地或山坡。

产地：黑龙江省杜尔伯特，吉林省长岭、前郭尔罗斯，内蒙古库伦旗。

分布：中国（黑龙江、吉林、内蒙古、河北、山西、陕西、甘肃、青海、四川）。

生物学特性：喜光，抗严寒、风沙，耐大气干旱和高温，不耐过于黏重的土壤。是典型的克隆植物，萌蘖能力强，生长快。

用途：营造经济林、水土保持林。

5. 胡枝子 **Lespedeza bicolor** Turcz.

别名：萩、胡枝条、扫皮、随军茶

生境：山坡，林下。

产地：内蒙古科尔沁右翼前旗、扎赉特旗、宁城、鄂温克旗、额尔古纳、新巴尔虎右旗、扎兰屯、阿荣旗、莫旗、突泉、科尔沁左翼中旗、科尔沁左翼后旗、扎鲁特旗、奈曼旗、赤峰、翁牛特旗、巴林左旗、巴林右旗、林西、阿鲁科尔沁旗、克什克腾旗、敖汉旗、喀喇沁旗、多伦。

分布：中国（黑龙江、吉林、辽宁、内蒙古、河北、山西、陕西、甘肃、山东、江苏、安徽、浙江、福建、河南、湖南、广东、广西、台湾），朝鲜半岛，日本，蒙古，俄罗斯。

生物学特性：耐寒，在−30℃不受冻害；喜光，在全光条件下能正常生长和天然更新；耐庇荫；耐瘠薄，不苛求土壤，对盐碱性也有一定程度适应。根系发达，须根发达。

用途：营造防风林、水土保持林、薪炭林和护岸林。

6. 紫丁香 **Syringa oblata** Lindl.

别名：华北紫丁香、紫丁白

生境：山坡灌丛。

产地：内蒙古奈曼旗。

分布：中国（辽宁、内蒙古、山东、陕西、甘肃、四川），朝鲜半岛。

生物学特性：喜光，稍耐阴，阴处或半阴处生长衰弱，开花稀少。喜温暖、湿润，有一定的耐寒性和较强的耐旱力。对土壤的要求不严，耐瘠薄，喜肥沃、排水良好的土壤。

用途：营造水土保持林、护岸林、薪炭林，还有一定的观赏价值。

7. 草木犀 Melilotus suaveolens Ledeb.

别名：黄花草木犀、辟汗草、铁扫把、黄香草木犀

生境：河边，湿草地，林缘，路旁，荒地，向阳山坡。

产地：黑龙江省安达、肇东、兰西、青冈、明水、杜尔伯特、肇州、泰来、富裕、齐齐哈尔、甘南、龙江、拜泉、克东、克山、依安，吉林省前郭尔罗斯、通榆、洮南、镇赉、大安、扶余，内蒙古翁牛特旗、扎鲁特旗、根河、额尔古纳、鄂温克旗、科尔沁左翼后旗、科尔沁右翼中旗、赤峰、宁城、科尔沁右翼前旗、陈巴尔虎旗、新巴尔虎左旗、新巴尔虎右旗、克什克腾旗、通辽、开鲁、阿鲁科尔沁旗、巴林右旗、扎兰屯、乌兰浩特、敖汉旗、喀喇沁旗、多伦、锡林浩特、东乌珠穆沁旗、西乌珠穆沁旗、阿巴嘎旗。

分布：中国（黑龙江、吉林、辽宁、内蒙古、河北、山西、陕西、甘肃、宁夏、四川、云南、西藏），朝鲜半岛，蒙古，俄罗斯；中亚。

生物学特性：喜光，耐寒，耐旱，耐盐碱，抗逆性强。对土壤的要求不严，耐瘠薄，在肥沃、排水良好的土壤上产量高。

用途：水土保持、护坡、护岸、牲畜饲料。

8. 芦苇 Phragmites australis (Clav.) Trin.

别名：苇子草、芦柴、芦

生境：池沼，湖泊，沼泽。

产地：黑龙江省杜尔伯特、肇东、肇源、大庆、明水、安达、克东，吉林省长岭、前郭尔罗斯、大安、乾安、通榆、镇赉，内蒙古科尔沁右翼前旗、阿鲁科尔沁旗、额尔古纳、陈巴尔虎旗、新巴尔虎左旗、新巴尔虎右旗、鄂温克旗、莫旗、突泉、扎鲁特旗、通辽、开鲁、赤峰、翁牛特旗、林西、巴林右旗、多伦。

分布：中国（全国各地）；遍布世界温带地区。

生物学特性：耐寒，抗旱，抗高温，抗倒伏。笔直、株高、梗粗、叶壮，成活率高。

用途：河岸防护、牲畜饲料、造纸。

9. 早熟禾 Poa annua L.

别名：稍草、小青草、小鸡草、冷草、绒球草

生境：路旁，湿草地。

产地：黑龙江省大庆、明水、龙江，内蒙古额尔古纳、鄂温克旗、新巴尔虎左旗、扎兰屯、莫旗、克什克腾旗、巴林右旗、翁牛特旗、喀喇沁旗。

分布：中国（黑龙江、辽宁、内蒙古、河北、山西、甘肃、青海、新疆、山东、江苏、安徽、福建、河南、湖北、江西、湖南、广东、广西、海南、四川、贵州、云南、台湾），俄罗斯；中亚，欧洲，北美洲。

生物学特性：生长速度快，竞争力强，杂草很难侵入，而且再生力强，抗修剪，耐践踏。

用途：人工草地建植、河岸防护、水土保持林林下草本层构建。

第七章　东北草地有毒有害植物

有毒植物一般指对人和家畜等产生毒害作用的植物。有毒植物产生的机体中毒效应是广泛的，一般除机械性损伤外，全身或局部、急性或慢性的器质性及功能性损伤均应列入中毒效应，包括致死及非致死性的神经系统、消化系统、心血管系统以及皮肤、呼吸道、眼睛、肝、肾等各部位或器官的损伤或功能性障碍（陈冀胜和郑硬，1987）。

有毒植物种类繁多，通常分三大类，即常年性有毒植物、季节性有毒植物和可疑性有毒植物。从字面上理解，有毒植物显然是有害的，对人类不大可能有有益的用途，人们也可能习惯地认为，有毒植物都是陌生的野生植物，在我们周围常见植物，特别是可食用的栽培植物都是无毒的，其实这些认识并不全面。实际上，许多有毒植物是重要的经济作物或具有潜在的重要经济价值。有些有毒植物同时也是食用植物和药用植物，毒性只是它的属性之一，这种属性可能与某种经济用途相矛盾，也可能与其经济用途没有相互关系，但对其经济用途并无影响，一些有毒植物经过加工处理，仍可成为药物或食物。例如，小黄花菜是一种有毒植物，含有秋水仙碱，牲畜或人类大量鲜食后会引起呕吐等中毒反应，但是在高温处理或长期干制后可以食用，也可以入药。而且，人类早就认识到"毒性"也具有积极有益的一面，许多有毒植物正是由于具有强烈的生物活性，才把它们作为药物、杀虫剂、灭菌剂，以及供捕兽、捕鱼等使用，成为有特殊价值的重要经济植物资源。

有害植物，本身不含有毒性成分，但它的植株或种子、果实具钩刺或芒，常常刺伤家畜造成机械损伤或降低畜产品质量，重则也能引起家畜死亡。

东北草地调查发现的外来有害植物主要包括刺萼龙葵、少花蒺藜草、齿裂大戟和毒莴苣，其中，刺萼龙葵和少花蒺藜草已经逐渐蔓延且分布面积越来越大（Cao et al.，2021）。无论是草地上、田边地角、屋前屋后、阴沟两侧都有一些毒草生长，它们不但挤占草地面积，而且还与优良牧草争夺水、肥和空间，有着特强的生命力和适应性，竞争能力远远超过优良牧草。有害植物可以分为具刺灌木、具芒刺禾草、具刺草本等3种类型。常见的有害植物有苍耳、少花蒺藜草、龙牙草、针茅属植物、鹤虱属植物等。

这些有毒有害物质进入动物体内后可能转化为具有更大活性和毒性的物质，从而起到致病作用，这不仅会引起畜禽产品质量和产量下降，而且还会在动物体内蓄积和残留，并通过食物链传给人，对人类健康造成严重危害（杨海英等，2007；董宽虎和沈益新，2003）。

第一节　有毒有害植物组成

东北草地共有159种有毒有害植物，隶属于39科68属。其中，蕨类植物1科2属5种，裸子植物1科1属2种，双子叶植物32科54属137种，单子叶植物5科11属

15 种（表 7-1）。

表 7-1 东北草地有毒有害植物组成

类型		科		属		种	
		数量	占比（%）	数量	占比（%）	数量	占比（%）
蕨类植物		1	2.56	2	2.94	5	3.14
裸子植物		1	2.56	1	1.47	2	1.26
被子植物	双子叶植物	32	82.05	54	79.41	137	86.16
	单子叶植物	5	12.83	11	16.18	15	9.44
合计		39	100	68	100	159	100

对东北草地有毒植物各科的物种组成进行统计（表 7-2），结果显示，含 30 种及以上的科为毛茛科，含 42 种，占东北草地有毒有害植物总物种数的 26.42%；含 10～29种的科为菊科、大戟科，分别占东北草地有毒有害植物总物种数的 10.06%、6.29%，其他科所含物种数均少于 10 种。因此，毛茛科、菊科、大戟科是组成东北草地有毒植物的主要科。

表 7-2 东北草地有毒植物科组成

科名	种数（种）	占比（%）
毛茛科 Ranunculaceae	42	26.42
菊科 Compositae	16	10.06
大戟科 Euphorbiaceae	10	6.29
豆科 Leguminosae	9	5.66
百合科 Liliaceae	6	3.77
罂粟科 Papaveraceae	6	3.77
旋花科 Convolvulaceae	6	3.77
木贼科 Equisetaceae	5	3.14
石竹科 Caryophyllaceae	5	3.14
茄科 Solanaceae	5	3.14
禾本科 Gramineae	5	3.14
紫草科 Boraginaceae	5	3.14
藜科 Chenopodiaceae	4	2.52
蒺藜科 Zygophyllaceae	4	2.52
景天科 Crassulaceae	3	1.88
蓼科 Polygonaceae	2	1.26
十字花科 Cruciferae	2	1.26
鼠李科 Rhamnaceae	2	1.26
麻黄科 Ephedraceae	2	1.26
瑞香科 Thymelaeaceae	2	1.26
水麦冬科 Juncaginaceae	2	1.26
伞形科 Umbelliferae	1	0.63
萝藦科 Asclepiadaceae	1	0.63

续表

科名	种数（种）	占比（%）
龙胆科 Gentianaceae	1	0.63
唇形科 Labiatae	1	0.63
荨麻科 Urticaceae	1	0.63
杜鹃花科 Ericaceae	1	0.63
桑科 Moraceae	1	0.63
檀香科 Santalaceae	1	0.63
蔷薇科 Rosaceae	1	0.63
远志科 Polygalaceae	1	0.63
川续断科 Dipsacaceae	1	0.63
泽泻科 Alismataceae	1	0.63
紫葳科 Bignoniaceae	1	0.63
桔梗科 Campanulaceae	1	0.63
车前科 Plantaginaceae	1	0.63
鸢尾科 Iridaceae	1	0.63

第二节　有毒有害植物的有毒有害部位和有毒成分

一、有毒有害部位

（一）全株有毒植物

东北草地有毒植物中全株有毒的占绝大多数，有毒草本植物的多数种类均属此类，常见的有木贼（*Hippochaete hyemale*）、白头翁（*Pulsatilla chinensis*）、野罂粟（*Papaver nudicaule*）、展枝唐松草（*Thalictrum squarrosum*）、多叶棘豆（*Oxytropis myriophylla*）、乳浆大戟（*Euphorbia esula*）、狼毒（*Stellera chamaejasme*）、小黄花菜（*Hemerocallis minor*）等。

（二）根部有毒植物

根部有毒植物包括根部及地下块茎等有毒的植物。东北草地有毒植物中根部有毒的植物主要有华北乌头（*Aconitum jeholense*）、兴安乌头（*Aconitum ambiguum*），其根部含有大量乌头碱，大叶龙胆（*Gentiana macrophylla*）根部含有三种生物碱、糖类、挥发油和龙胆苦苷，狭叶泽芹（*Sium suave*）根部含各类生物碱，败酱科的败酱（*Patrinia scabiosaefolia*）根茎和根中含多种皂苷、有机酸、生物碱及挥发油，百合科的玉竹（*Polygonatum odoratum*）根茎含多种强心苷，家畜误食后易引起中毒。

（三）茎叶有毒植物

荨麻科荨麻属植物茎皮含有机酸性刺激物质；麻黄科麻黄属植物草质茎主要含麻黄碱，牲畜采食后可抑制其体内丁氨基氧化酶的活性，引起牲畜交感神经系统兴奋，使牲畜中毒；鼠李科鼠李属植物及枣属的酸枣含蒽醌、黄酮及其苷类化合物；鸢尾科鸢尾属植物的茎叶含鸢尾苷、鸢尾素等成分，大量采食容易引起牲畜呼吸困难，在生长期内因有某种气味而不被家畜采食，但干枯后可用作饲料。东北草地常见的茎叶有毒植物主要有麻叶荨麻（*Urtica cannabina*）、白茎盐生草（*Halogeton arachnoideus*）、酸枣（*Ziziphus jujuba* var. *spinosa*）、杠柳（*Periploca sepium*）。

（四）花果种子有毒植物

十字花科的播娘蒿（*Descurainia sophia*）、独行菜（*Lepidium apetalum*）等种子含多种强心苷，可引起马、牛、羊中毒。杜鹃花科的兴安杜鹃（*Rhododendron dauricum*）、照山白杜鹃花和叶含木藜芦毒素、黄酮酚类及挥发油等毒性。禾本科的毒麦含多种生物碱，人畜食入后易引起急性中毒（赵怀德和姬永莲，1990）。

（五）有害植物

草原部分植物为生存需要，在形态上形成自我保护机制，植物的茎、叶、花、果实、种子等具针状刺、棘刺或钩毛，或者植物体具腺体的蛰毛，接触这类植物能引起皮肤过敏或被刺伤，影响牲畜健康。牲畜被针茅属植物的颖果刺破皮肤，或采食颖果后，颖果钻入内脏器官，轻者损害牲畜健康，重则死亡。带钩、带芒刺的种子果实成熟后能附着或粘连在牛、羊毛身上，或刺入其皮毛内，从而降低羊毛的净毛率，影响产品加工。

紫草科的大果琉璃草（*Cynoglossum zeylanicum*）和东北鹤虱（*Lappula myosotis*）、菊科的小花鬼针草（*Bidens pilosa*）和苍耳（*Xanthium sibiricum*）、蔷薇科的龙牙草（*Agrimonia pilosa*）果实上具有钩状刺，极易附着在羊毛上，不易被清除；禾本科的羽茅（*Achnatherum sibiricum*）、贝加尔针茅（*Stipa baicalensis*）和大针茅，蒺藜科的蒺藜（*Tribulus terrestris*），菊科的大蓟（*Cirsium japonicum*）、砂蓝刺头（*Echinops gmelini*）和火媒草（*Olgaea leucophylla*）等成熟后种子上的芒刺或茎叶上的刺变硬，常刺伤牛、羊口腔或皮肤引起发炎、溃疡，甚至导致牲畜死亡；十字花科的独行菜（*Lepidium apetalum*）、川续断科的窄叶蓝盆花（*Scabiosa comosa*）、茜草科的猪殃殃（*Galium spurium*）和菊科的艾蒿（*Artemisia argyi*）都含有具难闻气味的特殊化学物质，动物采食后能使其乳汁和肉变味、变色、变质，使畜产品质量下降。豆科锦鸡儿属植物枝叶上具有大量的刺状物，能将放牧羊只的羊毛挂下来，造成畜产品损失。

二、有毒成分

有毒植物造成家畜中毒是由于它们含有某些特殊的化学成分。这些有毒成分主要包括生物碱、糖苷、挥发油、有机酸、皂素、内酯和毒蛋白等（张丽梅等，2008）。含生物碱的植物，在干燥和青贮条件下，毒性一般不会消失；含糖苷的植物，在干燥时，糖苷含量往往显著下降，家畜采食几乎无害；含挥发油的植物，在干燥条件下，植株所含的挥发油也会有所下降，但它在植株体内还会保留相当的数量，毒性不能完全消散。除了贮藏条件的影响，随年龄和外界环境条件的不同，植物所含毒物及其毒害作用也不相同。另外，植物有毒物质的毒害作用也会随家畜种类、年龄及个体差异而不同。

（一）含苷类化合物

苷类是由糖或糖的衍生物（如糖醛酸）的半缩醛羟基与另一非糖物质中的羟基以缩醛键（苷键）脱水缩合而成的环状缩醛衍生物。水解后能生成糖与非糖化合物，非糖部分称为苷元，通常有酚类、蒽醌类、黄酮类等化合物，这些化合物可使家畜产生恶心、呕吐、腹痛、腹泻、心律失常、心跳缓慢等不规律症状，最后出现室颤、晕厥、抽搐、昏迷、心动过速、异位心律，最终死于循环衰竭。苷类化合物主要存在于百合科、毛茛科、石竹科、玄参科、萝藦科、十字花科、桑科和卫矛科植物中。

（二）含生物碱类植物

生物碱是植物体内一类含氮有机化合物的总称，它有类似碱的性质，能与酸结合生成盐类。生物碱是植物有毒成分中最大的一类，且具有显著的生物学活性。有些生物碱可引发人与动物严重的疾病，对人体或动物造成伤害甚至致死，从人类或畜牧业的角度来看这是植物呈现毒性的主要原因（张德华等，2010）。目前，已分离鉴定出的生物碱达 5000 余种。生物碱在生物体内常集中在某一部分。常见的生物碱有非杂环氮生物碱、吡咯烷类生物碱、吡啶类和哌啶类生物碱、异喹啉类生物碱、吲哚类生物碱、大环类生物碱、萜类生物碱、甾体生物碱等。大多数生物碱可致牲畜中毒，动物肝脏、肾脏及肺器官是靶器官。有些生物碱可致仔畜骨骼、脊柱畸形。有些生物碱对神经系统具有重要作用，牲畜采食后具成瘾性。大多数生物碱存在于双子叶植物中，如防己科、马钱科、茄科、罂粟科、豆科、毛茛科、夹竹桃科、伞形科、石蒜科、小檗科等植物中。

（三）含萜类化合物植物

萜类化合物是指具有$(C_5H_8)_n$通式及其含氧和不同饱和程度的衍生物，是由异戊二烯或戊烷以各种方式连接而成的一类天然化合物。萜类化合物是挥发油的主要成分。此类成分在植物体内可以以精油、树脂、苦味素、乳胶和色素等多种形式存在，对家畜具有多种刺激作用，如引起接触性皮炎、胃肠道刺激等，多致大型牲畜中毒。草地上常见的含萜类化合物的植物有狼毒、狼毒大戟、乳浆大戟、泽泻等。

（四）含酚类化合物植物

酚类化合物是芳香烃环上的氢被羟基取代的一类芳香族化合物。酚类及其衍生物是有毒植物中常见的成分，通常包括简单酚类、黄酮和异黄酮等成分。家畜大量采食含酚类化合物的植物后会导致胃、肠、肝脏、肾脏等器官病变。含有酚类化合物的有毒植物主要有蕨菜、栎属植物、牛蒡属植物和狼毒属植物等。

（五）含糖苷的有毒有害植物

糖苷是糖或糖醛酸等与另一非糖类物质通过糖的端基碳原子连接而成的有毒化合物。饲草中易出现的有毒有害苷类主要有氰苷、硫葡萄糖苷和皂苷（颜淑珍等，2008）。

植物中重要的糖苷是氰苷、强心苷等。糖苷对牲畜的毒害作用主要表现在强心作用、对血液以及甲状腺有毒性等。含糖苷的有毒植物主要有豆科、大戟科、夹竹桃科、忍冬科、百合科、玄参科、萝藦科、十字花科植物等。

第三节　有毒有害植物的防治对策

天然草地的有毒有害植物既会与优质饲用植物争夺阳光及土壤中的水分和养分，又会降低草场的生产力和品质。尤其是当草场中有毒有害植物数量较多时，常给畜牧业生产带来重大损失。因此，防除有毒有害植物的工作不能忽视，目前常采用的方法有以下四类。

一、生物防除

利用生物间的相互制约关系，通过家畜反复放牧，耗竭杂草的生机，使其逐渐衰退。例如，有些在生长早期毒性较小、结实后种子或果实对牲畜才有毒害作用的植物（Tokarnia et al.，2002），如遏蓝菜、独行菜、针茅等，可在生长早期通过放牧来防除；有的毒草在干枯后毒性消失或减少，如牧马豆、苦豆等，可在毒草干枯后进行放牧。可见，生物防除需要针对植物不同生长特点进行。蒿属植物在幼嫩时有危害，到成熟经霜后，却是一种良好的饲料，可在蒿属植物成熟经霜后放牧；针茅属植物等是到种子成熟时才有害，可在这些植物结实前连续进行几次放牧，使其不能结实。毒芹、乌头、毛茛、藜芦等湿生性毒害草，可通过排水、降低地下水位改变其生态环境加以防除。根据毒害草危害牲畜的种类与时期的不同，可相应选择不被危害的牲畜进行放牧，如翠雀对牛最易引起中毒，马次之，但对山羊和猪则不造成危害，因此，在翠雀较多的草地，利用山羊反复放牧抑制翠雀。

二、人工和机械防除

人工和机械防除是利用人力和简单工具把毒害草除去的方法，即机械除草法。这种方法比较笨拙，并要花费大量劳力，所以一般只能在小面积的草场上进行操作。一般机械除草必须注意如下几点：①连根铲除，或破坏所有营养繁殖体，以免毒害草再次生长；②选择雨后进行，雨后土壤比较疏松，容易铲除；③必须在杂草或毒害草结实前进行；④若以全面刈割法来抑制杂草生长，则刈割高度以不伤害优良牧草为原则（热夏提·乌兹别克，2012）。实践中，当草场放牧利用后，刈割残存的杂草及毒害草是机械除草最有效的时间。人工防除的同时补播竞争力强的优良牧草，既能达到防除效果，又能提高草地产量和品质。

三、化学防除

化学防除是利用化学药剂杀死毒害草的方法，即化学除草法。凡是能杀死杂草的化学药剂，统称为防莠剂或除草剂。有些毒害植物，可采用选择性强的除莠剂进行防除。通过药剂进入植物体并参与其生理生化过程，破坏和扰乱植物的新陈代谢作用，从而杀灭杂草（侯丰，1995）。化学除草剂的特点比人工或机械铲除经济、省力，采用选择性除草剂可使有价值的牧草不受损伤，这种方法不受地形条件限制，有利于水土保持。化学除草剂按其对植物杀伤程度的不同分为灭生性除草剂和选择性除草剂（王科和李美华，2008）。灭生性除草剂在一定剂量时能杀死各种植物，而选择性除草剂在一定剂量下只对某一类植物有杀伤力，对另一类植物无害或危害小。消灭草地上毒害草时，一般采用选择性有机除草剂，这种除草剂品种很多。

常用的除草剂有：①2,4-D 类除草剂（2,4-二氯苯氧乙酸），是一种内吸型选择性除草剂，对多种一年生或多年生双子叶杂草杀伤作用强，而对单子叶植物效果差；②茅草枯（2,2-二氯丙酸钠），又称达拉朋钠，是一种内吸型选择性除草剂，对狭叶单子叶植物有强烈的杀伤作用，对双子叶植物效果较差；③甘草膦，是白色固体，为灭生性、内吸型、传导型、非选择性除草剂，对防治一年生或多年生禾本科杂草、阔叶杂草有效；④除草醚，是一种触杀型除草剂，用于防除一年生或多年生杂草。

除草剂的使用方法分为叶面处理和地面土壤处理两种。在草地上多用叶面处理的方法，即用水将药剂稀释到规定浓度，用各种方式将药液喷洒到植物叶面，从而达到消灭有毒有害植物的目的。地面土壤处理方法主要采用土拌或药拌，直接将药拌在土壤里或将一定浓度药液喷洒在土壤表面以达到防除效果。

草地使用除草剂时应注意，在大面积喷药前，必须进行小区试验，以确定用量及浓度等。选择温度较高（12～20℃）、阳光充足的天气喷药，喷药后 24 小时内如有降雨，应重新喷洒。应在植物生长最快或繁殖时期喷药，一般在幼苗期和盛花期喷药效果好。喷药 20～30 天后才能放牧，以免造成家畜中毒。工作人员须严格遵守操作规程，避免工作人员中毒。喷药时注意风向，避免下风处的作物和牧草受害。

四、农艺措施防除

通过施肥、松土、灌溉等农艺措施，为草地上饲用价值高的牧草创造生长发育的良好条件，从而抑制毒害草，使其从草地中逐渐减少乃至消失。例如，对沼泽化草场进行排水、降低地下水位，可以减少伞形科、灯心草科、毛茛科植物的数量；改变土壤酸性，可使嗜酸性土的有害植物消失，从而使有价值的草类得以良好生长；松土改善土壤通透性，可使根茎禾草旺盛发育，进而抑制有毒植物的滋生。

天然草地上有毒有害植物的生长状态与生态环境密切相关。在不同的草地，由于环境条件不同，有毒植物分布和数量也不同。草场上毒害草的生长还与草场的利用方式和利用强度有关（Holechec，2002）。例如，过牧地段或居民点、饮水点附近的草场上，常由于过度利用滋生大量的有毒植物（如狼毒、牧马豆、曼陀罗、独行菜等）。一些优良牧草经反复啃食、践踏后生长受阻，为家畜不食或不喜食的毒害草创造了生长条件，有时甚至使毒害草成为群落的优势物种。生产实践证明，有毒植物的生长与草地不合理利用状况有关，如随着草地退化程度的增加，有毒植物也在增多。所以，合理利用草场，即确定适宜的载畜量、适当的利用率、正确的利用时期和科学的利用制度（包括季节营地更替、刈牧草场轮换及划区轮牧等），可以在维护草场资源持续利用的同时，有效抑制毒害草的滋生。

第四节　常见有毒有害植物

1. 问荆 Equisetum arvense L.

别名：节节草、笔头草、土麻黄
生境：草甸，河边，沟旁，荒地。
产地：黑龙江省大庆、兰西、泰来、龙江、甘南、依安，吉林省长岭、前郭尔罗斯、洮南、镇赉，内蒙古根河、额尔古纳、科尔沁左翼后旗、科尔沁右翼前旗、科尔沁右翼中旗、扎鲁特旗、库伦旗、翁牛特旗、敖汉旗、巴林左旗、巴林右旗、阿鲁科尔沁旗、克什克腾旗、喀喇沁旗、新巴尔虎左旗、新巴尔虎右旗、扎兰屯、多伦、霍林郭勒。
分布：中国（黑龙江、吉林、辽宁、内蒙古、河北、山西、陕西、甘肃、宁夏、青海、新疆、山东、江苏、安徽、浙江、福建、河南、湖北、江西、四川、贵州、云南、西藏），朝鲜半岛，日本，俄罗斯；欧洲，北美洲。
毒性：全草有毒。马多食后引起反射机能下降，步行踉跄，站立困难，运动机能发生障碍；牲畜如少量长期误食则呈慢性中毒，出现消瘦等症状。

2. 木贼 Hippochaete hyemale (L.) Boern.

别名：节节草、摩擦草、笔筒草、锉草
生境：林下湿地，沟旁。
产地：黑龙江省杜尔伯特、依安，吉林省前郭尔罗斯、长岭、洮南，内蒙古陈巴尔虎旗、鄂温克旗、扎鲁特旗、科尔沁右翼前旗、科尔沁左翼后旗、克什克腾旗、宁城。
分布：中国（黑龙江、吉林、辽宁、内蒙古、河北、陕西、甘肃、新疆、河南、湖北、四川），朝鲜半岛，日本，俄罗斯；中亚，欧洲，北美洲。
毒性：全草有毒。马多食后引起反射机能下降，步行踉跄，站立困难，运动机能发生障碍。牲畜如少量长期误食则呈慢性中毒，出现消瘦等症状。

3. 鹅不食草 Arenaria serpyllifolia L.

别名：蚤缀、鸡肠子草、小无心菜
生境：石砾质山坡，路旁，荒地。
产地：内蒙古扎鲁特旗、阿鲁科尔沁旗。
分布：中国（全国各地），朝鲜半岛，日本，俄罗斯，土耳其；中亚，欧洲。
毒性：全草有毒。对牛、马等牲畜的唾液腺有刺激作用，使牛、马大量流涎。

4. 北乌头 Aconitum kusnezoffii Rchb.

别名：鸡头草

生境：山坡草地，林下，林缘。

产地：内蒙古鄂温克旗、扎兰屯、根河、额尔古纳、扎鲁特旗、新巴尔虎左旗、科尔沁右翼前旗、科尔沁左翼后旗、喀喇沁旗、阿鲁科尔沁旗、巴林右旗、巴林左旗、林西、克什克腾旗、宁城、多伦、锡林郭勒。

分布：中国（黑龙江、吉林、辽宁、内蒙古、河北、山西），朝鲜半岛，俄罗斯。

毒性：全草有毒，块根毒性最大。幼苗和种子成熟时毒性最小，毒性开花期最大。家畜误食后，蓄积在体内引起中毒，表现为食欲不振、呕吐、麻痹以至死亡。北乌头在新鲜状态下，家畜多不愿采食，但干燥后混于其他干草中易引起牲畜中毒。

5. 华北乌头 Aconitum jeholense Nakai et Kitag.

生境：高山草地。

产地：内蒙古巴林右旗、喀喇沁旗、东乌珠穆沁旗。

分布：中国（内蒙古、河北、山西）。

毒性：全草有毒，根部毒性最大。家畜误食后，蓄积在体内引起中毒，表现为神经系统缺失、四肢麻木，最后导致循环系统、呼吸系统衰竭而死亡。

6. 白头翁 Pulsatilla chinensis (Bunge) Regel

别名：羊胡子花、老公花、野丈人

生境：山坡草地，林缘。

产地：黑龙江省大庆、安达，吉林省通榆，内蒙古奈曼旗、科尔沁右翼前旗、科尔沁右翼中旗、巴林左旗、喀喇沁旗、敖汉旗、宁城、额尔古纳、扎兰屯、阿荣旗、扎鲁特旗、阿鲁科尔沁旗、东乌珠穆沁旗。

分布：中国（黑龙江、吉林、辽宁、内蒙古、河北、山西、陕西、甘肃、青海、山东、江苏、河南、安徽、湖北、四川），朝鲜半岛，俄罗斯。

毒性：全草有毒。马、牛、羊等动物多食后会出现皮肤起泡、口内热肿、胃肠发炎、便血等症状。

7. 翠雀 Delphinium grandiflorum L.

别名：鸽子花、鸡爪莲

生境：山坡草地，湿草甸。

产地：黑龙江省大庆、杜尔伯特、齐齐哈尔、安达，吉林省长岭、前郭尔罗斯、大安、乾安、通榆、洮南，内蒙古根河、额尔古纳、陈巴尔虎旗、新巴尔虎左旗、克什克腾旗、科尔沁右翼前旗、科尔沁右翼中旗、扎赉特旗、突泉、鄂温克旗、科尔沁左翼后旗、扎鲁特旗、通辽、阿鲁科尔沁旗、翁牛特旗、巴林左旗、巴林右旗、喀喇沁旗、宁城、敖汉旗、库伦旗、林西、扎兰屯、莫旗、科尔沁左翼中旗、奈曼旗、赤峰、多伦、东乌珠穆沁旗、西乌珠穆沁旗。

分布：中国（黑龙江、吉林、辽宁、内蒙古、河北、山西、四川、云南），蒙古，俄罗斯。

毒性：根有毒。对小鼠静脉注射根的总生物碱半数致死剂量（LD_{50}）为 4.90mg/kg，主要症状为四肢无力、呼吸困难、惊厥、急骤跳跃后死亡。

8. 箭头唐松草 Thalictrum simplex L.

别名：水黄连
生境：沟谷湿草地，林缘，山坡草地。
产地：黑龙江省大庆、杜尔伯特、青冈、明水、泰来、齐齐哈尔、龙江、甘南，吉林省长岭、洮南、镇赉、大安、前郭尔罗斯、白城，内蒙古科尔沁右翼前旗、科尔沁右翼中旗、科尔沁左翼后旗、额尔古纳、根河、鄂温克旗、巴林右旗、林西、克什克腾旗、陈巴尔虎旗、新巴尔虎左旗、扎兰屯、阿荣旗、扎鲁特旗、翁牛特旗、西乌珠穆沁旗。
分布：中国（黑龙江、吉林、辽宁、内蒙古、新疆），朝鲜半岛，俄罗斯；中亚，欧洲。
毒性：全株有毒，根毒性较大，茎叶次之。由于茎叶内能产生少量氢氰酸，家畜采食后脉搏细弱，呼吸次数减少，运动和直觉都发生障碍。

9. 翼果唐松草 Thalictrum aquilegifolium L. var. sibiricum Regel et Tiling

生境：阔叶林下，林缘，山坡灌丛及草丛，溪流旁。
产地：吉林省洮南，内蒙古额尔古纳、根河、鄂温克旗、科尔沁右翼前旗、扎赉特旗、阿鲁科尔沁旗、巴林右旗、喀喇沁旗、宁城、克什克腾旗、扎兰屯、陈巴尔虎旗、新巴尔虎左旗、莫旗、扎鲁特旗、翁牛特旗、赤峰、东乌珠穆沁旗。
分布：中国（黑龙江、吉林、辽宁、内蒙古、河北、山西、山东、浙江），朝鲜半岛，日本，俄罗斯。
毒性：全草有毒，根毒性较大。家畜采食后脉搏细弱，呼吸次数减少，中枢神经系统被抑制，严重者因呼吸抑制而死亡。

10. 白屈菜 Chelidonium majus L.

别名：土黄连、假黄连、断肠草、牛金花、雄黄草
生境：沟边，山谷湿草地，杂草地，人家附近。
产地：内蒙古克什克腾旗、巴林右旗、科尔沁左翼后旗、额尔古纳、根河、科尔沁右翼前旗、科尔沁右翼中旗、扎赉特旗、鄂温克旗、扎鲁特旗。
分布：中国（黑龙江、吉林、辽宁、内蒙古、河北、山西、陕西、新疆、山东、江苏、浙江、河南、湖北、江西、四川），朝鲜半岛，日本，蒙古，俄罗斯；中亚，欧洲。
毒性：全草有毒。家畜误食后有抑制中枢神经系统的作用，可短时间麻醉；大量食用可抑制心肌舒张、减慢心率，引起痉挛性收缩。

11. 野罂粟 Papaver nudicaule L.

生境：草甸，干山坡草地，固定沙丘。
产地：内蒙古额尔古纳、科尔沁右翼前旗、扎鲁特旗、克什克腾旗、喀喇沁旗、赤峰、巴林右旗、巴林左旗、通辽、宁城、阿鲁科尔沁旗、翁牛特旗、陈巴尔虎旗、鄂温

克旗、新巴尔虎左旗、新巴尔虎右旗、扎兰屯、莫旗、多伦、西乌珠穆沁旗、霍林郭勒。

分布：中国（黑龙江、内蒙古、河北、山西、陕西、宁夏、新疆），蒙古，俄罗斯；中亚。

毒性：全草有毒，花、果毒性较大。牲畜中毒后会出现心脏麻痹、呕吐、昏迷等症状。

12. 苦参 Sophora flavescens Ait.

别名：地槐、牛人参、地参
生境：草甸，河边砾质地，山坡。
产地：黑龙江省齐齐哈尔、肇东、安达、大庆、杜尔伯特，吉林省长岭、洮南、镇赉、双辽、通榆、白城，内蒙古额尔古纳、根河、鄂温克旗、扎兰屯、科尔沁右翼前旗、科尔沁左翼中旗、科尔沁左翼后旗、科尔沁右翼中旗、扎赉特旗、扎鲁特旗、宁城、赤峰、乌兰浩特、莫旗、阿鲁科尔沁旗、翁牛特旗、霍林郭勒。
分布：中国（全国各地），朝鲜半岛，日本，俄罗斯。
毒性：根和种子有毒。人食用中毒后出现以神经系统为主的症状，有流涎、呼吸和脉搏加速、步态不稳症状，严重者因呼吸抑制而死亡。牛、马食用干燥的根45g以上，猪、羊食用15g以上，均会出现呕吐、流涎、下痢、痉挛等症状。

13. 牧马豆 Thermopsis lanceolata R. Br.

别名：披针叶黄华、土马豆
生境：沙地，山坡草地，河谷湿地。
产地：黑龙江省杜尔伯特、安达，吉林省镇赉、长岭、前郭尔罗斯、通榆，内蒙古赤峰、翁牛特旗、通辽、科尔沁左翼后旗、额尔古纳、陈巴尔虎旗、新巴尔虎左旗、新巴尔虎右旗、鄂温克旗、科尔沁右翼中旗、扎鲁特旗、开鲁、阿鲁科尔沁旗、克什克腾旗、锡林浩特、东乌珠穆沁旗、西乌珠穆沁旗。
分布：中国（黑龙江、吉林、辽宁、内蒙古、河北、山西、陕西、甘肃、青海、四川），蒙古，俄罗斯；中亚。
毒性：全草有毒，为牧场常见的有毒植物。种子易混入谷物引起人和牲畜中毒，产生神经系统兴奋和气管刺激症状。

14. 乳浆大戟 Euphorbia esula L.

别名：大戟
生境：干山坡，沟谷，草原，海边沙地，沙质地。
产地：黑龙江省安达、明水、富裕，吉林省长岭、镇赉，内蒙古科尔沁左翼后旗、赤峰、科尔沁右翼前旗、扎赉特旗、额尔古纳、新巴尔虎左旗、新巴尔虎右旗、鄂温克旗、克什克腾旗、扎兰屯、阿荣旗、突泉、扎鲁特旗、翁牛特旗、多伦、霍林郭勒、东乌珠穆沁旗、西乌珠穆沁旗、阿巴嘎旗。
分布：中国（黑龙江、吉林、辽宁、内蒙古、河北、山西、陕西、甘肃、宁夏、新疆、福建、湖北、湖南、四川、贵州、云南），朝鲜半岛，日本，蒙古，俄罗斯；欧洲。

毒性： 全草有毒。误食能腐蚀肠、胃黏膜。

15. 狼毒大戟 Euphorbia pallasii Turcz.

别名： 狼毒疙瘩
生境： 草原，石砾质山坡，灌丛。
产地： 黑龙江省安达、杜尔伯特，内蒙古科尔沁右翼前旗、科尔沁右翼中旗、通辽、额尔古纳、科尔沁左翼后旗、克什克腾旗、巴林右旗、阿荣旗、鄂温克旗、乌兰浩特、扎兰屯、莫旗、扎鲁特旗、东乌珠穆沁旗、西乌珠穆沁旗。
分布： 中国（黑龙江、吉林、辽宁、内蒙古），蒙古，俄罗斯。
毒性： 全草有毒，根毒性大。皮肤接触后，能引起水泡，误食会刺激口腔、咽喉，引起恶心、呕吐、出血性下痢、腹痛、出冷汗、面色苍白、血压下降，严重时精神失常、眩晕、抽搐、痉挛，有时引起死亡。

16. 大戟 Euphorbia pekinensis Rupr.

别名： 京大戟、将军草
生境： 林下湿草地，沟谷，石砾质地，干山坡，耕地旁，山坡草地，海滩沙地。
产地： 吉林省长岭，内蒙古阿荣旗、巴林左旗、阿鲁科尔沁旗、敖汉旗、翁牛特旗。
分布： 中国（全国各地），朝鲜半岛，日本。
毒性： 根有毒。其汁液对人的皮肤有刺激作用，可以引起红肿等皮炎。家畜误食中毒后，表现食欲废绝、流涎、呕吐、腹痛，以及刺激皮肤发生皮炎，中毒严重者胃肠黏膜发炎，有时有出血下痢，并有神经性症状。

17. 狼毒 Stellera chamaejasme L.

别名： 断肠草、红火柴头花、一把香、大将军、鸡肠狼毒、川狼毒、瑞香狼毒
生境： 石砾质向阳山坡，草原。
产地： 黑龙江省齐齐哈尔、安达，吉林省洮南、镇赉、前郭尔罗斯，内蒙古额尔古纳、乌兰浩特、科尔沁右翼前旗、科尔沁左翼后旗、赤峰、宁城、陈巴尔虎旗、新巴尔虎左旗、新巴尔虎右旗、扎兰屯、阿荣旗、扎鲁特旗、克什克腾旗、翁牛特旗、阿鲁科尔沁旗、多伦、东乌珠穆沁旗、西乌珠穆沁旗。
分布： 中国（黑龙江、吉林、辽宁、内蒙古、河北、山西、甘肃、青海、云南、西藏），朝鲜半岛，蒙古，俄罗斯。
毒性： 根有大毒，可引起腹部剧痛、腹泻。孕妇误食可致流产，人接触时引起过敏性皮炎。牲畜误食，可导致消化系统等出现病症，牲畜表现出明显的肌肉僵硬、反应迟钝等现象，妊娠期的母畜误食后极易出现流产、难产、幼畜畸形等情况。

18. 毒芹 Cicuta virosa L.

别名： 走马芹、野芹
生境： 林下阴湿处，湿草地，沼泽。

产地：黑龙江省齐齐哈尔，内蒙古额尔古纳、新巴尔虎左旗、乌兰浩特、科尔沁右翼前旗、扎赉特旗、扎鲁特旗、科尔沁左翼后旗、克什克腾旗、东乌珠穆沁旗。

分布：中国（黑龙江、吉林、辽宁、内蒙古、河北、山西、陕西、甘肃、新疆、四川），朝鲜半岛，日本，蒙古，俄罗斯；中亚，欧洲。

毒性：全草有毒，以根茎最毒。人和动物的中毒症状相近，表现为恶心、瞳孔扩大、痉挛。晚秋和早春毒性更大。在我国东北牧区，早春常造成牲畜中毒死亡。

19. 天仙子 Hyoscyamus niger L.

别名：山烟
生境：人家附近，山坡，路旁，河边沙地。
产地：黑龙江省安达、齐齐哈尔，吉林省大安、通榆、前郭尔罗斯，内蒙古克什克腾旗、喀喇沁旗、宁城、敖汉旗、翁牛特旗、科尔沁左翼后旗、科尔沁右翼前旗、突泉、阿鲁科尔沁旗、巴林右旗、锡林浩特、东乌珠穆沁旗、正镶白旗。
分布：中国（黑龙江、吉林、辽宁、内蒙古、河北、山西、陕西、甘肃、青海、四川、西藏），蒙古，俄罗斯，印度；中亚，欧洲，北美洲。
毒性：全草有毒。主要抑制迷走神经及其他副交感神经，症状主要有口渴、躁动、瞳孔扩大、脉搏加快，严重者有惊厥、昏迷等症状。

20. 苍耳 Xanthium sibiricum Patin ex Willd.

别名：老苍子、粘粘葵
生境：耕地旁，荒地，路旁，人家附近。
产地：黑龙江省杜尔伯特、安达、齐齐哈尔、肇东、兰西、青冈、明水、龙江、甘南、泰来、克东、克山、富裕、依安、拜泉，吉林省长岭、前郭尔罗斯、通榆、镇赉、大安、乾安、扶余、农安，内蒙古科尔沁右翼前旗、扎鲁特旗、赤峰、额尔古纳、新巴尔虎左旗、新巴尔虎右旗、扎兰屯、莫旗、阿荣旗、突泉、开鲁、科尔沁左翼中旗、科尔沁左翼后旗、科尔沁右翼中旗、巴林右旗、林西、阿鲁科尔沁旗、翁牛特旗、喀喇沁旗、多伦、锡林浩特、西乌珠穆沁旗、苏尼特右旗、正镶白旗。
分布：中国（全国各地），朝鲜半岛，日本，俄罗斯，伊朗，印度；中亚。
毒性：全草有毒，种子的毒性较大。家畜食后引起中毒，尤以猪和牛为多，症状有脉搏急速、体温下降、呼吸困难，严重者可致死。

21. 小黄花菜 Hemerocallis minor Mill.

别名：小萱草、金针菜、黄花菜
生境：草甸，湿草地，林下。
产地：黑龙江省大庆、齐齐哈尔、安达、杜尔伯特、泰来、林甸，吉林省通榆，内蒙古阿荣旗、科尔沁右翼前旗、翁牛特旗、克什克腾旗、喀喇沁旗、科尔沁左翼后旗、宁城、科尔沁右翼中旗、额尔古纳、鄂温克旗、巴林左旗、巴林右旗、根河、通辽、陈巴尔虎旗、扎兰屯、突泉、多伦、霍林郭勒、西乌珠穆沁旗。

分布：中国（黑龙江、吉林、辽宁、内蒙古、河北、山西、陕西、甘肃、山东），朝鲜半岛，蒙古，俄罗斯。

毒性：全草有毒，根部毒性较大。鲜花也易引起中毒，主要表现为头晕、恶心、呕吐、腹痛、四肢无力等症状。

22. 羽茅 Achnatherum sibiricum (L.) Keng

生境：山坡草地。

产地：黑龙江省大庆、安达、齐齐哈尔，吉林省扶余，内蒙古额尔古纳、根河、新巴尔虎右旗、新巴尔虎左旗、扎鲁特旗、陈巴尔虎旗、扎兰屯、阿荣旗、翁牛特旗、林西、阿鲁科尔沁旗、克什克腾旗、巴林右旗、赤峰、喀喇沁旗、多伦、锡林浩特、霍林郭勒、东乌珠穆沁旗、西乌珠穆沁旗、苏尼特左旗、阿巴嘎旗、正蓝旗、正镶白旗。

分布：中国（黑龙江、吉林、辽宁、内蒙古、河北、山西、河南、西藏、陕西、甘肃、青海、宁夏、新疆），朝鲜半岛，蒙古，俄罗斯，印度。

毒性：全草有毒。牲畜多食可引起中毒，呈酩酊醉状。

23. 少花蒺藜草 Cenchrus pauciflorus Benth.

生境：种植地，路边，草地，水边。

产地：辽宁省阜新、锦州、朝阳、铁岭、彰武，内蒙古通辽。

分布：中国（北京、福建、广东、广西、河北、湖北、辽宁、内蒙古、山东、台湾、香港、云南）；原产于美洲。

危害：生命力极强，传入某一地段后能迅速繁殖，与其他牧草争光、争水、争肥，抑制其他牧草生长，使草场品质下降，优良牧草产量降低。因果实有刺，家畜采食时口腔被刺形成溃疡。家畜食入成熟的刺包，会影响家畜消化吸收功能，严重时可造成肠胃穿孔引起家畜死亡。

24. 鹤虱 Lappula squarrosa (Retz.) Dumort.

生境：沙性土壤，田边，路旁，农田附近。

产地：黑龙江省青冈、明水、林甸、杜尔伯特、肇源、泰来、克山、讷河、齐齐哈尔、拜泉、克东、依安，吉林省长岭、前郭尔罗斯、通榆、洮南、乾安、扶余，内蒙古额尔古纳、科尔沁左翼中旗、科尔沁左翼后旗、科尔沁右翼前旗、科尔沁右翼中旗、克什克腾旗、巴林右旗、赤峰、宁城、通辽、鄂温克旗、陈巴尔虎旗、新巴尔虎左旗、新巴尔虎右旗、扎兰屯、突泉、扎鲁特旗、开鲁、奈曼旗、翁牛特旗、锡林浩特、霍林郭勒、东乌珠穆沁旗、西乌珠穆沁旗、正蓝旗。

分布：中国（东北、华北、陕西、甘肃等地）。

危害：生命力强，与其他牧草争光、争水、争肥，抑制其他牧草生长，降低草场品质。果实成熟后钩刺坚硬，容易对家畜造成机械损伤，导致家畜产生各种疾病，严重时造成肠胃穿孔，引起家畜死亡。果实钩刺也造成家畜毛产品质量下降，造成经济损失。

25. 鬼针草 Bidens bipinnata L.

别名：白花鬼针草、婆婆针、三叶鬼针草

生境：水边，湿地。

产地：内蒙古科尔沁左翼后旗、突泉、科尔沁右翼中旗、扎鲁特旗、阿鲁科尔沁旗。

分布：中国（华东、华中、华南、西南）；亚洲和美洲的热带和亚热带地区。

危害：与农作物争夺水分、养分和光照，干扰并限制农作物的生长；传播病虫害，降低农作物产量和品质。

26. 大针茅 Stipa grandis P. Smirn.

生境：广阔、平坦的高原上。

产地：黑龙江省齐齐哈尔、杜尔伯特，吉林省通榆、长岭，内蒙古科尔沁左翼后旗、巴林左旗、翁牛特旗、喀喇沁旗、根河、额尔古纳、乌兰浩特、陈巴尔虎旗、新巴尔虎左旗、新巴尔虎右旗、科尔沁左翼中旗、科尔沁右翼中旗、扎鲁特旗、赤峰、林西、阿鲁科尔沁旗、巴林右旗、克什克腾旗、多伦、锡林浩特、东乌珠穆沁旗、阿巴嘎旗。

分布：中国（黑龙江、吉林、辽宁、内蒙古中东部、宁夏、甘肃、青海），俄罗斯，蒙古东部和北部。

危害：果实成熟时对家畜有一定的危害，特别是对绵羊的危害较大。具锋利基盘的颖果不仅易刺伤绵羊口腔黏膜和腹下皮肤，而且芒针混入羊毛后也影响毛的品质。

第八章 东北草地外来入侵植物

外来入侵种是指通过有意或无意的人类活动被引入到自然分布区以外的自然、半自然生态系统或生境中建立种群，并对引入地的生物多样性造成威胁、影响或破坏的物种（Zhang et al.，2021；Yan et al.，2017；Hulme，2006；李振宇，2002）。外来入侵植物入侵以后往往会给农业生产造成直接的经济损失，甚至对生态系统和人类健康构成危害（Bai et al.，2013；Weber et al.，2008）。

东北草地是我国东北最重要的生态涵养地，维系着东北平原粮食主产区以及东北老工业基地城市群的生态安全。目前已有许多关于外来植物入侵对东北草地造成严重危害的报道（王丽娟等，2021；郭佳等，2019；邵云玲和曹伟，2017；石洪山等，2016；郭晓艳等，2012；王晶，2012；郑宝江和潘磊，2012；曲波等，2010；张帅，2010；孙仓等，2007）。因此，通过对东北草地外来入侵植物的物种组成、生境及入侵途径等进行全面调查与分析，明确外来入侵植物入侵现状与防治策略尤为重要。

第一节 外来入侵植物组成

在东北草地对外来入侵植物进行野外调查和标本采集，记录植物的名称、采集地点和生境等信息，进行标本鉴定，并查阅中国科学院沈阳应用生态研究所标本馆的馆藏标本和相关文献（郭佳等，2019；邵云玲和曹伟，2017；石洪山等，2016；庞立东等，2015；田文坦等，2015；郑美林和曹伟，2013；马金双，2013，2014；高燕和曹伟，2010；曲波等，2006；中国科学院沈阳应用生态研究所，1959-2005；刘慎谔，1959），建立东北草地外来入侵植物数据库。根据数据库物种信息确定东北草地外来入侵植物名录。最后，按科属分类统计，进行东北草地外来入侵植物物种组成分析。分析发现，东北草地外来入侵植物共有 30 种，隶属于 11 科 24 属。其中，菊科 10 种，苋科 4 种，禾本科 4 种，茄科 3 种，豆科 2 种，锦葵科 2 种，旋花科、柳叶菜科、大戟科、藜科、石竹科各有 1 种（表 8-1）。

表 8-1 东北草地外来入侵物种基本信息

种名	科名	生境	入侵途径
白苋 *Amaranthus albus*	苋科	住宅区、路边、草地	无意引入
北美苋 *Amaranthus blitoides*	苋科	种植地、路边、草地	无意引入
反枝苋 *Amaranthus retroflexus*	苋科	种植地	有意引入
凹头苋 *Amaranthus lividus*	苋科	路边、草地、林地	无意引入
草木犀 *Melilotus suaveolens*	豆科	路边、草地、水边、林地	有意引入
白花草木犀 *Melilotus albus*	豆科	种植地、路边、草地	有意引入
野西瓜苗 *Hibiscus trionum*	锦葵科	种植地	无意引入
苘麻 *Abutilon theophrasti*	锦葵科	路边、荒地、田边	有意引入

种名	科名	生境	入侵途径
月见草 Oenothera biennis	柳叶菜科	路边、草地	有意引入
牵牛 Pharbitis nil	旋花科	住宅区、路边	有意引入
曼陀罗 Datura stramonium	茄科	种植地、路边、草地、林地	有意引入
天仙子 Hyoscyamus niger	茄科	住宅区、路边、草地、水边	有意引入
黄花刺茄 Solanum rostratum	茄科	草地	无意引入
鬼针草 Bidens bipinnata	菊科	水边、湿地	无意引入
小飞蓬 Erigeron canadensis	菊科	种植地、路边、草地、水边	无意引入
屋根草 Crepis tectorum	菊科	种植地、草地	无意引入
假苍耳 Iva xanthifolia	菊科	种植地、草地	无意引入
欧洲千里光 Senecio vulgaris	菊科	住宅区、种植地	无意引入
苦苣菜 Sonchus oleraceus	菊科	种植地、林地	无意引入
蒙古苍耳 Xanthium mongolicum	菊科	草地、林地	无意引入
牛膝菊 Galinsoga parviflora	菊科	路边、林地、荒地、河边	无意引入
豚草 Ambrosia artemisiifolia	菊科	住宅区、种植地、河边、荒地、林地、路边	无意引入
三裂叶豚草 Ambrosia trifida	菊科	种植地、路边、河边	无意引入
蒺藜草 Cenchrus calyculatus	禾本科	种植地、路边、草地、水边	无意引入
少花蒺藜草 Cenchrus pauciflorus	禾本科	种植地、路边、草地、水边	无意引入
芒颖大麦草 Hordeum jubatum	禾本科	种植地、路边	有意引入
野燕麦 Avena fatua	禾本科	种植地、草地	无意引入
大地锦 Euphorbia maculata	大戟科	种植地、路边、水边	无意引入
大叶藜 Chenopodium hybridum	藜科	住宅区、种植地、林地	无意引入
王不留行 Vaccaria segetalis	石竹科	种植地、路边	无意引入

东北草地外来入侵植物包含属最多的科为菊科，有9个属，占东北草地外来入侵植物总属数的37.5%；禾本科、茄科和锦葵科占据第二梯队，分别包含3个属、3个属和2个属，分别占12.5%、12.5%和8.3%；其余7个科各包含1个属，各占4.2%（表8-2）。

表8-2　东北草地各科外来入侵植物统计

科名	属数	属数占比（%）	种数（种）	种数占比（%）
菊科 Compositae	9	37.5	10	33.3
禾本科 Gramineae	3	12.5	4	13.3
茄科 Solanaceae	3	12.5	3	10.0
锦葵科 Malvaceae	2	8.3	2	6.7
苋科 Amaranthaceae	1	4.2	4	13.3
豆科 Leguminosae	1	4.2	2	6.7
柳叶菜科 Onagraceae	1	4.2	1	3.3
旋花科 Convolvulaceae	1	4.2	1	3.3
大戟科 Euphorbiaceae	1	4.2	1	3.3
藜科 Chenopodiaceae	1	4.2	1	3.3
石竹科 Caryophyllaceae	1	4.2	1	3.3

注：占比之和不为100%是数据修约所致

包含种最多的科也是菊科，有 10 个种，占东北草地外来入侵植物总物种数的 33.3%；其次为禾本科和苋科，各有 4 个种，均占 13.3%；排在第三梯队的是茄科、豆科和锦葵科，分别占 10.0%、6.7%、6.7%；其余 5 个科都只有 1 个种，均占 3.3%。东北草地外来入侵植物包含的属数和物种数由多到少的排列顺序基本一致。

对各科外来入侵植物的物种组成分析表明，东北草地外来入侵植物主要集中在菊科、苋科、禾本科、茄科、豆科和锦葵科中，此 6 科的植物占东北草地外来入侵植物总物种数的 83.3%，为外来植物入侵东北草地的主力军。

第二节　外来入侵植物的生境

东北草地外来入侵植物的生境划分为 10 类，分别是住宅区、路边、草地、种植地、林地、水边、荒地、田边、湿地和河边。住宅区生长的外来入侵植物有白苋、牵牛、天仙子、欧洲千里光、豚草、大叶藜，共 6 种。路边生长的外来入侵植物有白苋、北美苋、凹头苋、草木犀、白花草木犀、苘麻、月见草、牵牛、曼陀罗、天仙子、小飞蓬、牛膝菊、豚草、三裂叶豚草、蒺藜草、少花蒺藜草、芒颖大麦草、大地锦、王不留行，共 19 种。草地生长的外来入侵植物有白苋、北美苋、凹头苋、草木犀、白花草木犀、月见草、曼陀罗、天仙子、黄花刺茄、小飞蓬、屋根草、假苍耳、蒙古苍耳、蒺藜草、少花蒺藜草、野燕麦，共 16 种。种植地生长的外来入侵植物有北美苋、反枝苋、白花草木犀、野西瓜苗、曼陀罗、小飞蓬、屋根草、假苍耳、欧洲千里光、苦苣菜、豚草、三裂叶豚草、蒺藜草、少花蒺藜草、芒颖大麦草、野燕麦、大地锦、大叶藜、王不留行，共 19 种。林地生长的外来入侵植物有凹头苋、草木犀、曼陀罗、苦苣菜、蒙古苍耳、牛膝菊、豚草、大叶藜，共 8 种。水边生长的外来入侵植物有草木犀、天仙子、鬼针草、小飞蓬、蒺藜草、少花蒺藜草、大地锦，共 7 种。荒地生长的外来入侵植物有苘麻、牛膝菊、豚草，共 3 种。田边生长的外来入侵植物有苘麻。湿地生长的外来入侵植物有鬼针草。河边的外来入侵植物有牛膝菊、豚草、三裂叶豚草，共 3 种。

通过对东北草地外来入侵植物生境进行统计，路边和种植地包含的外来入侵植物种数最多，均包含了 19 种，均占东北草地外来入侵植物总物种数的 63.3%；其次为草地，包含了 16 种外来入侵植物，占 53.3%；再次为林地（8 种，26.7%）；其他生境为水边（7 种，23.3%）、住宅区（6 种，20.0%）、荒地（3 种，10.0%）、河边（3 种，10.0%）、田边（1 种，3.3%）、湿地（1 种，3.3%）。可见，种植地、路边和草地是东北草地外来入侵植物侵入的主要生境，也是外来植物入侵破坏程度比较大的生境。因此，在东北草地外来入侵植物防治工作中要重点关注这些生境。

不难发现，生境中包含外来入侵植物的量与该生境受到的人为干扰程度密切相关。具体来看，种植地、路边和草地这些生境都是跟人类活动密切相关的地方。种植地是人为活动最为频繁的地方，人类在从事农业生产活动的过程中很容易带入外来入侵植物的种子。草地是放牧、牧草种植及生态旅游的地方，牲畜、大型农用机械、人员等都是外来入侵植物种子传播的良好载体。路边是行人和车辆等交通运输工具经过的地方，也是外来入侵植物容易被带入的地方。比较而言，林地包含的外来入侵植物种数相对较少。

这是由于林区人类活动相对较少，人为干扰程度相对较弱，外来入侵植物较难到达林地。

第三节　外来入侵植物的入侵途径和入侵等级

东北草地外来入侵植物的入侵途径主要有两种：一种为有意引入，外来入侵种作为观赏植物、药用植物、优良农田作物、优良牧草等，通过公路、铁路、航空、海运等途径人工带入东北草地；另一种为无意引入，进行国际贸易时将外来入侵植物的种子夹杂在进口粮食、蔬菜、水果或动物皮毛中带入东北草地，引种有用植物时也会带入外来入侵种，大型收割机械在草地或农田作业时也会将外来入侵种源带入东北草地。目前，东北草地外来入侵植物中有意引入的有反枝苋、草木犀、白花草木犀、苘麻、月见草、牵牛、曼陀罗、天仙子、芒颖大麦草，共9种，占东北草地外来入侵种总物种数的30.0%；无意引入的有白苋、北美苋、凹头苋、野西瓜苗、黄花刺茄、鬼针草、小飞蓬、屋根草、假苍耳、欧洲千里光、苦苣菜、蒙古苍耳、牛膝菊、豚草、三裂叶豚草、藜藜草、少花蒺藜草、野燕麦、大地锦、大叶藜、王不留行，共21种，占70.0%。可见，外来入侵植物主要是通过无意引入的途径进入东北草地的。分析发现，一方面，大量的外来入侵物种作为有用的植物被引入了东北地区，但由于没有做好物种引入后的科学管理导致植物逃逸；另一方面在商业贸易等人为活动过程中，大量的外来入侵植物被带入了东北地区。因此，必须加强对外来入侵植物危害和入侵途径的认识，加大对外来物种引入的监管力度，防范外来入侵植物进入东北草地。

按照《中国外来入侵植物名录》（马金双和李惠茹，2018）的标准，东北草地中全国性入侵等级为1级的外来入侵植物有5种，包括反枝苋、黄花刺茄、小飞蓬、豚草、三裂叶豚草，约占东北草地外来入侵植物的16.7%。其中，菊科3种，占1级外来入侵植物的60.0%。全国性入侵等级为2级的外来入侵植物有9种，包括凹头苋、月见草、牵牛、曼陀罗、牛膝菊、蒺藜草、少花蒺藜草、野燕麦、大叶藜，占东北草地外来入侵植物的30.0%。其中，禾本科3种，占2级外来入侵植物的33.3%。全国性入侵等级为3级的外来入侵植物有7种，包括白苋、苘麻、天仙子、鬼针草、假苍耳、蒙古苍耳、大地锦，约占东北草地外来入侵植物的23.3%。其中，菊科3种，约占3级外来入侵植物的42.9%。全国性入侵等级为4级的外来入侵植物有9种，包括北美苋、草木犀、白花草木犀、野西瓜苗、屋根草、欧洲千里光、苦苣菜、芒颖大麦草、王不留行，占东北草地外来入侵植物的30.0%。其中，菊科3种，豆科2种，两科约占4级外来入侵植物的55.6%。

第四节　外来入侵植物的防治对策

一、做好重点科外来入侵植物的防治工作

东北草地外来入侵植物的物种组成分析表明，菊科、禾本科、茄科、豆科和苋科是东北草地外来入侵植物的5个重点科。菊科、豆科和禾本科是世界上维管植物中最大的

三个科，有较多的外来入侵植物也不令人惊讶；此外，5 个重点科的入侵植物具有较高的经济价值，这促进了它们的引入和传播（Rolnik and Olas，2021；Khan et al.，2019）。针对这些科植物传播扩散方式的特点开展防治工作，会起到事半功倍的效果。

菊科植物传播扩散的特点是利用瘦果冠毛或附属物进行传播，如鬼针草瘦果冠毛芒状具倒刺，可附于人畜、货物上传播；小飞蓬、欧洲千里光产生的瘦果量大，借冠毛随风扩散传播，一旦果实成熟，传播速度快，传播距离远，治理难度大，因此对这种类型外来入侵植物的防治一定要在果实成熟前进行（Poudel et al.，2019）。针对有些植物果实带刺，可附在衣服、动物皮毛、货物上进行传播的特点，如菊科的蒙古苍耳、禾本科的蒺藜草和少花蒺藜草等，要在结果前拔除。针对有些植物种子传播方式多样、繁殖能力强的特点，如茄科黄花刺茄的种子可通过风、水流或刺蕚扎入动物皮毛及人类衣服等方式传播，繁殖能力极强，要通过加强检疫、化学防治、机械防治等方式综合治理（郭佳等，2019）。针对有些植物伴随麦种引入的特点，如禾本科的野燕麦等，除了加强对优良麦种的筛选，还要加强对外来入侵植物的监测，一旦发现要及时清除。针对有些植物作为种植地常见杂草出现的特点，如苋科的反枝苋和白苋等，要采取人工拔除和化学防治相结合的办法将它们消灭。

二、针对外来入侵植物主要生境做好防治工作

东北草地外来入侵植物的生境分析表明，种植地、路边和草地是东北草地外来入侵植物的三种主要生境。针对不同的生境采用不同的防治策略才能取得理想的效果。种植地中的外来入侵物种多为田间杂草，且与农作物伴生，面积大、种类多，可采取化学防治与农业措施相结合的策略，比如除了喷洒除草剂，还可以在春小麦收割之后进行秋耕翻地，或采用间作套作种植农作物以破坏外来入侵植物的生长空间；还要做好农作物种子、蔬菜种子和果苗树苗的筛选工作以预防外来入侵植物的传入（Prentis et al.，2008）。对草地和路边的外来入侵植物采取重点防治的策略，可采用人工拔除与化学防治相结合的手段，对已经开花结果的植株还要做好拔除后植物残体的处理，防止植物种子暴露在路边继续扩散。

三、切断外来入侵植物的入侵途径

针对东北外来入侵植物有意引入和无意引入的特点做好防治工作。一是要防止外来植物通过有意引入的途径入侵东北草地，引种时把好质量关，选择品质优良、性状稳定的品种，引种前要对外来植物进行充分的风险预判和评估（Saini et al.，2020；Bai et al.，2013；Xu et al.，2012）；引入后首先要进行试种观察，试种阶段要严格控制植物的栽培区域，在四周建立隔离带，定期对植物的生长繁殖情况进行监测和记录，一旦发现逸生现象要及时清除。二是要阻止外来入侵植物通过无意引入进入东北草地，外来入侵植物多数是在进行国际贸易和引种有用植物时借助发达的交通线路入侵东北草地的（Weber and Li，2008），所以要在车站、机场、港口等交通运输枢纽设置专门的植物检疫口，并对粮食、蔬菜、水果、动物毛皮等进口贸易进行详细登记，一经发现及时处理，将外来

入侵植物消灭在源头。

四、采取切实有效的措施进行科学防治

做好东北草地外来入侵植物的防治工作还要根据外来入侵植物的蔓延趋势和危害程度制定科学合理的防治方案。对尚未造成危害的外来植物，要做好有用植物引入后的栽培管理工作，防止植物逃逸。对新发现的小面积危害的外来入侵植物，可进行人工拔除。对植株高大带刺、根系发达等难以人工拔除的外来入侵植物可采用机械手段铲除。对爆发性的、蔓延较快的外来入侵植物，要采用紧急的化学措施及其他一次性的扑灭技术进行治理。对大面积发生并已基本稳定的外来入侵植物，除了采用低污染化学措施治理外，还要结合能建立自然生态平衡的生物技术以达到长久抑制的效果。

五、借鉴国内的先进防治策略

全国外来入侵植物中包含物种最多的五个科是菊科、禾本科、茄科、豆科和苋科（闫小玲等，2012），东北地区外来入侵植物中包含物种最多的五个科是菊科、禾本科、茄科、苋科和十字花科（郑美林和曹伟，2013）。我们调查的东北草地外来入侵植物物种最多的五个科与全国外来入侵植物物种最多的五个科完全一致，有 4 个科与东北草地外来入侵植物物种最多的科一致，说明东北草地外来入侵植物的组成在科水平上与全国范围和东北范围都具有较高的相似性。全国外来入侵物种的生境类型中，种植地是包含外来入侵物种最多的生境类型（Yan et al.，2017；徐海根等，2004），东北地区外来入侵植物 4 种主要生境类型为种植地、路边、草地和水边（郑美林和曹伟，2013）。无论是全国的外来入侵植物入侵的生境类型，还是东北地区的外来入侵植物入侵的生境类型都几乎与我们调查的东北草地外来入侵植物的生境类型一致，说明外来入侵植物的生境在 3 个不同尺度研究区域内具有较高的相似性。东北草地、东北地区和全国三个尺度上的外来入侵植物组成和生境类型较高的相似性说明国内其他地区的防治策略对东北草地外来入侵植物的防治同样具有重要的参考价值。在东北草地外来入侵植物的防控工作中，应借鉴国内先进的防治策略。

第五节　常见外来入侵植物

1. 白苋 *Amaranthus albus* L.

别名：西天谷

生境：住宅区，路边，草地。

产地：黑龙江省杜尔伯特，内蒙古新巴尔虎左旗、科尔沁右翼前旗。

分布：北京、贵州、广西、河北、河南、黑龙江、湖南、江苏、内蒙古、陕西、山东、上海、天津、新疆；原产于北美洲；归化于东亚、中亚及欧洲。

入侵途径：无意引入。

2. 北美苋 Amaranthus blitoides S. Watson

别名：美苋

生境：种植地，路边，草地。

产地：黑龙江省青冈、明水、安达、肇源、泰来，内蒙古额尔古纳、鄂温克旗、新巴尔虎左旗、新巴尔虎右旗、巴林右旗、乌兰浩特、克什克腾旗、开鲁、多伦、锡林浩特、东乌珠穆沁旗、苏尼特右旗、正蓝旗。

分布：安徽、北京、河北、河南、吉林、黑龙江、湖北、辽宁、内蒙古、山东、上海、陕西、四川、天津、新疆；原产于北美洲；归化于欧洲和中亚。

入侵途径：无意引入。

3. 反枝苋 Amaranthus retroflexus L.

别名：苋菜、西风谷

生境：碱性草甸，路边，弃荒地。

产地：黑龙江省齐齐哈尔、肇东、兰西、泰来、依安、讷河、龙江、甘南，吉林省长岭、前郭尔罗斯、洮南、通榆、大安、乾安、扶余、镇赉，内蒙古额尔古纳、科尔沁右翼前旗、科尔沁右翼中旗、扎鲁特旗、新巴尔虎左旗、新巴尔虎右旗、扎兰屯、克什克腾旗、乌兰浩特、翁牛特旗、喀喇沁旗、赤峰、多伦、锡林浩特、正镶白旗。

分布：原产于南美洲，现我国分布于黑龙江、吉林、辽宁、内蒙古、河北、山西、陕西、宁夏、甘肃、新疆、山东、河南。

入侵途径：有意引入。

4. 凹头苋 Amaranthus lividus L.

别名：凹叶野苋菜、野苋

生境：路边，草地，林地。

产地：黑龙江省大庆、安达，吉林省长岭、大安、前郭尔罗斯。

分布：安徽、澳门、北京、重庆、福建、甘肃、广东、广西、贵州、海南、河北、河南、黑龙江、湖北、湖南、吉林、江苏、江西、辽宁、内蒙古、陕西、山东、山西、上海、四川、台湾、天津、香港、新疆、云南、浙江；原产于地中海地区；归化于日本、南亚、北非、欧洲及澳大利亚。

入侵途径：无意引入。

5. 草木犀 Melilotus suaveolens Ledeb.

别名：黄花草木犀、野苜蓿、铁扫把、黄香草木犀

生境：河边，湿草地，林缘，路旁，荒地，向阳山坡。

产地：黑龙江省安达、肇东、兰西、青冈、明水、杜尔伯特、肇州、泰来、富裕、齐齐哈尔、甘南、龙江、拜泉、克东、克山、依安，吉林省前郭尔罗斯、通榆、洮南、镇赉、大安、扶余，内蒙古翁牛特旗、扎鲁特旗、根河、额尔古纳、鄂温克旗、科尔沁左翼后旗、科尔沁右翼中旗、赤峰市松山区、宁城、科尔沁右翼前旗、陈巴尔虎旗、新

巴尔虎左旗、新巴尔虎右旗、克什克腾旗、通辽市科尔沁区、开鲁、阿鲁科尔沁旗、巴林右旗、扎兰屯、乌兰浩特、敖汉旗、喀喇沁旗、多伦、锡林浩特、东乌珠穆沁旗、西乌珠穆沁旗、阿巴嘎旗。

分布：安徽、北京、重庆、福建、甘肃、广东、广西、贵州、海南、河北、河南、黑龙江、湖北、湖南、吉林、江苏、江西、辽宁、内蒙古、青海、陕西、山东、山西、上海、四川、台湾、天津、西藏、新疆、云南、浙江；原产于中亚、西亚至南欧。

入侵途径：有意引入。

6. 白花草木犀 **Melilotus albus** Desr.

别名：白香草木犀、白甜车轴草
生境：荒地，沟边空地，路旁，草地，耕地旁。
产地：黑龙江省肇东、兰西、青冈、明水、肇州，内蒙古赤峰市松山区、科尔沁右翼前旗、科尔沁左翼后旗、克什克腾旗、翁牛特旗、陈巴尔虎旗、鄂温克旗、新巴尔虎左旗、扎鲁特旗、多伦、锡林浩特、西乌珠穆沁旗。

分布：原产于欧洲和西亚，现我国黑龙江、吉林、辽宁、内蒙古、河北、陕西、甘肃、四川有分布。

入侵途径：有意引入。

7. 野西瓜苗 **Hibiscus trionum** L.

别名：小秋葵、香铃草、灯笼花、黑芝麻、火炮草
生境：山坡草地，河边，路旁，荒地。
产地：黑龙江省齐齐哈尔、大庆、兰西、青冈、安达、肇州、泰来、甘南，吉林省镇赉、长岭、前郭尔罗斯、通榆、洮南、大安、乾安、农安，内蒙古科尔沁左翼后旗、科尔沁右翼中旗、突泉、巴林右旗、阿鲁科尔沁旗、翁牛特旗。

分布：原产于非洲，现我国广布。

入侵途径：无意引入。

8. 苘麻 **Abutilon theophrasti** Medic.

生境：路边，荒地，田边。
产地：黑龙江省大庆、肇东、兰西、青冈、明水、安达、肇州、泰来、齐齐哈尔、龙江、依安，吉林省前郭尔罗斯、通榆、洮南、大安、乾安、扶余、农安，内蒙古新巴尔虎左旗、乌兰浩特、突泉、多伦。

分布：安徽、北京、重庆、福建、甘肃、广东、广西、贵州、河北、河南、黑龙江、湖北、湖南、江苏、江西、辽宁、内蒙古、宁夏、陕西、山东、山西、上海、四川、台湾、天津、香港、新疆、云南、浙江；原产于印度；世界广泛栽培。

入侵途径：有意引入。

9. 月见草 **Oenothera biennis** L.

别名：夜来香、山芝麻

生境： 向阳山坡，沙质地，荒地，河边沙砾质地。

产地： 黑龙江省兰西、青冈、克东，吉林省前郭尔罗斯，内蒙古乌兰浩特、赤峰、莫旗。

分布： 原产于北美洲，现我国广布。

入侵途径： 有意引入。

10. 牵牛 **Pharbitis nil** (L.) Choisy

别名： 喇叭花、裂叶牵牛、牵牛花

生境： 住宅区，路边。

产地： 黑龙江省肇东，吉林省长岭，内蒙古乌兰浩特、喀喇沁旗。

分布： 安徽、澳门、北京、重庆、福建、广东、广西、贵州、海南、河北、河南、黑龙江、辽宁、湖北、湖南、江苏、江西、内蒙古、宁夏、陕西、山东、山西、上海、四川、台湾、天津、西藏、香港、云南、浙江；原产于南美洲；归化于世界。

入侵途径： 有意引入。

11. 曼陀罗 **Datura stramonium** L.

别名： 洋金花、醉心花

生境： 种植地，路边，草地，林地。

产地： 黑龙省青冈、杜尔伯特，吉林省长岭、前郭尔罗斯，内蒙古扎鲁特旗、翁牛特旗、宁城、科尔沁左翼后旗、突泉、科尔沁右翼中旗、喀喇沁旗、阿鲁科尔沁旗。

分布： 安徽、澳门、北京、重庆、福建、甘肃、广东、广西、贵州、海南、河北、河南、黑龙江、湖北、湖南、吉林、江苏、江西、辽宁、内蒙古、宁夏、青海、陕西、山东、山西、上海、四川、台湾、天津、西藏、香港、新疆、云南、浙江；原产于墨西哥；归化于热带和温带地区。

入侵途径： 有意引入。

12. 天仙子 **Hyoscyamus niger** L.

别名： 山烟

生境： 人家附近，山坡，路旁，河边沙地。

产地： 黑龙江省安达、齐齐哈尔，吉林省大安、通榆、前郭尔罗斯，内蒙古克什克腾旗、喀喇沁旗、宁城、敖汉旗、翁牛特旗、科尔沁左翼后旗、科尔沁右翼前旗、突泉、阿鲁科尔沁旗、巴林右旗、锡林浩特、东乌珠穆沁旗、正镶白旗。

分布： 中国（黑龙江、吉林、辽宁、内蒙古、河北、山西、陕西、甘肃、青海、四川、西藏），蒙古，俄罗斯，印度；中亚，欧洲，北美洲。

入侵途径： 有意引入。

13. 黄花刺茄 **Solanum rostratum** Dunal

别名： 刺萼龙葵、刺茄

生境： 草地。

产地：辽宁省建平、阜新、朝阳、锦州、大连、北票，内蒙古巴林右旗、阿鲁科尔沁旗。

分布：北京、河北、吉林、江苏、辽宁、内蒙古、陕西、山西、台湾、香港、新疆、云南；原产于北美洲。

入侵途径：无意引入。

14. 鬼针草 Bidens bipinnata L.

别名：白花鬼针草、婆婆针、三叶鬼针草

生境：水边，湿地。

产地：内蒙古科尔沁左翼后旗、突泉、科尔沁右翼中旗、扎鲁特旗、阿鲁科尔沁旗。

分布：中国（华东、华中、华南、西南）；亚洲和美洲的热带和亚热带地区。

入侵途径：无意引入。

15. 小飞蓬 Erigeron cannadensis L.

别名：小蓬草、飞蓬、加拿大蓬、小白酒草

生境：种植地，路边，草地，水边。

产地：黑龙江省齐齐哈尔、克东、克山、依安、肇东、兰西、青冈、明水，吉林省长岭、大安，内蒙古额尔古纳、鄂温克旗、新巴尔虎左旗、新巴尔虎右旗、科尔沁右翼前旗、扎赉特旗、克什克腾旗、巴林左旗、阿鲁科尔沁旗、喀喇沁旗、科尔沁左翼后旗、扎兰屯、霍林郭勒、西乌珠穆沁旗。

分布：安徽、澳门、北京、重庆、福建、甘肃、广东、广西、贵州、海南、河北、河南、黑龙江、湖北、湖南、吉林、江苏、江西、辽宁、内蒙古、青海、陕西、山东、山西、上海、四川、台湾、天津、西藏、香港、新疆、云南、浙江；原产于北美洲。

入侵途径：无意引入。

16. 屋根草 Crepis tectorum L.

别名：还阳参

生境：种植地，草地。

产地：内蒙古根河、额尔古纳、科尔沁右翼前旗、科尔沁右翼中旗、克什克腾旗、克东、陈巴尔虎旗、鄂温克旗、新巴尔虎左旗、西乌珠穆沁旗。

分布：甘肃、黑龙江、吉林、江西、辽宁、内蒙古、新疆、浙江；俄罗斯；中亚；原产于欧洲。

入侵途径：无意引入。

17. 假苍耳 Iva xanthifolia Nutt.

生境：种植地，草地。

产地：吉林省长岭。

分布：黑龙江、辽宁、山东；原产于北美洲。

入侵途径：无意引入。

18. 欧洲千里光 Senecio vulgaris L.

别名： 欧千里光

生境： 住宅区，种植地。

产地： 内蒙古根河、额尔古纳、新巴尔虎左旗、新巴尔虎右旗。

分布： 安徽、重庆、福建、广西、贵州、河北、河南、黑龙江、湖北、湖南、吉林、江苏、江西、辽宁、内蒙古、宁夏、陕西、山东、上海、四川、台湾、西藏、香港、新疆、云南、浙江；原产于欧洲；归化于世界温带地区。

入侵途径： 无意引入。

19. 苦苣菜 Sonchus oleraceus L.

别名： 苦菜、苦荬菜

生境： 种植地，林地。

产地： 黑龙江省泰来，内蒙古科尔沁右翼中旗、克什克腾旗、扎鲁特旗、开鲁、翁牛特旗、赤峰市松山区、多伦。

分布： 黑龙江、吉林、辽宁、内蒙古、河北、陕西、甘肃、青海、新疆、江苏、河南、湖北、广东、四川有分布；原产于欧洲。

入侵途径： 无意引入。

20. 蒙古苍耳 Xanthium mongolicum Kitag.

生境： 草地，林地。

产地： 吉林省通榆，内蒙古翁牛特旗、科尔沁左翼后旗、新巴尔虎左旗、新巴尔虎右旗、陈巴尔虎旗、鄂温克旗、扎鲁特旗、赤峰、锡林浩特。

分布： 北京、广西、贵州、海南、河北、河南、湖北、湖南、吉林、江西、辽宁、内蒙古、陕西、山东、新疆、云南、浙江；原产于墨西哥。

入侵途径： 无意引入。

21. 牛膝菊 Galinsoga parviflora Cav.

别名： 辣子草

生境： 路边，林地，荒地，河边。

产地： 内蒙古扎兰屯、乌兰浩特。

分布： 安徽、澳门、北京、重庆、福建、甘肃、广东、广西、贵州、海南、河北、河南、黑龙江、湖北、湖南、吉林、江苏、江西、辽宁、内蒙古、陕西、山东、山西、上海、四川、台湾、天津、西藏、香港、新疆、云南、浙江；原产于南美洲。

入侵途径： 无意引入。

22. 豚草 Ambrosia artemisiifolia L.

别名： 艾叶破布草

生境： 住宅区，种植地，河边，荒地，林地，路边。

产地：黑龙江省甘南。

分布：安徽、北京、福建、广东、广西、贵州、河北、河南、黑龙江、湖北、湖南、江苏、江西、辽宁、内蒙古、陕西、山东、山西、上海、四川、台湾、天津、西藏、云南、浙江；原产于中美洲和北美洲；归化于亚洲和欧洲。

入侵途径：无意引入。

23. 三裂叶豚草 Ambrosia trifida L.

别名：大破布草
生境：种植地，路边，河边。
产地：吉林省扶余。
分布：安徽、北京、福建、广东、广西、河北、河南、黑龙江、湖北、湖南、吉林、江苏、江西、辽宁、内蒙古、陕西、山东、上海、四川、天津、浙江；原产于北美洲。
入侵途径：无意引入。

24. 蒺藜草 Cenchrus calyculatus Cavan.

别名：刺蒺藜草
生境：种植地，路边，草地，水边。
产地：黑龙江省兰西，内蒙古科尔沁左翼后旗、科尔沁右翼中旗。
分布：安徽、澳门、北京、福建、广东、广西、海南、河北、江西、辽宁、内蒙古、台湾、香港、云南、浙江；原产于热带美洲；归化于世界热带、亚热带地区。
入侵途径：无意引入。

25. 少花蒺藜草 Cenchrus pauciflorus Benth.

生境：种植地，路边，草地，水边。
产地：内蒙古敖汉旗。
分布：北京、福建、广东、广西、河北、湖北、辽宁、内蒙古、山东、台湾、香港、云南；原产于美洲。
入侵途径：无意引入。

26. 芒颖大麦草 Hordeum jubatum L.

生境：种植地，路边。
产地：吉林省农安，内蒙古额尔古纳、新巴尔虎左旗、新巴尔虎右旗、莫旗。
分布：北京、甘肃、河北、黑龙江、吉林、江苏、辽宁、内蒙古、青海、山东、山西、新疆；原产于北美洲和俄罗斯。
入侵途径：有意引入。

27. 野燕麦 Avena fatua L.

别名：燕麦草
生境：种植地，草地。

产地：黑龙江省大庆、安达、克山，吉林省通榆，内蒙古翁牛特旗、额尔古纳、扎兰屯。

分布：安徽、澳门、北京、重庆、福建、甘肃、广东、广西、贵州、海南、河北、河南、黑龙江、湖北、湖南、吉林、江苏、江西、内蒙古、宁夏、青海、陕西、山东、山西、上海、四川、台湾、天津、西藏、香港、新疆、云南、浙江；原产于南欧、中亚和西亚；归化于世界温带地区。

入侵途径：无意引入。

28. 大地锦 **Euphorbia maculata** L.

别名：斑地锦
生境：种植地，路边，水边。
产地：黑龙江省齐齐哈尔、龙江，吉林省通榆、前郭尔罗斯。
分布：安徽、北京、重庆、福建、广东、广西、贵州、海南、河北、河南、湖北、湖南、江苏、江西、辽宁、陕西、山东、上海、山西、四川、台湾、天津、新疆、浙江；原产于北美洲；归化于旧大陆。
入侵途径：无意引入。

29. 大叶藜 **Chenopodium hybridum** L.

别名：杂配藜
生境：住宅区，种植地，林地。
产地：黑龙江省肇东，吉林省长岭，内蒙古科尔沁左翼后旗、根河、科尔沁左翼中旗、科尔沁右翼前旗、陈巴尔虎旗、乌兰浩特、奈曼旗、克什克腾旗、正镶白旗。
分布：安徽、北京、重庆、甘肃、广西、贵州、河北、河南、黑龙江、湖北、湖南、吉林、辽宁、内蒙古、宁夏、青海、陕西、山东、上海、山西、台湾、天津、四川、西藏、新疆、云南、浙江；原产于欧洲和西亚；归化于北温带。
入侵途径：无意引入。

30. 王不留行 **Vaccaria segetalis** (Neck.) Garcke

别名：麦蓝菜
生境：种植地，路边。
产地：内蒙古额尔古纳。
分布：安徽、北京、甘肃、贵州、河北、河南、湖北、湖南、吉林、江苏、江西、辽宁、内蒙古、宁夏、青海、陕西、山东、山西、上海、天津、西藏、新疆、云南、浙江；原产于欧洲至西亚；归化于亚洲和北美洲。
入侵途径：无意引入。

第九章　东北草地植物资源的保护与利用对策

第一节　物　种　保　护

　　持续五年的"东北草地植物资源专项调查"（2014～2019年）基本摸清了区域内物种资源的家底，了解和掌握了物种的数量和分布现状，为后续开展东北草地植物资源的保护和利用打下了坚实的基础。然而，东北草地物种多样性相关调查和监测基础仍然比较薄弱，要进一步开展生物多样性调查和监测，更好地了解生物多样性的状态和变化趋势，这也是生物多样性保护的一项基础性工作。今后应该依托现有林草系统监测网络和其他相关监测体系，科学布局东北草地生物多样性监测网络，统筹协调自然保护区、国家公园、国家自然公园等机构筹建永久样地和观测点，加大资金投入，加强科技支撑，争取建成布局合理、运转良好、管理科学的东北草地生物多样性监测网络体系。

　　物种多样性是人类赖以生存和发展的物质基础。由于人口的增长，经济活动的加剧，人类获取自然资源手段的提高，导致物种多样性维持和恢复面临更多、更大的挑战，一些物种处于受威胁的状态。据本次调查统计，东北草地共有受威胁植物16种（隶属于11科14属）。在东北草地81个县（市）中，共23个县（市）分布有受威胁植物。

　　我们要把有限的力量放在最稀有、受威胁最严重、最有价值的种类的保护上，必须确定一个既符合自然客观实际情况，又符合人类对物种保护目标的优先保护名单。首先，分别对东北草地植物受威胁程度、一旦遭到灭绝后对植物多样性可能产生的遗传基因损失情况、开发利用价值、保护现状和受重视程度诸方面进行专项评估。在专项评估的基础上，按世界自然保护联盟（IUCN）的保护级别标准对每一种受威胁植物进行总体评估，确定东北草地受威胁植物优先保护等级。还要确定东北草地受威胁植物优先保护区域，用有限的资源对受威胁物种的集中分布地域优先进行保护，增加保护的数量，提高保护的质量。基于以上成果，提出科学的受威胁植物保护对策，为东北草地受威胁植物资源的合理利用与保护提供参考。

　　特有植物指分布区仅限于某一地区或某种特殊生态环境的植物类群。它的形成与长期的演化适应和地理分异有关，是区域重要的特征表现，也是反映生物多样性的重要指标。据初步统计，东北草地特有种有10种，与东北地区其他植物区相比处于较低水平。需要进一步加强对东北草地特有植物的物种组成、科属结构、生活型组成、区系特征和地理分布情况的系统研究，特别是在植物区系的起源、种系分化及演化进程方面进行深入研究，从而推进特有植物的保护工作。

　　东北草地是遭受外来入侵植物侵害最严重的地区之一，外来入侵植物已对经济发展和人民生活造成严重危害，所以控制外来植物的入侵是保护物种多样性的重要举措。要建立评估外来入侵植物对生物多样性、人体健康和农业生产形成威胁的风险评估指标体系，建立相应的数据库和信息共享技术平台，建立外来入侵植物的预警和监测体系，及时采取预防措施，对有意引进的外来物种要进行规范的风险评估，并落实风险管控措施。

针对外来入侵植物蔓延趋势，要组织开展对具有重大危害外来物种的防治和清除工作，特别要针对重点类群（菊科、禾本科、茄科、豆科和苋科植物）和主要生境（种植地、路边和草地）做好外来入侵植物的防范工作，切断外来入侵植物的入侵途径。借鉴国内外先进的防治策略，采取科学有效的技术措施，切实做好东北草地外来入侵植物的防控工作。

通过东北草地植物资源的调查工作，我们收集到不同草地类型、群落类型的植物标本数万份，其中包括了不少珍稀、濒危及分布区狭小的物种，这是一笔不小的财富，丰富了国家馆藏标本资源。我们已对实物标本进行了数字化，整理了采集信息、生境信息、物种鉴定信息等标本文字和图像信息，并在东北草地植物资源信息平台公开发布，使之在东北草地生物多样性保护和生态建设方面发挥重要作用。

建设可展示、可查询、可反馈的东北草地植物资源信息发布平台，实现草地植物资源信息的电子化、数字化和网络化，不仅可以提高物种多样性保护的决策效率，而且可以为草地植物资源信息管理、制定草原植物资源保护发展战略、进行草地植物资源的合理利用和规划提供重要技术支撑，以及为政府和业界进行草地植物资源多元信息查询、数据分析和研究提供基础科学数据。

第二节　自然保护地建设

一、历史

我国自然保护地建设起步于 1956 年。当时，由秉志、钱崇澍、杨惟义、秦仁昌和陈焕镛等生物学家向第一届全国人民代表大会第三次会议递交的"请政府在全国各省（区）划定天然森林禁伐区，保存自然植被以供科学研究的需要"提案获得通过，随后建立了广东肇庆鼎湖山自然保护区，这是我国第一个自然保护区（高吉喜等，2019）。到 1978 年底，自然保护区的数量增加到 34 个，发展缓慢。1979 年之后，国家发布了一系列的文件，如 1979 年农业部、中国科学院等 8 个部委联合发出的"关于加强自然保护区管理、区划和科学考察工作的通知"、1987 年国务院环境保护委员会发布的《中国自然保护纲要》、1994 年国务院发布的《中华人民共和国自然保护区条例》等，极大地推动了自然保护地的建设。截至 2019 年，我国已经建立 1.18 万处自然保护地，占国土陆域面积的 18%（寇江泽，2019），其中包括 474 个国家级自然保护区（全国自然保护区名录，http://www.zrbhq.com.cn/index.php?m=content&c=index&a= lists&catid=81）。

草原在我国陆地生态系统中占比最高，发挥着重要的生态服务功能，因此在 1979 年之后，我国建立了一系列草地类自然保护地，1982 年建立的宁夏云雾山草原自然保护区是第一个（赵金龙等，2020）。1984 年提出的《我国部分省、区拟建草地类自然保护区的初步方案》使得草地类自然保护区的建设进入一个新时期。

东北草地范围内建立的第一个专门保护草地的自然保护区是 1985 年建立的锡林郭

勒草原自然保护区，之后在 1999 年又建立了阿鲁科尔沁自然保护区。其他涉及草地保护的自然保护区还有科尔沁国家级自然保护区、内蒙古呼伦湖国家级自然保护区、高格斯台罕乌拉国家级自然保护区、内蒙古辉河国家级自然保护区、青山国家级自然保护区、内蒙古古日格斯台国家级自然保护区、内蒙古特金罕山国家级自然保护区等。除此之外，还有各种湿地自然保护区也通常涉及草甸保护的内容。近年来，东北草地基本上形成了以国家保护区为中心，各类自然保护地相互配套的较为完善的自然保护地体系。

2013 年，中共十八届三中全会提出建立国家公园体制。两年后，我国出台建立国家公园体制试点方案，国家公园开始试点建设。2019 年，中共中央办公厅、国务院办公厅印发的《关于建立以国家公园为主体的自然保护地体系的指导意见》，明确指明了国家公园将在自然保护地体系建设中处于核心位置。截至 2022 年，全国共建立国家草原自然公园 39 处（http://www.cnnpark.com/）。但是，目前东北草地范围内还没有正在建设的草原（草地）国家公园。

二、现状和存在的问题

1）现有自然保护地覆盖度、数量方面的问题。总体来看，东北草地，甚至全国，草地类自然保护区的数量都远少于森林生态系统和湿地生态系统的自然保护区（马忠业等，2011）。东北草地作为我国的主要草地，总面积达 40 多万平方千米，但截至 2018 年，只有两个专门保护草地的国家级自然保护区。这显然是不够的，少数濒危物种固然值得保护，但对草地生境的整体保护对维持生物多样性更加重要（张宇和朱立志，2016）。

2）生物多样性家底不清。自然保护地设立的目的是保护生物多样性最高的各类生态系统，但因为东北草地的大规模普查在 20 世纪 80 年代以后就基本中止了，资料已经严重陈旧，很难保证现有的自然保护地具有足够的代表性（赵金龙等，2020）。尤其是，时隔近 40 年，人类活动的影响已经渗透到东北草地的方方面面，急需对东北草地分布区内各自然保护区的草地植物资源分别进行专项调查并进行重新评估。

3）建设理念方面的问题。传统上自然保护区主要的设计理念是严格围封和禁止开发利用，保护与利用之间的矛盾不断积累和加剧，很难充分调动社会层面的力量和当地居民的保护积极性（高利芳，2012）。随着国家公园建设逐渐成为生物多样性保护的核心理念，应该在以保护为核心的基础上，从生态旅游、国家公园周边经济发展等方面入手，充分调动社会资源，促进草地植物资源的保护与可持续利用（余梦莉，2019）。

4）保护地统筹方面的问题。虽然我国的自然保护地数目众多，但是名目太多，包括风景名胜区、森林公园、地质公园、湿地公园、饮用水源保护区等，分别由不同的部门管辖，职权划分不清，协调成本也很高，缺乏"顶层设计"（尚辛亥和王雪军，2019；束晨阳，2016）。

三、发展趋势和建议

东北草地总面积达 40 多万平方千米，是我国重要的生态屏障。其中锡林郭勒草地作为京津冀的主要风沙源区，其植被状况直接影响京津冀地区的生态环境质量，而呼伦贝尔草地、科尔沁草地和松嫩草地则为东北平原粮食主产区以及老工业基地城市群的生态安全提供有效保障。因此，东北草地的首要作用是长期可持续性地提供生态服务功能。为了获得更好的生态服务品质和可持续性，需要从多个方面统筹建设东北草地自然保护地。

1）紧跟国家公园建设的发展趋势，应用国家公园建设的整体思路，统筹东北草地区域原有的自然保护区、风景名胜区等（赵智聪等，2016），建设草原（或草地）国家自然公园。根据具体情况，整合距离较近、生态功能相似的保护地，使不同保护地从管理上标准化，从功能上协同化，从景观层面进行整体性管理和保护。

2）应用国家公园建设的基本理念，继续调节人-畜-草之间的矛盾。国家公园建设强调统筹保护与利用之间的关系，应该调动社会各界力量积极贯彻落实（张机和李鑫，2020）。人-畜-草矛盾的核心是草原人民对经济利益的追求和保护引起的草地利用受限之间的矛盾，因此需要对牧民进行经济补偿（白永飞等，2020）。但是以往的补偿主体都是国家，这往往会加重地方财政和国家财政的负担，使经济补偿不可持续。国家公园的其中一部分内涵是发展保护地周边经济，使"绿水青山"变为"金山银山"，牵引社会资金，让当地的生态保护为当地社区创造经济价值，形成良性循环（王毅和黄宝荣，2019）。

3）更加科学地实施草地保护区管理。针对天然草地的退化现状，各地采取了一系列的措施，其中围封和禁牧是最常见的方法。围封和禁牧能使退化草地的植被在相对短的时间内得到恢复，使草地的地上生物量显著增加，但近年来大量的研究和保护实践都表明，长期围封和禁牧并不是保护草地生态系统最好的方法。长期围封和禁牧在提高草地地上生产力的同时，也导致了草地群落中一些物种丧失，降低了植物物种多样性，减弱了草地生态系统的服务功能。因此，短期的围封和禁牧在退化草地恢复中是有效的，当围封使退化草地的盖度和地上生物量恢复到一定程度时，合理利用（放牧、刈割等）是维持草地生态系统生态和生产功能的有效手段。

4）根据"东北草地植物资源专项调查"及相关监测研究获得的最新植物多样性分布，重新评估现有的自然保护地体系，进一步规划和构思新的自然保护地。"东北草地植物资源专项调查"对东北草地植物资源的分布、种类和储量本底进行了全面的更新，可为后续的保护区规划和调整提供可靠的数据支撑。

第三节　退化生态系统的修复

一、生态系统修复和生物多样性保护

植物资源保护一直是社会关注的热点问题，其与人类社会的可持续发展关系密切。植物资源的保护需要考虑生态系统本身的物种组成，借助各种物理、化学和工程手段为生物营造适宜生存的环境，同时也可将物种视为生态修复的工具，如通过补播或补植某些物种而提高物种多样性促使生态系统增强稳定性（曹宇等，2019）。但是目前，我国植物资源保护行动大多仍然是针对物种本身，缺乏对重要物种所处生境的保护措施，而

生境遭受破坏所表征的生态系统稳定性的退化，将不利于物种生存繁衍和植物多样性维持。因此，针对植物资源保护的措施不应仅局限于区域内的物种保护，更要着眼于当地生态系统整体的修复和稳定。

生态恢复（ecological restoration）是指针对生态系统结构、功能和关系的破坏，恢复其合理结构、正常功能和协调的关系（李博，2000）。1975 年 3 月，弗吉尼亚理工学院暨州立大学（Virginia Polytechnic Institute and State University）召开了题为"受损生态系统的恢复"（Recovery and Restoration of Damaged Ecosystems）的国际会议，第一次讨论了受损生态系统的重建和恢复等许多重要的生态学问题，以唤起人们对受损生态系统的关注。而随着 20 世纪 90 年代生态修复广泛开展以后，生态修复已发展成为被广泛认可的、有利于生物多样性的保护及优化以及生态系统服务功能提升的人类能动性活动。当前，对重点生态功能区、生态脆弱区开展的修复囊括了生物多样性保护、自然景观恢复等理念，并在此基础之上追求全面提升自然生态系统的稳定性和生态服务功能。

二、现状和存在的问题

生态修复研究的起源可以追溯到 100 多年前欧美国家提倡对自然资源的管理和保护性利用（曹宇等，2019）。近几十年来，我国政府为实现生物多样性保护、减少土地退化、治理水土流失、应对气候变化等目标，逐步实施了各项生态保护修复工程（王伟和李俊生，2021）。在森林生态系统保护修复方面，从 20 世纪 80 年代开始，我国实施了"三北"防护林等重点工程；21 世纪初，我国又实施了天然林保护工程、"三北"和长江中下游地区等重点防护林建设工程、退耕还林工程等六大林业重点工程；2021 年，国家林草局等四部门印发了《东北森林带生态保护和修复重大工程建设规划（2021—2035年）》，提出提升东北森林带生态系统质量和稳定性。在草原生态系统方面，农业部（现称农业农村部）组织制定了《全国草原保护建设利用"十三五"规划》，我国政府采取了京津风沙源治理、退耕还林还草、草原生态保护补助奖励等措施。在湿地生态系统保护和修复方面，自我国 1992 年加入《关于特别是作为水禽栖息地的国际重要湿地公约》（简称《湿地公约》）以来，我国已有 64 处国际重要湿地，并通过实施退渔还湿、退耕还湿等工程积极修复湿地生态系统。随着这些生态保护修复工程的不断实施，许多学者也围绕这些措施在生物多样性保护和保障生态系统服务两大主要目标方面的生态效益开展了大量研究。总体来看，我国已实施的生态工程在改善生物多样性、调节气候、涵养水源、提升水土保持功能、增加植被覆盖、提升防风固沙能力等方面均产生了积极的效果（曹宇等，2019）。

然而，一些重要的生态系统仍然面临着较大的退化风险，尤其是在一些生态脆弱区（如湿地、农牧交错区和林草交错区等）。同时，生态系统的人工化趋势进一步加剧，自然森林、沼泽湿地和自然草地面积持续减少，导致野生动植物栖息地减少（欧阳志云，2017）。此外，在生态保护和修复工作中，相关部门对生态系统各要素的流动性、区域内社会经济与生态环境协调性等方面的考虑不足，以及缺乏统一性、系统性和整体性等原因，造成了我国生态保护修复总体效果不佳的现状（邹长新等，2018）。因此，在生态系统保护修复过程中，迫切需要注重生态系统各要素之间的关联，以系统性和整体性的理念进行统筹实施。

三、发展趋势和建议

生态修复在我国乃至全球都处在一个快速发展的阶段，退化生态系统的恢复正在成为自然资源管理的一个重要焦点。因而，基于自身所面临的生态系统退化状况，以生态系统生态学、景观生态学、恢复生态学和生态工程等多学科理论为支撑，统筹兼顾生态系统各要素，区域、景观、生态系统、场地等多尺度协同，林草、国土、水利、农牧业等各部门通力配合，才能从根本上对退化生态环境进行有效治理。针对生态系统修复当中仍然存在的问题，我们提出以下几点建议。

1）注重生态修复对象的整体性。生态系统的整体性包括生态系统组成要素的完整及物质循环和能量流动的畅通，也包括生态系统在外界干扰下所表现出的抵抗力和恢复力等。只有通过修复受损生态系统结构并提高其稳定性，才能实现植物资源的持久保护。

2）坚持多尺度协同开展生态系统保护修复。生态修复不能仅仅局限于小范围、小尺度，在大尺度范围、宏观层面上的景观格局优化应该作为将来的工作重点。在区域和景观尺度，应该关注不同景观要素或者不同生态系统之间的相互作用和耦合关系的修复、景观格局的优化，而在生态系统尺度，则应更聚焦于生态系统结构的优化、植被-土壤-水-食物网关系的修复。

3）将生物多样性保护作为生态修复的重要目标。针对多样性丧失或下降、特殊保护生物种减少、外来有害生物入侵等问题，各类生态保护修复工程应当注重栖息地、物种和基因多样性的保护修复。重点对珍稀濒危动植物栖息地进行生态保护和修复，扩大生态空间，打通生态廊道，构建和恢复生态网络，营造良好的生物栖息环境。

4）以本地适宜的生态系统为优先参照标准。结合国家、行业及地方相关标准，充分考虑需要修复的生态系统本底状况、参照生态系统的属性特征以及未来环境变化的因素等，全面诊断生态问题，制定适宜本区域自然环境的保护修复目标。优先选择适宜本地的修复措施、技术，原则上使用本地物种，不使用未经引种试验的外来物种，或经引种试验有生态风险的外来物种。

5）充分考虑生态产业在生态保护和修复中的作用。以往大多数重大生态修复工程往往只注重自然生态系统的修复，忽视与之紧密相关的经济-社会系统的协同治理，导致生态修复与经济、社会发展之间矛盾激化，生态修复成果不可持续。因此，必须在自然生态系统修复的基础上，进行区域生态产业发展布局设计，推动生态修复与生态产业发展步入相互促进的良性循环，真正实现生态-生产-生活的融合发展，才能实现对区域植物资源的可持续性保护与利用。

第四节　草地植物资源的合理利用

一、植物资源的利用途径

我国将草地植物资源按其主要用途分为饲用植物、食用植物、药用植物、工业用植物、环境用植物和种质植物等六大资源类群。东北草地蕴含着丰富的植物种质资源，其中，饲用植物资源有 889 种，占东北草地植物资源的 68.76%，是当地畜牧养殖业发展的基础。除饲用外，还有很多植物资源具有或兼有食用、药用、工业用、环境（生态）用等其他多种经济用途，这些植物资源统称为草地经济植物资源。《中国草地资源》中，将饲用植物和种质植物外的其他四类资源按用途、成分、开发价值和方式等划分为 16 类 46 组（表 9-1）。

表 9-1　我国草地经济植物的类群分类（廖国藩和贾幼陵，1996）

类群	类	组
食用植物	蔬蕨植物	1. 藻菌；2. 根茎；3. 花叶；4. 果头
	果品植物	1. 鲜果；2. 干果；3. 果品
	蜜源植物	1. 蜜源植物
	饮料及其他植物	1. 饮料；2. 油料；3. 香料；4. 色素；5. 甜味剂
药用植物	中草药植物	1. 中药植物；2. 草药植物（民族药）
	特种药源植物	1. 抗肿瘤植物；2. 治冠心病植物；3. 治神经系统疾病植物
	兽用药植物	1. 兽用药植物
	农药植物	1. 土农药；2. 杀菌剂；3. 激素
工业用植物	纤维植物	1. 麻类；2. 编织；3. 造纸；4. 填充；5. 材用
	鞣料植物	1. 草本鞣料植物；2. 木本鞣料植物
	油用植物	1. 油用植物
	类糖类及其他植物	1. 淀粉植物；2. 蛋白质植物；3. 染料植物
环境（生态）用植物	境改植物	1. 防风固沙；2. 水土保持；3. 改良盐碱地；4. 肥田；5. 绿篱
	环保植物	1. 污染监测植物；2. 抗解污染植物
	美化植物	1. 草坪；2. 庭院；3. 行道；4. 花卉
	指示植物	1. 土壤指示植物；2. 利用指示植物

东北草地经济植物资源种类有 400～500 种，占东北草地植物资源的 30.9%～38.7%，其中以被子植物为主，主要的科有伞形科、菊科、豆科、禾本科、唇形科、蓼科、藜科、毛茛科、十字花科、蔷薇科和百合科等。

二、植物资源利用方面存在的问题

1）草地面积明显减少，大量草地被开垦为耕地，或被用作建筑用地和工业用地等。以松嫩草地为例，与新中国成立初期相比，现在有 75% 的草地已被开垦为耕地，剩余25% 的草地大部分是低湿、盐碱较严重的地块，但其中仍有很大部分被辟为工业用地、养殖场以及道路用地等。过度的开发利用成为草地植物资源的最大威胁。

2）草地退化严重，优良植物种质资源减少。目前我国东北地区草地质量整体上下降明显，其中90%以上的草地出现比较严重的退化，优良草地植物资源种类明显减少，有毒有害和入侵植物增加。

3）产权界限不清，管理粗放。林地和草地界限模糊，管理粗放，开垦草原种植树木等违背草原规律的现象时有发生；还有部分草原产权不清晰，导致无人主管；草地植物资源被掠夺式利用现象突出，如过度放牧、药用植物的盗挖滥采等。

三、植物资源的可持续利用对策

1）进一步完善关于东北草地及草地植物资源保护的法律法规建设，对现有各类草地植物资源分别进行立法保护，坚决制止草地开垦和改变草地用途的不法行为；强化执法监督力度，重点是加强草原执法队伍建设与执法理念和方式的转变。

2）制定科学合理利用的标准，对放牧场、打草场、兼用草场以及草地经济植物资源利用进行科学规划和合理布局。坚持"保护优先"原则，明确利用季节、利用种类、利用部位等，在对草地植物保护的前提下，实现草地经营管理效益最大化。

3）积极推动国家草原公园建设，对不同草原类型和特色植物资源、珍稀濒危植物资源进行合理保护。针对建成的草原公园，要努力健全草原公园长效投入机制，建立草原资源利益分配和生态补偿机制。

4）引进或开发先进技术，对草地经济植物资源进行精深加工，突出特色，挖掘潜力，提高效益。同时，加强野生植物资源的驯化和人工栽培，实现适当规模的产业化生产，提高经济效益，促进当地经济社会发展和进步。

5）强化和大力普及山水林田湖草沙生命共同体理念，加强《中华人民共和国草原法》（以下简称《草原法》）的宣传，加大草原违法犯罪行为的惩戒力度，让习近平生态文明思想在草原得到认真贯彻和普及。

第五节　草地法律法规建设

一、历史

法律法规建设对于草地植物保护与利用的意义不言而喻，它既是实际工作的指导和准绳，也是实际工作能够落实的保障。完善和健全的法律体系，是草地植物保护、利用和管理的基本依据（刘晓莉，2015）。因为某一领域的工作总是与其他领域相互关联，而且涉及不同的范围和尺度，所以特定领域的法律法规建设是一个体系建设，需要国家与地方结合、下位法与上位法配合、各类法律相互衔接。而且随着国情的变化，法律法规建设还需要与时俱进，不断地修订完善，才能适应新形势和新理念。

我国专门针对草原保护和管理的第一部国家级法律是《草原法》。《草原法》颁布于1985年，比《中华人民共和国环境保护法》公布施行早4年，所以《草原法》颁发之时的基本理念是利用和管理草原。进入21世纪以后，为了适用于新的国家形势，《草原法》陆续经历了4次修订。在2003年进行了第一次修订，后来又在2009年、2013年分别进行了一次修订。2015 年《中共中央 国务院关于加快推进生态文明建设的意见》中明确提出对《草原法》进行修订。2021 年发布了《草原法》修正版。《草原法》在不断的修订（修正）过程中，越来越重视对草原生态系统的保护。在国家层面，相关的其他法律还有《中华人民共和国自然保护区条例》《中华人民共和国野生植物保护条例》《草原征占用审核审批管理办法》《中华人民共和国刑法》等。

对东北草地区域来说，内蒙古自治区、黑龙江省、辽宁省和吉林省也依照国家级法律，结合本地情况分别制定了一系列的地方性法规，至少包括 21 部（表 9-2），其中内蒙古自治区最为完善（8 部）。尤其近 5 年来，东北地区为了适应生态文明的历史发展

表 9-2　东北草地保护与管理相关的主要现行法律法规

法律法规	级别	发布及修订（正）年份
《中华人民共和国草原法》	国家级	1985 年、2002 年、2009 年、2013 年、2021 年
《中华人民共和国自然保护区管理条例》	国家级	1994 年、2011 年、2017 年
《国家级自然保护区规范化建设和管理导则（试行）》	国家级	2009 年
《国家公园管理暂行办法（征求意见稿）》	国家级	2022 年
《江态保护红线监管办法（试行）（征求意见稿）》	国家级	2021 年
《中华人民共和国环境保护法》	国家级	1989 年、2014 年
《中华人民共和国野生植物保护条例》	国家级	1997 年、2017 年
《草原征占用审核审批管理办法》	国家级	2006 年
《草原征占用审核审批管理规范》	国家级	2020 年
《野生药材资源保护管理条例》	国家级	1987 年
《内蒙古自治区草原管理条例》	省级	1984 年、1991 年、2005 年、2020 年
《内蒙古自治区基本草原保护条例》	省级	2011 年、2016 年
《内蒙古自治区草畜平衡和禁牧休牧条例》	省级	2021 年
《内蒙古自治区草原野生植物采集收购管理办法》	省级	2008 年
《内蒙古自治区草原植被恢复费征收使用管理办法》	省级	2012 年
《内蒙古自治区环境保护条例》	省级	1991 年、1997 年
《内蒙古自治区自然保护区实施办法》	省级	1998 年
《内蒙古自治区征占用草原审核审批程序规定》	省级	2020 年
《辽宁省草原管理实施办法》	省级	2009 年、2011 年、2014 年、2016 年、2017 年、2021 年
《辽宁省封山禁牧规定》	省级	2010 年
《辽宁省环境保护条例》	省级	2017 年、2020 年、2022 年
《吉林省草原管理条例》	省级	1987 年、1997 年
《吉林省封山禁牧管理办法》	省级	2013 年
《吉林省自然保护区条例》	省级	1997 年
《吉林省野生动植物保护管理暂行条例》	省级	1985 年
《吉林省农业野生植物保护办法》	省级	2013 年
《吉林省生态环境保护条例》	省级	2020 年
《黑龙江省自然保护区管理办法》	省级	1996 年、2016 年、2018 年
《黑龙江省草原条例》	省级	2005 年、2016 年、2018 年
《黑龙江省野生药材资源保护条例》	省级	2005 年、2018 年
《黑龙江省草原征占用审核审批实施办法》	省级	2020 年

要求和山水林田湖草沙一体化保护和修复的客观需要，至少新颁布了4部，新修订了6部法律法规。例如，针对近年来进一步加剧的草原退化和草畜矛盾，内蒙古自治区第十三届人民代表大会常务委员会第二十七次会议在2021年通过了《内蒙古自治区草畜平衡和禁牧休牧条例》，预计将更加科学地指导草地利用和畜牧养殖；针对非法侵占草原用地案件逐年增加的情况，内蒙古自治区林业和草原局在2020年颁布了《内蒙古自治区征占用草原审核审批程序规定》，预计将更有力地保护基本草原。

总体而言，东北草地区域植物资源保护和利用相关的法律法规相对完善，已经形成了以《草原法》为核心的一整套法律法规体系，在大多数情况下都有法可依，但依旧存在一些问题，需要不断地健全和完善。

二、现状和存在的问题

1）《草原法》尚不完善。一是很多条款停留在原则性或政策性的阶段，规则性不强，在实际应用中可操作性差（赵英杰和王佳佳，2021）。例如，在第六章第四十二条中提到，应当将重要放牧场划为基本草原，实施严格管理，但并没有对重要放牧场的属性进行界定和说明。二是对各类重要生物资源（如重要牧草遗传资源、重要药用植物资源）的保存和管理几乎没有专门性的规定，仅在第四十四条提及"县级以上人民政府应当依法加强对草原珍稀濒危野生植物和种质资源的保护、管理"，但并没有涉及如何界定、如何保存和管理。三是缺失生物多样性保护和管理制度，对各个尺度的生物多样性管理和监测没有作出明确规定（万政钰，2013）。四是缺乏生态补偿制度的相关规定，反映出《草原法》没有用生态经济学的视角看待草原的生态价值。在生态文明建设的新时代背景下，草原以提供生态系统服务功能为核心，因此这部分生态服务价值应该有支付主体，应该用生态经济学方法对国家以外的补偿主体作出规定（杨清等，2020；孟和吉日格勒，2019）。

2）地方立法尚不完善。在基本法的规定还不够具体和完善的时候，地方法是重要的补充。在东北草地范围内，内蒙古自治区的立法相对完善，但东北三省的立法较少，缺少较多与国家级法律相配套的地方性法规。

3）缺乏各类草地植物资源保护与利用的专门性法规。例如，东北草地约一半的物种都属于牧草资源，其中有大量的优质牧草种质资源，对它们的保存和管理应该做专门性的规定。

4）有关人工草地的法律法规缺失。因为人工草地的某些性质和定位不同于自然草地，需要对人工草地的适用范围以及人工草地与自然草地的关系等进行规定。

5）不同法律之间存在脱节。由于各种局限，各类草地保护与利用的法律在开始阶段都是以管理和利用为主，生态保护意识不够。所以有关生态保护的规定相对滞后于其他法律体系，造成衔接不畅（刘晓莉和贾国发，2008）。例如，《草原法》中对草原犯罪的规定，就没有与《中华人民共和国刑法》很好关联。《草原法》规定的六类犯罪，并不能在《中华人民共和国刑法》中找到相应的名目。虽然最高人民法院在2012年出台了相应的司法解释，但是这只是暂时缓解了问题，并没有从根本上解决问题。

三、发展趋势和建议

在全社会乃至全球越来越倡导生态文明建设的大趋势下，有关生态保护的内容会渗透到各个法律体系中。因此，现行法律法规在保持整体稳定性的前提下，也应该适度加快修订的节奏。针对上面提到的问题，建议从以下几方面加强东北草地保护与利用相关的法律法规建设。

1）填补立法空白。①对草地保护的基本法律——《草原法》进行更加深入的修订和完善，细化有关制度的规定内容，将政策性或原则性的表述更多地转变为操作性较强的规则，增加其可实施性和可执行性（古力克孜·拜克日等，2022），需要对一些重要的概念进行说明和界定（乌丽娜素，2013）。另外需要增加生物多样性保护和重要植物资源保护等方面的相关规定，拓展《草原法》的覆盖范围，多维度地保障草地生态系统可持续发展（刘彦杰，2017）。②在《草原法》以及地方性法规中都应当建立完善的生态补偿制度，补偿主体要从国家层面扩大到社会层面，根据不同情况，补偿主体可以是受益者、使用者或者破坏者（叶晗，2014）。例如，《内蒙古自治区草原植被恢复费征收使用管理办法》就是一个生态补偿的相关法律法规。③尝试编制针对各类草地植物资源管理、利用和保育的专门性法规，引导和规范东北草地植物资源的保护和合理利用。④起草和编制有关人工草地的法律法规。人工草地可能是未来一个重要的发展方向，其高产可控的特点能够减少畜牧业对基本草原的依赖，所以不能简单地将人工草地和自然草地合并在一起，需要制定专门的法律法规。

2）加强草地保护法律体系内以及与其他法律体系之间的互相衔接、关联和统一。①加强上位法和下位法之间的统一。②加强国家级法律和地方性法规的衔接。③加强草地保护法律体系与其他法律体系（尤其是一些基础法）之间的关联，如与《中华人民共和国民法典》《中华人民共和国刑法》《中华人民共和国行政法》等的关联。

第六节　公众生态意识培养

一、必要性和途径

生态保护和合理利用需要依靠公众。生态文明理念能否深入人心和植根群众，是生物多样性可持续利用的核心（任祥，2020）。必须也应该让公众从思想层面认识到生态保护和资源利用的关系，进而从行动层面参与到生态保护工作和监管中来（郎嬛琳和方程，2019）。

对公众生态意识的培养有多种途径，如各级干部培训、社区宣传、公众科普教育、中小学课程、大学通识教育等（罗荔和杨小帆，2021；谢昌明和王安萍，2021）。这些宣传和教育都属于自然教育（natural education）或环境教育（environmental education）。我国在 1995 年创办了《环境教育》杂志，旨在普及环保知识、传播生态文明和推动公众参与。21 世纪以来，我国环境教育的深度和广度都有极大的提高，小学、中学、大学在环境教育方面都有相应的活动和课程；各个公园和保护地也大都规划和建设了环境教育基地；社会各界也开展着各种各样的环境教育活动；自然教育相关的企业机构及团体，也如雨后春笋般涌现。

环境教育活动的受众可以是中小学生，也可以是成年科学爱好者，往往以自然环境（公园、风景区、湿地、自然保护区、国家公园等）或科普基地为场地，以科学家、科普工作者或者环保工作者为组织者，以宣讲或者其他活动形式因地制宜地传播生态保护政策、措施、法律法规、生态保护案例等，从而普及生态保护理念和推广生态保护行动（李鑫和虞依娜，2017）。

二、现状和存在的问题

近年来，东北草地所涉行政区非常重视公众生态意识的培养。2019 年，国家林业和草原局印发了《关于充分发挥各类自然保护地社会功能 大力开展自然教育工作的通知》，标志着林草系统正式开启推动自然教育事业。同年，中国林学会召开了自然教育工作会议，依托中国林学会成立了自然教育委员会（自然教育总校），建立起以自然教育为内容、范围广泛的跨界联盟。10 月，首届东北自然教育论坛在大连举办。11 月，中国自然教育大会第六届全国自然教育论坛在中国地质大学（武汉）召开，提出了新形势下推动林业草原高质量发展对自然教育的新要求。

随着国家政策的大力扶持，东北地区的公众生态意识培养行动进入正轨。2021 年全国关注森林活动组委会公布了国家青少年自然教育绿色营地名单，其中东北草地的内蒙古青少年生态示范园入选。2022 年，黑龙江省落实《全国三亿青少年进森林研学教育活动方案》评审批准了 37 家省级青少年自然教育绿色营地。黑龙江省林业和草原局网站上设立了专门的自然教育板块。2021 年，吉林省 30 个单位被认定为吉林省青少年自然教育绿色营地。2022 年，内蒙古自治区生态环境厅也完成命名 14 所自治区级自然学校，其中，赤峰市 3 所，呼伦贝尔市 2 所，锡林郭勒盟 1 所，兴安盟 1 所。

但是，与一线城市以及沿海经济较发达地区相比，东北草地的公众生态意识培养相对滞后（邵继承等，2021），其环境教育工作既存在全国性的普遍问题，也有东北地区的具体问题，主要包括以下几个方面。

1）在各省设立的自然教育营地中，以草地资源为主的自然教育营地很少，仅在内蒙古地区有少数几家，黑龙江、吉林、辽宁并没有草地相关的自然教育营地。

2）东北草地环境教育工作的普及面不广，主要集中在学校，社区参与度低。

3）没能充分利用东北草地的特色资源。目前自然教育工作还处于初级阶段，大多数的活动还没有深入开发各地的资源特色。

4）没能大力调动企业和旅游资源。目前，东北草原地区的教育活动还是以政府倡导为主，社会力量介入较少，还无法大力带动当地社区的积极性，也缺少一个组合当地旅游和现有自然教育活动的途径。

三、发展趋势和建议

当前，我国的生态文明建设正处于重要的发展阶段，国家对旨在培养公众生态意识的环境教育越来越重视。东北地区也需要紧跟生态文明建设的步伐，依托各类保护地和国家公园，加快建设一批环境教育示范基地，尽可能动员社会资源，从各个方面推动公众的环保意识。

1）深入依托自然保护地，进一步加强自然教育基地、人员和社区宣教建设（孙雅妮，2020）。自然保护地在环境教育的公众意识培养方面承担着重要的角色，有多方面基础优势：资源本底清楚、拥有专业人员、部分区域对公众开放、配备基本的宣传教育设施，而且容易与当地社区、学校、社会机构展开合作，是公众生态意识培养的主阵地之一（陈东军等，2022）。

2）以东北草地特色生物资源或重点问题为核心开展特色的环境教育活动（樊奇，2021）。东北草地面积广阔，拥有丰富的特色植物资源。例如，本地居民一直保持着采摘野菜的习惯，各地区可以利用周边的草地资源，开展春季特色植物辨识活动，同时可以尝试与各大农业院校合作，宣传种植特色"野菜"，发展"野菜"种植产业，一方面可以减少对草地植物的大量采摘，另一方面可以保持草地风貌，吸引更多的游客，增加收入。各地的社区也可以组织开展针对有毒有害植物、外来入侵植物的培训活动，清除外来入侵植物的竞赛等，形成周期性的活动方案，让资源合理利用和保护的方方面面逐渐深入人心。

3）将环境教育植根校园。可以将中小学环境教育作为特色教育，融入到校园文化中，也可主要体现在课外实习活动中。学校可以与公园、保护地合作设计并开展针对各年级的系列课程，如带领学生实地进入草原，认识草地上的植物，并了解它们的用处，知道该如何对其生存环境和物种进行保护等。在东北草地范围内的大学的教育中，推荐尝试开展草地环境资源保护宣传周等活动，相关专业可以尝试增加项目式学习的方案，与社区合作，让大学生实地参与到实际的社区宣传及保护工作中来。

4）鼓励环境教育产业化。目前和环境教育产业化结合最密切的是生态旅游业，往往以学生、亲子或科学爱好者为受众，将科学普及、生态保护与旅游休闲相结合（周德成等，2021）。这种形式的环境教育有多方面的好处：产业化才能持续性地激发社会动力和创新，充分调动社会资源参与到生态保护事业中；环境教育与旅游业结合，可以使受众面扩大到全社会，在轻松自在的环境中使公众切身感受到良好生态带给人的美好感受，深切认识到人类离不开大自然；生态旅游能够给当地社区带来经济效益，发展保护地周边经济，使当地社区自觉保护绿水青山；依托当地保护地开展的环境教育才能将生态保护的观念植根于当地，对本土居民环保意识的培养产生深远影响。

主要参考文献

巴亚尔图. 2012. 《蒙古秘史》动、植物名称研究. 内蒙古大学硕士学位论文.

白茹珍, 王呼和. 2008. 东北地区草地退化防治措施. 畜牧与饲料科学, 29(6): 102-105.

白英卿. 2006. 三江源区草地植物资源信息管理系统的建立与设计. 青海大学学报(自然科学版), 24(5): 80-82, 85.

白永飞, 赵玉金, 王扬, 等. 2020. 中国北方草地生态系统服务评估和功能区划助力生态安全屏障建设. 中国科学院院刊, 35(6): 675-689.

包文忠, 山薇, 杨晓东, 等. 1998. 我国北方草地资源面临的生态危机及对策. 中国草地, (2): 70-73.

曹成有, 蒋德明, 骆永明, 等. 2004. 小叶锦鸡儿防风固沙林稳定性研究. 生态学报, 24(6): 1178-1186.

曹利民, 龙春林, 曹明. 2015. 江西赣南客家两种保健野菜营养成分分析. 时珍国医国药, 26(11): 2597-2599.

曹乌吉斯古楞. 2007. 内蒙古野生蔬菜资源及其综合评价. 内蒙古师范大学硕士学位论文.

曹宇, 王嘉怡, 李国煜. 2019. 国土空间生态修复: 概念思辨与理论认知. 中国土地科学, 33(7): 1-10.

柴来智, 郇庚年, 段舜山, 等. 1993. 甘肃省张掖地区天然草地主要有毒有害植物及其利用. 草业科学, 10(4): 22-28, 21.

常丽新, 刘晶芝. 2005. 河北省几种野菜营养成分分析. 中国蔬菜, 1(4): 24-25.

陈东军, 钟林生, 马国飞, 等. 2022. 自然保护地自然教育资源分类与评价——以神农架国家公园为例. 生态学报, 42(19): 7796-7806.

陈锋, 于翠翠. 2018. 野生食用植物资源的开发利用现状及前景分析. 现代食品, (19): 32-34.

陈冀胜, 郑硕. 1987. 中国有毒植物. 北京: 科学出版社.

陈默君, 贾慎修. 2002. 中国饲用植物. 北京: 中国农业出版社.

陈志宏, 李晓芳, 负旭疆, 等. 2009. 我国草种质资源的多样性及其保护. 草业科学, 26(5): 1-6.

程冬兵, 刘士余. 2003. 生物措施在水土保持中的应用探讨. 江西农业大学学报(社会科学版), 2(4): 144-146.

程鸿. 1990. 中国自然资源手册. 北京: 科学出版社.

楚乐乐, 罗成科, 田蕾, 等. 2019. 植物对碱胁迫适应机制的研究进展. 植物遗传资源学报, 20(4): 836-844.

丛建民, 陈凤清. 2015. 吉林西部盐碱化草甸草木犀栽培研究. 中国农机化学报, 36(2): 332-337.

崔桂友. 1995. 五种豆科野菜的营养成分和烹饪运用. 中国烹饪研究, 12(4): 51-52.

崔国文, 张鹏咏, 张文浩, 等. 2016. 东北草地常见植物图谱. 北京: 科技出版社.

崔洪文. 2011. 保健野菜——益母草的科学栽培. 农家科技, (10): 46.

崔立柱, 付依依, 刘士伟, 等. 2021. 沙棘营养价值及产业发展概况. 食品研究与开发, 42(11): 218-224.

崔永东, 李春成, 刁雪微. 2016. 桔梗栽培技术. 特种经济动植物, 19(2): 38-39.

崔友文. 1953. 华北经济植物志要. 北京: 科学出版社.

董静洲, 易自力, 蒋建雄. 2005. 我国药用植物种质资源研究现状. 西部林业科学, 34(2): 95-101.

董宽虎, 沈益新. 2003. 饲草生产学. 北京: 中国农业出版社.

杜光辉, 邓纲, 杨阳, 等. 2017. 大麻籽的营养成分、保健功能及食品开发. 云南大学学报(自然科学版), 39(4): 712-718.

杜怡斌. 2000. 河北野生资源植物志. 保定: 河北大学出版社.

杜运芹, 张玉霞, 刘朝晖, 等. 2014. 柳蒿芽温室栽培技术. 现代农业, (4): 19.

樊奇. 2021. 美国高校环境教育的特征及启示. 中国高等教育, (Z1): 78-80.

冯淑华. 2009. 中国东北野生植物资源调查与园林应用前景分析. 中国林副特产, (4): 5-77.

冯妍, 董强, 赵宝玉, 等. 2004. 中国草地重要有毒植物信息系统的研发. 西北农林科技大学学报(自然科学版), 32(10): 74-78.

付佳琦, 崔国文, 冀国旭, 等. 2018. 内蒙古阿荣旗草地植物资源调查及分析. 草地学报, 26(5): 1140-1145.

付丽, 刘加珍, 陶宝先, 等. 2021. 盐生植物对盐渍土壤环境的适应机制研究综述. 江苏农业科学, 49(15): 32-39.

傅泽强, 蔡运龙, 杨友孝, 等. 2001. 中国粮食安全与耕地资源变化的相关分析. 自然资源学报, 16(4): 313-319.

富象乾. 1982. 中国饲用植物研究史. 内蒙古农牧学院学报, (1): 19-31.

高麓, 孙洪斌, 刘洪元. 1991. 沙蓬籽的营养价值研究和利用. 食品科学, (2): 50-53.

高吉喜, 徐梦佳, 邹长新. 2019. 中国自然保护地 70 年发展历程与成效. 中国环境管理, 11(4): 25-29.

高利芳. 2012. 内蒙古牧民合作社参与草原生态保护研究. 内蒙古农业大学博士学位论文.

高倩, 卢楠. 2021. 盐碱地综合治理开发研究现状及展望. 南方农机, 52(16): 153-155.

高祀亮, 混旭, 袁瑾. 2009. 菊科植物牛蒡营养成分分析. 氨基酸和生物资源, 31(3): 23-24.

高燕, 曹伟. 2010. 中国东北外来入侵植物的现状与防治对策. 中国科学院大学学报, 27(2): 191-198.

葛晓光, 宁伟. 2005. 我国野菜产业的现状与发展. 农技服务, (12): 14-16.

耿星河. 2003. 内蒙古庭园 8 种常见野菜的营养成分分析. 内蒙古师范大学学报(自然科学汉文版), 32(4): 397-399.

古力克孜·拜克日, 郑嫣予, 李媛辉. 2022. 中国草原立法中法律责任规定之不足与完善. 草业科学, 39(4): 806-818.

谷丰. 1998. 保健蔬菜——独行菜. 农村科学实验, (8): 5.

谷奉天, 刘振元, 姚志刚. 2003. 黄河三角洲野生经济植物资源. 济南: 山东省地图出版社.

郭佳, 曹伟, 张悦, 等. 2019. 黄花刺茄在中国东北潜在分布区预测. 草业科学, 36(10): 2476-2484.

郭蓉, 郭亚洲, 王帅, 等. 2021. 中国天然草地有毒植物及其放牧家畜中毒病研究进展. 畜牧兽医学报, 52(5): 1171-1185.

郭晓艳, 张精哲, 郭卫东, 等. 2012. 外来入侵植物——黄花刺茄的生物学特性、危害与防控. 内蒙古林业调查设计, 35(6): 73-75.

国家统计局. 2021. 中国统计年鉴 2021. 北京: 中国统计出版社.

国务院办公厅. 2014. 中国食物与营养发展纲要(2014—2020 年). 北京: 人民出版社.

哈斯巴根. 1996. 《蒙古秘史》中的野生食用植物研究. 干旱区资源与环境, 10(1): 87-94.

哈斯巴根. 2002. 内蒙古野生植物资源分类及开发途径的研究. 内蒙古师范大学学报(自然科学汉文版), 31(3): 262-268.

哈斯巴根, 苏亚拉图. 2008. 内蒙古野生蔬菜资源及其民族植物学研究. 北京: 科学出版社.

哈斯巴根, 晔蒿罕, 赵晖. 2011. 锡林郭勒典型草原地区蒙古族野生食用植物传统知识研究. 植物分类与资源学报, 33(2): 239-246.

韩建国, 马春晖. 1998. 优质牧草的栽培与加工贮藏. 北京: 中国农业出版社.

韩建萍, 张文生, 孟繁蕴, 等. 2006. 内蒙古药用植物资源可持续开发及环境保护策略. 中国农业资源与区划, 27(2): 18-21.

何春年, 彭勇, 肖伟, 等. 2011. 黄芩茶的应用历史与研究现状. 中国现代中药, 13(6): 3-7,19.

何锦风, 张琨, 陈天鹏. 2007. 汉麻籽的营养成分和功能. 食品科技, 32(6): 257-260.

何丽. 2015. 营养健康话牛蒡. 健康向导, 21(2): 12-13.

何志勇, 夏文水. 2002. 沙棘果汁营养成分及保健作用. 食品科技, (7): 69-71, 63.

荷斯坦奶农俱乐部网. 2021. 进口苜蓿: 2020 年 136 万吨同比持平. http://www.hesitan.com/nnyw_

xjxm/2021-01-25/369963.chtml [2021-11-9].

贺山峰, 蒋德明, 阿拉木萨, 等. 2007. 科尔沁沙地小叶锦鸡儿灌木林固沙效应的研究. 水土保持学报, 21(1): 84-87.

贺学林, 刘翠英. 2007. 毛乌素沙地资源植物研究. 西北农林科技大学学报(自然科学版), 35(11): 196-202.

黑龙江省野生经济植物图志编辑委员会. 1963. 黑龙江省野生经济植物图志. 哈尔滨: 黑龙江人民出版社.

侯丰. 1995. 科尔沁西部天然草地有毒有害植物及其防除措施. 草业科学, 12(5): 29-34.

侯向阳. 2013. 中国草原科学. 北京: 科学出版社.

扈顺, 王永, 王勇, 等. 2018. 内蒙古野生蔬菜植物资源信息系统的建立. 北方农业学报, 46(1): 123-127.

黄丽华, 李芸瑛. 2014. 艾叶的营养成分分析. 食品研究与开发, 35(20): 124-127.

黄璐琦, 杨滨, 王敏, 等. 1999. 当前我国药用植物资源开发利用研究中几个问题的探讨. 中国中药杂志, (2): 6-9, 60.

黄明进, 王文全, 魏胜利. 2010. 我国甘草药用植物资源调查及质量评价研究. 中国中药杂志, 35(8): 947-952.

黄鑫, 陈万生, 张汉明, 等. 2015. 生物技术在药用植物研究与开发中的应用和前景. 中草药, 46(16): 2343-2354.

吉林省野生经济植物志编辑委员会. 1961. 吉林省野生经济植物志. 长春: 吉林人民出版社.

贾慎修. 1987. 中国饲用植物志. 第一卷. 北京: 农业出版社.

贾慎修. 1989. 中国饲用植物志. 第二卷. 北京: 农业出版社.

贾慎修. 1991. 中国饲用植物志. 第三卷. 北京: 农业出版社.

贾慎修. 1992. 中国饲用植物志. 第四卷. 北京: 农业出版社.

贾慎修. 1995. 中国饲用植物志. 第五卷. 北京: 中国农业出版社.

贾慎修. 1997. 中国饲用植物志. 第六卷. 北京: 中国农业出版社.

姜科生, 徐月明. 2001. 我国药用植物资源保护探索. 中国医药学报, (16): 69-72.

姜晓莉, 王淑玲. 2000. 小根蒜的营养价值与开发利用. 特种经济动植物, 3(6): 22.

姜晔, 毕晓丽, 黄建辉, 等. 2010. 内蒙古锡林河流域植被退化的格局及驱动力分析. 植物生态学报, 34(10): 1132-1141.

姜英, 宋超, 金春爱, 等. 2013. 龙葵果营养成分的测定分析. 特产研究, 35(2): 65-66,76.

蒋德明, 寇振武, 曹成有, 等. 1997. 科尔沁沙地盐碱土造林对土壤改良作用的研究. 内蒙古林学院学报, 19(4): 2-8.

蒋德明, 刘志民, 曹成有, 等. 2003. 科尔沁沙地荒漠化过程与生态恢复. 北京: 中国环境科学出版社.

蒋德明, 刘志民, 寇振武. 2002. 科尔沁沙地荒漠化及生态恢复研究展望. 应用生态学报, 13(12): 1695-1698.

焦德志, 赵泽龙. 2019. 盐碱胁迫对植物形态和生理生化影响及植物响应的研究进展. 江苏农业科学, 47(20): 1-4.

金丽珠, 许伟, 邵荣, 等. 2016. 微波法辅助提取碱蓬籽油的工艺研究. 食品工业科技, 37(5): 232-237.

金玺. 2011. 我国药用植物资源利用的研究. 中国资源综合利用, 29(4): 39-41.

孔庆馥, 白云龙. 1990. 中国饲用植物化学成分及营养价值表. 北京: 农业出版社.

寇江泽. 2019-10-31. 我国已建立自然保护地 1.18 万处. 人民日报.

库尔班江·巴拉提. 2011. 新疆沙蓬籽中脂肪和蛋白质组分的研究. 安徽农业科学, 39(25): 15260-15262.

郎嬛琳, 方程. 2019. 我国环境保护公众参与的制度建设回溯与展望. 沈阳工业大学学报(社会科学版), 12(6): 487-494.

李彬, 王志春, 马红媛, 等. 2005a. 吉林省盐碱地资源与可持续利用对策. 吉林农业科学, 30(5): 46-50.

李彬, 王志春, 孙志高, 等. 2005b. 中国盐碱地资源与可持续利用研究. 干旱地区农业研究, 23(2): 154-158.

李博. 2000. 生态学. 北京: 高等教育出版社.

李刚. 1989. 东北三省、内蒙古药用植物研究动态概述. 特产研究, (1): 34-35.

李桂凤, 董淑敏, 李兴福, 等. 1999. 野生刺儿菜营养成分分析. 营养学报, 21(4): 478-479.

李海燕, 朱秀敏, 唐伟斌. 2008. 桔梗主要营养保健成分研究进展. 北方园艺, (8): 61-63.

李洪山, 范艳霞. 2010. 盐地碱蓬籽油的提取及特性分析. 中国油脂, 35(1): 74-76.

李君山, 赵永华, 朱兆仪, 等. 1999. 内蒙古风毛菊属药用植物资源调查. 中草药, 30(10): 776-780.

李曼曼, 李红娟, 范业文, 等. 2016. ICP-MS 测定盐地碱蓬籽油中必需微量元素含量. 中国油脂, 41(10): 102-105.

李斯更, 王娟娟. 2018. 我国蔬菜产业发展现状及对策措施. 中国蔬菜, (6): 1-4.

李鑫, 虞依娜. 2017. 国内外自然教育实践研究. 林业经济, 39(11): 12-18,23.

李兴华, 魏玉荣, 张存厚. 2012. 内蒙古草地面积的变化及其成因分析——以锡林郭勒照多伦旗为例. 草业科学, 29(1): 19-24.

李振宇. 2002. 中国外来入侵种. 北京: 中国林业出版社.

李正春, 刘守仁, 缪礼维. 1990. 新疆石河子饲用植物志. 乌鲁木齐: 新疆人民出版社.

李忠海, 钟海雁, 王存荣, 等. 2001. 野生食用植物资源的开发利用现状及前景. 湖南林业科技, 28(4): 93-94, 98.

李忠泽, 王向宏, 玉长芝. 1993. 柳蒿芽的营养评价. 国土与自然资源研究, (2): 65.

廖国藩, 贾幼陵. 1996. 中国草地资源. 北京: 中国科学技术出版社.

刘德福, 赵利利. 1983. 关于天然草场等级评价方案的商讨. 中国草原, (2): 7-11.

刘冬梅, 张风春, 吴晓蒲, 等. 2015. 遗传资源价值评估进展与应用. 环境与可持续发展, 40(2): 19-22.

刘果厚, 王树森. 1996. 内蒙古香料植物资源. 干旱区资源与环境, 10(4): 91-99.

刘利红, 刘博, 曹瑞, 等. 2017. 内蒙古野生有毒植物资源调查研究. 干旱区资源与环境, 31(3): 118-123.

刘鸣远. 1988. 东北特产药用植物——东北龙胆的研究. 哈尔滨师范大学自然科学学报, 4(3): 80-89.

刘慎谔. 1955. 东北木本植物志. 北京: 科学出版社.

刘慎谔. 1959. 东北植物检索表. 北京: 科学出版社.

刘晓莉. 2015. 中国草原保护法律制度研究. 北京: 人民出版社.

刘晓莉, 贾国发. 2008. 草原保护的刑法立法研究. 政治与法律, (1): 94-99.

刘彦杰. 2017. 草原生物多样性立法保护的法律问题探赜. 黑龙江畜牧兽医, (16): 265-267.

刘玉山, 玉宝, 卢朝霞. 2017. 踏郎和黄柳植物沙障生长适应性比较. 辽宁林业科技, (4): 5-7.

刘喆惠, 游松财. 2010. 基于 WebGIS 的藏北草地生态信息系统构建. 草地学报, 18(1): 42-49.

刘钟龄, 雍世鹏, 赵一之, 等. 1998. 内蒙古植物区系概述 // 马毓泉. 内蒙古植物志(第二版). 第一卷. 呼和浩特: 内蒙古人民出版社: 65-177.

吕林有, 赵艳, 于国庆, 等. 2016. 东北地区开展草地植物资源调查的必要性. 农业开发与装备, (4): 39-40.

罗布桑, 布和胡. 1996. 内蒙古自治区蒙医药用龙胆科植物资源调查. 中国民族医药杂志, 2(2): 37-38.

罗嘉梁, 宋永芳. 1989. 百里香精油化学成分的研究. 林产化学与工业, 9(3): 53-58.

罗洁, 杨卫英, 吴圣进, 等. 1997. 中国野生蔬菜资源研究和开发利用现状. 广西植物, 17(4): 363-369.

罗荔, 杨小帆. 2021. 环境教育融入青少年体育活动的历程、价值与路径研究. 青少年体育, (11): 132-134.

罗鹏, 高福利, 高宏波, 等. 1998. 特用油料植物播娘蒿. 中国油料作物学报, 20(1): 28-32.

马海霞, 王柳英. 2007. 生物措施水土保持机理综述. 青海草业, 16(1): 12-16.

马金双. 2013. 中国入侵植物名录. 北京: 高等教育出版社.

马金双. 2014. 中国外来入侵植物调研报告. 北京: 高等教育出版社.

马金双, 李惠如. 2018. 中国外来入侵植物名录. 北京: 高等教育出版社.

马进福. 2018. 水土保持措施优化配置成效与经验. 农业科技与信息, (23): 42-43, 45.

马小军, 陈震. 1994. 我国药用植物栽培研究的发展与展望. 中国中药杂志, 19(7): 398-399.

马忠业, 张爱玲, 孙涛. 2011. 我国天然草地自然保护区建设与发展现状. 草原与草坪, 31(4): 93-96.

满卫东, 刘明月, 王宗明, 等. 2020. 1990~2015 年东北地区草地变化遥感监测研究. 中国环境科学, 40(5): 2246-2253.

孟和吉日格勒. 2019. 内蒙古草原生态补偿机制的现状. 现代农业, (1): 83-84.

孟林, 张英俊. 2010. 草地评价. 北京: 中国农业科学技术出版社.

苗影志, 陈建欣, 温红珊, 等. 1998. 长白山展枝唐松草营养成分及软罐头的研制. 食品科学, 19(4): 22-23.

缪剑华, 肖培根, 黄璐琦. 2017. 药用植物保育学. 北京: 科学出版社.

那佳, 黄立华, 张璐, 等. 2019. 我国东北草地生产力现状及可持续发展对策. 中国草地学报, 41(6): 152-164.

娜日斯. 2000. 论达斡尔"柳蒿芽"文化. 民间文化, (8): 31-32.

《内蒙古草地资源》编委会. 1990. 内蒙古草地资源. 呼和浩特: 内蒙古人民出版社.

欧阳志云. 2017. 我国生态系统面临的问题与对策. 中国国情国力, (3): 6-10.

庞立东, 阿马努拉·依明尼亚孜, 刘桂香. 2015. 内蒙古自治区外来入侵植物的问题与对策. 草业科学, 32(12): 2037-2046.

齐广, 张卫国. 2015. 科尔沁草原重要饲用植物. 北京: 中国农业科学技术出版社.

乔伟光, 郑虹钰, 钟晓云, 等. 2013. 浑善达克沙地红柳和黄柳的防风效益评价. 内蒙古林业调查设计, 36(3): 51-52.

邱贺媛. 1999. 藜科 4 种野菜维生素 C 和硝酸盐含量的研究. 唐山师范学院学报, 21(5): 73-75.

秋西. 2016. 西方菜谱中的香草明星 百里香. 人与自然, (5): 90-95.

曲波, 吕国忠, 杨红, 等. 2006. 辽宁省外来入侵有害植物初报. 辽宁农业科学, (4): 22-25.

曲波, 张微, 翟强, 等. 2010. 辽宁省外来入侵有害生物特征初步分析. 草业科学, 27(9): 38-44.

曲程美. 2016. 黄河三角洲地区野大豆耐盐性评价及营养分析. 山东师范大学硕士学位论文.

全国科学技术名词审定委员会. 2008. 资源科学技术名词. 北京: 科学出版社.

全国绿化委员会办公室. 2020. 2019 年中国国土绿化状况公报. 国土绿化, (3): 14-17.

全国畜牧总站. 2021. 中国草业统计 2019. 北京: 中国农业出版社.

热夏提·乌兹别克. 2012. 伊犁草地有毒有害植物及其防除. 新疆畜牧业, (5): 62-63.

任翠梅, 王殿奎, 王明泽, 等. 2011. 大庆地区主要盐生能源植物资源调查. 黑龙江农业科学, (1): 58-59.

任继周. 1998. 草业科学研究方法. 北京: 中国农业出版社.

任继周, 林惠龙, 侯向阳. 2007. 发展草地农业确保中国食物安全. 中国农业科学, 40(3): 614-621.

任美霖, 王绍明, 张霞, 等. 2017. 准噶尔盆地南缘两种典型禾本科植物根鞘土壤微生物群落功能多样性. 生态学报, 37(11): 5630-5639.

任祥. 2020. 生态文明视域下公众参与环境保护的制度理性分析. 生态经济, 36(12): 218-222.

任艳军, 马建军, 张立彬, 等. 2012. 欧李叶表皮形态气孔指标与叶果矿质元素含量变化的关系. 林业科学, 48(4): 133-137.

荣杰, 赵宝玉, 白松, 等. 2012. 草地有毒植物数据库的基本构建. 草业科学, 29(1): 30-34.

萨日娜. 2016. 科尔沁左翼后旗野生饲用植物资源及其民族植物学研究. 内蒙古师范大学硕士学位论文.

商凤杰, 杜晓琪, 刘桂杰. 1997. 我国东北蒿属药用植物资源及其利用. 中国林副特产, (3): 58-59.

尚建力, 刘春红. 2010. 沙漠中防风固沙植物种群选择的探讨. 安徽农学通报, 16(17): 167-169, 176.

尚辛亥, 王雪军. 2019. 自然保护地整合优化及可持续发展对策探讨. 林业资源管理, (6): 32-37.

邵秋玲, 李玉娟. 1998. 盐地碱蓬开发前景广阔. 植物杂志, (3): 12.

邵云玲, 曹伟. 2017. 外来入侵植物豚草在中国东北潜在分布区预测. 干旱区资源与环境, 31(7):

172-176.

沈阳药学院. 1963. 东北药用植物原色图志. 北京: 科学普及出版社.

师建华, 曹军合, 徐立军. 2021. 欧李果实营养成分分析与评价. 河北林业科技, (2): 23-26.

师若云, 许静远, 谢国勇, 等. 2021. 黄芩药材质量的影响因素研究进展. 中国野生植物资源, 40(6): 42-46.

石洪山, 曹伟, 高燕, 等. 2016. 东北草地外来入侵植物现状与防治策略. 草业科学, 33(12): 2485-2493.

时新刚, 张红侠, 李赛钰, 等. 2007. 牛蒡营养成分分析与评价. 食品与药品, 9(12): 39-40.

束晨阳. 2016. 论中国的国家公园与保护地体系建设问题. 中国园林, 32(7): 19-24.

苏大学. 1991. 1∶1 000 000 中国草地资源图编制规范. 北京: 中国农业出版社.

苏雅拉. 2014. 内蒙古高格斯台罕乌拉国家级自然保护区野生食用植物资源的调查与评价. 内蒙古师范大学硕士学位论文.

孙仓, 工志明, 图力吉尔, 等. 2007. 吉林省外来入侵生物的危害及防治对策. 吉林农业大学学报, 29(4): 384-388.

孙存华, 李扬, 贺鸿雁, 等. 2005. 藜的营养成分及作为新型蔬菜资源的评价. 广西植物, 25(6): 598-601.

孙皎, 肖珩, 夏宝平. 2014. 东北野生药用植物资源分布及现状调查研究. 电子制作, (9): 274-275.

孙俊. 2014. 榛子营养价值及辽宁地区榛子病害研究进展. 辽宁林业科技, (5): 51-53.

孙雅娜. 2020. 中国自然保护地环境教育标准体系研究. 北京林业大学硕士学位论文.

邰继承, 范富, 侯迷红, 等. 2021. 民族地区高校环境教育现状、问题与对策——以内蒙古民族大学调研数据为例. 内蒙古民族大学学报(自然科学版), 36(6): 543-545.

陶莎, 王玉庭, 张峭. 2019. 国内苜蓿草供需现状及中美贸易摩擦带来的影响与对策. 畜牧与饲料科学, 40(10): 46-50.

田文坦, 刘扬, 王树彦, 等. 2015. 内蒙古外来入侵物种及其对草原的影响. 草业科学, 32(11): 1781-1788.

万政钰. 2013. 我国草原立法存在的主要问题及对策研究. 东北师范大学博士学位论文.

王崇山, 孟祥玉, 王新颖, 等. 2004. 辽宁阜新地区水土保持生物治理措施问题的探讨. 内蒙古林业调查设计, 27(4): 58-59.

王丹, 王恒昌, 杨晓波. 2016. 通过乳制品源头控制提高原料奶品质的措施. 中国乳业, (4): 62-63.

王栋. 1989. 牧草学各论. 第二版. 南京: 江苏科学技术出版社.

王峰, 卢建雄, 申晓蓉. 2007. 蕨麻营养成分测定. 食品与药品, 9(7): 33-34.

王焕. 2021. 可饲用植物在动物生产中的应用及对饲料成本的影响. 饲料研究, 44(18): 158-160.

王晶. 2012. 假苍耳化感作用对生物生长发育的研究. 东北农业大学硕士学位论文.

王科, 李美华. 2008. 草地有毒有害植物防治. 云南畜牧兽医, (3): 38.

王力, 高飞, 周俗, 等. 2007. 青藏高原东南部天然草地主要有毒有害植物数据库及其信息管理系统的研发. 草业与畜牧, (1): 1-6, 10.

王力, 高杉, 周俗, 等. 2006. 青藏高原东南部天然草地主要有毒植物调查研究. 西北植物学报, 26(7): 1428-1435.

王力川, 唐伟斌, 胡章记. 2006. 冀南太行山野生蔬菜营养价值评测. 中国林副特产, (2): 26-27, 34.

王丽红, 孙伟佳, 戴运鹏, 等. 2014. 猫耳朵菜营养成分分析. 营养学报, 36(5): 514-515.

王丽娟, 李爱雨, 冯旭, 等. 2021. 外来入侵植物假苍耳种子的萌发特性. 生态学杂志, 40(7): 1979-1987.

王明清. 2003. 榛子油理化特性及脂肪酸组成分析. 中国油脂, 28(8): 69-70.

王伟, 李俊生. 2021. 中国生物多样性就地保护成效与展望. 生物多样性, 29(2): 133-149.

王毅, 黄宝荣. 2019. 中国国家公园体制改革: 回顾与前瞻. 生物多样性, 27(2): 117-122.

王英伟. 2017. 我国野生食用植物资源利用现状及问题. 林业勘查设计, (3): 67-70.

王永吉, 王家绪. 1990. 保护植物种质资源拯救濒临灭绝的野山参. 东北林业大学学报, 18(S3): 83-85.

王云豹. 2006. 自然保护小区的现状分析与管理研究. 北京林业大学硕士学位论文.

乌丽娅素. 2013. 基本草原保护法律制度研究. 内蒙古大学硕士学位论文.

吴全, 杨邦杰, 张松岭, 等. 2001. 基于 3S 技术的中国西部草地资源信息系统. 农业工程学报, 17(5): 142-145.

吴松标, 吴丽芬. 2010. 败酱草的加工利用及栽培技术. 现代农业科技, (13): 144, 148.

吴征镒. 1991. 中国种子植物属的分布区类型. 云南植物研究, (S4): 1-139.

肖玫, 杨进, 曹玉华. 2005. 蒲公英的营养价值及其开发利用. 中国食物与营养, (4): 47-48.

肖培根. 1980. 我国药用植物资源的调查、利用、研究和展望. 江苏中医杂志, (2): 49-53.

肖文一, 刘中源. 1993. 小叶章饲草资源开发利用的研究. 哈尔滨: 东北林业大学出版社.

谢昌明, 王安萍. 2021. 生态环境教育在高校思政教育中的融入探索. 环境工程, 39(8): 293-294.

谢高地, 张钇锂, 鲁春霞, 等. 2001. 中国自然草地生态系统服务价值. 自然资源学报, 16(1): 47-53.

徐海根, 强胜, 韩正敏, 等. 2004. 中国外来入侵物种的分布与传入路径分析. 生物多样性, 12(6): 626-638.

徐丽君, 徐大伟, 辛晓平. 2016. 中国羊草适宜性区划与种植现状分析. 中国农业资源与区划, 37(10): 174-180, 205.

许盼云, 吴玉霞, 何天明. 2020. 植物对盐碱胁迫的适应机理研究进展. 中国野生植物资源, 39(10): 41-49.

闫小玲, 寿海洋, 马金双. 2012. 中国外来入侵植物研究现状及存在的问题. 植物分类与资源学报, 34(3): 287-313

颜淑珍, 刘秋云, 宋来兴. 2008. 饲料中应注意的天然有害成分. 中国奶牛, (11): 60-61.

杨国柱, 张洪军, 尚永成. 1994. 柴达木地区芦苇草地的保护、培育和合理利用. 中国草地, (5): 58-61.

杨海英, 李详明, 杨在宾. 2007. 饲料中的有毒有害物质及其监控 // 山东畜牧兽医学会. 2007 山东饲料科学技术交流大会论文集. 泰安(未正式发表资料).

杨梅, 刘维, 吴清华, 等. 2015. 我国药用植物种质资源保存现状探讨. 中药与临床, 6(1): 4-7.

杨清, 南志标, 陈强强. 2020. 国内草原生态补偿研究进展. 生态学报, 40(7): 2489-2495.

杨忠仁, 翟学婧, 张晓艳, 等. 2017. 沙生蔬菜——地梢瓜新品种沙珍 DG-1 号. 种子, 36(7): 133-134.

姚玉霞, 蔡建培, 李泽鸿, 等. 2003. 四种山野菜营养成分分析. 营养学报, 25(4): 441-442.

叶晗. 2014. 内蒙古牧区草原生态补偿机制研究. 北京: 农业与经济发展研究所.

尹航, 朴顺姬, 王振杰, 等. 2006. 科尔沁沙地差巴嘎蒿群落及种群生态特征. 应用生态学报, 17(7): 1169-1173.

于继英, 刘世杰, 张爱华, 等. 2015. 车前草和瓜尔豆的营养物质含量和食用价值评估. 饲料广角, (24): 36-38.

余梦莉. 2019. 论新时代国家公园的共建共治共享. 中南林业科技大学学报(社会科学版), 13(5): 25-32.

袁瑾, 钟华, 姚宗仁, 等. 2006. 野生植物蒲公英营养成分的研究. 氨基酸和生物资源, 28(2): 22-23.

袁清, 徐柱, 师文贵, 等. 2004. 中国草原资源共享信息系统的建立. 中国草地, 26(4): 16-20.

翟海波. 2017. 乡土植物在退化河岸带生态系统修复中的应用优势. 资源节约与环保, (8): 95.

张兵. 2012. 主要防风固沙植物及其应用价值. 内蒙古林业调查设计, 35(5): 62-65.

张德华, 黄仁术, 左露, 等. 2010. 生物碱的提取方法研究进展. 中国野生植物资源, 29(5): 15-20.

张机, 李鑫. 2020. 国家公园的属性结构及其对中国本土实践的启示. 生物多样性, 28(6): 759-768.

张建春, 何锦风. 2010. 汉麻籽综合利用加工技术. 北京: 中国轻工业出版社.

张景明. 2008. 中国北方游牧民族饮食文化研究. 北京: 文物出版社.

张丽梅, 赵昶灵, 杨生超, 等. 2008. 云南云龙水库库区野生有毒种子植物资源调查与分析. 云南农业大学学报, 23(3): 281-290.

张玲. 2013. 河北滨海地区白刺及碱蓬属盐生植物营养成分分析. 河北农业大学硕士学位论文.

张洒洒, 王昊, 朱燕云, 等. 2018. 我国野生蔬菜资源及其开发利用潜力研究. 北方园艺, (16): 177-184.

张书霞, 王宏. 2006. 广东四种野菜的营养成分分析. 西南园艺, 34(2): 23-24.

张帅. 2010. 外来植物小飞蓬入侵生物学研究. 上海师范大学硕士学位论文.

张卫明. 2005. 植物资源开发研究与应用. 南京: 东南大学出版社.

张宇, 朱立志. 2016. 关于我国草原类国家公园建设的思考. 草业科学, 33(2): 201-209.

张玉明, 蔚威义. 1993. 四子王旗主要饲用植物营养类型划分与经济价值的评价. 内蒙古草业, (1): 15-20, 38.

张玉琴, 张玉霞, 李科, 等. 2014. 甘肃省东部 13 种常见野生药食两用植物营养成分分析. 中国食物与营养, 20(11): 76-78.

章祖同. 1981. 草场资源评价方法的探讨. 自然资源, (3): 13-18.

赵怀德, 姬永莲. 1990. 草业科学. 甘肃草地主要有毒有害植物, 7(4): 45-48.

赵晖. 2009. 内蒙古野生食用植物资源信息检索数据库的建立与应用. 内蒙古师范大学硕士学位论文.

赵慧颖. 2007. 呼伦贝尔草原沙化退化成因分析及防治对策. 草业科学, 24(6): 9-13.

赵金龙, 刘永杰, 唐芳林, 等. 2020. 中国草原自然公园建设的必要性. 中国草地学报, 42(4): 1-7.

赵淑春, 富丽, 刘敏莉, 等. 1994. 桔梗等 3 种植物营养成分的测定. 食品科学, (4): 47-49.

赵英杰, 王佳佳. 2021. 美丽中国视域下草原生态安全保护立法探析. 大庆师范学院学报, 41(5): 46-54.

赵永光, 常丽新, 刘红梅, 等. 2007. 冀东地区 6 种野菜的营养成分分析. 安徽农业科学, (26): 8179-8180.

赵智聪, 彭琳, 杨锐. 2016. 国家公园体制建设背景下中国自然保护地体系的重构. 中国园林, 32(7): 11-18.

郑宝江, 潘磊. 2012. 黑龙江省外来入侵植物的种类组成. 生物多样性, 20(2): 231-234.

郑殿升. 2001. 绿色浪潮与金色种子. 济南: 山东画报出版社.

郑科, 郎南军, 温绍龙, 等. 2003. 水土保持生物措施的研究. 水土保持研究, 10(2): 73-75, 105.

郑美林, 曹伟. 2013. 中国东北地区外来入侵植物的风险评估. 中国科学院大学学报, 30(5): 651-656.

郑清岭, 郝丽珍, 张凤兰, 等. 2016a. 内蒙古 5 种野生葱属植物食用性和饲用性评价. 河南农业科学, 45(8): 100-106.

郑清岭, 郝丽珍, 张凤兰, 等. 2016b. 内蒙古地区十六种常见野菜叶片营养成分分析. 北方园艺, (1): 26-29.

中国科学院内蒙古宁夏综合考察队. 1985. 内蒙古植被. 北京: 科学出版社.

中国科学院沈阳应用生态研究所. 1959-2005. 东北草本植物志. 第 1-12 卷. 北京: 科学出版社.

中国农业百科全书总编辑委员会畜牧业卷编辑委员会, 中国农业百科全书编辑部. 1996. 中国农业百科全书. 畜牧业卷. 北京: 农业出版社.

中国农业科学院草原研究所. 1990. 中国饲用植物化学成分及营养价值表. 北京: 农业出版社.

中国药材公司. 1994. 中国中药资源志要. 北京: 科学出版社.

中华人民共和国农业部畜牧兽医司, 全国畜牧兽医总站. 1996. 中国草地资源. 北京: 中国科学技术出版社.

中华人民共和国商务部土产废品局, 中国科学院植物研究所. 2012. 中国经济植物志. 北京: 科学出版社.

仲山民, 李根有, 林海萍, 等. 2001. 野生败酱的营养成分分析. 中国野生植物资源, 20(1): 45-46.

周德成, 鲁小波, 陈晓颖. 2021. 自然保护区生态旅游在生态文明建设中的地位与作用. 林业调查规划, 46(6): 55-62.

周瑞莲, 侯玉平, 左进城, 等. 2015. 不同沙地共有种沙生植物对环境的生理适应机理. 生态学报, 35(2): 340-349.

周悦, 刘博, 龙春林. 2016. 中国植物种质资源在草原生态系统修复中的作用. 中国草地学报, 38(1): 111-115.

朱进忠, 常松, 孟林, 等. 1996. 新疆草地资源管理信息系统建立的研究. 草食家畜, (S1): 16-19, 24.

朱立新. 1996. 中国野菜开发与利用. 北京: 金盾出版社.

朱小梅, 洪立洲, 王茂文, 等. 2010. 小根蒜的研究进展与利用前景. 安徽农学通报(上半月刊), 16(9): 114-115.

朱艳霞, 骆翔, 赵东平, 等. 2011. 黄芩、黄芩茶及其水溶液中矿质元素含量分析. 光谱学与光谱分析, 31(11): 3112-3114.

朱兆仪. 1986. 我国药用植物资源及其开发利用. 医学研究通讯, 15(7): 193-200.

邹长新, 王燕, 王文林, 等. 2018. 山水林田湖草系统原理与生态保护修复研究. 生态与农村环境学报, 34(11): 961-967.

Ahmad K, Pieroni A. 2016. Folk knowledge of wild food plants among the tribal communities of Thakht-e-Sulaiman Hills, North-West Pakistan. Journal of Ethnobiology and Ethnomedicine, 12: 17.

Annicchiarico P. 2004. A low-cost procedure for multi-purpose, large-scale field evaluation of forage crop genetic resources. Euphytica, 140(3): 223-229.

Bai F, Chisholm R, Sang W G. 2013. Spatial risk assessment of alien invasive plants in China. Environmental Science & Technology, 47(14): 7624-7632.

Bengtsson J, Bullock J M, Egoh B, et al. 2019. Grasslands—more important for ecosystem services than you might think. Ecosphere, 10(2): 1-20.

Blackmore S. 2002. Environment-Biodiversity update - Progress in taxonomy. Science, 298(5592): 365.

Cao J, Xu J, Pan X B, et al. 2021. Potential impact of climate change on the global geographical distribution of the invasive species, *Cenchrus spinifex* (Field sandbur, Gramineae). Ecological Indicators, 131: 108204.

Carpenter J R. 1940. The grassland Biome. Ecological Monographs, 10(3): 619-684.

Chapin F S. 2003. Effects of plant traits on ecosystem and regional processes: a conceptual framework for predicting the consequences of global change. Annals of Botany, 91(4): 455-463.

Chen J, Shiyomi M, Wuyunna, et al. 2015. Vegetation and its spatial pattern analysis on salinized grasslands in the semiarid Inner Mongolia steppe. Grassland Science, 61(2): 121-130.

Chen S L, Yu H, Luo H M, et al. 2016. Conservation and sustainable use of medicinal plants: problems, progress, and prospects. Chinese Medicine, 11: 37.

Chi X L, Zhang Z J, Xu X T, et al. 2017. Threatened medicinal plants in China: distributions and conservation priorities. Biological Conservation, 210: 89-95.

Coupland R T. 1992. Natural grasslands: introduction and western hemisphere. Ecosystems of the world, Vol. 8A. Amsterdam: Elsvier Science Publishers.

Coupland R T. 1993. Natural grasslands: eastern hemisphere and resumé. Ecosystems of the world, Vol. 8B. Amsterdam: Elsvier Science Publishers.

Deyn G B D, Cornelissen J H C, Bardgett R D. 2008. Plant functional traits and soil carbon sequestration in contrasting biomes. Ecology Letters, 11(5): 516-531.

Ellers J, Kiers E T, Currie C R, et al. 2012. Ecological interactions drive evolutionary loss of traits. Ecology Letters, 15(10): 1071-1082.

Flowers T J, Colmer T D. 2015. Plant salt tolerance: adaptations in halophytes. Annals of Botany, 115(3): 327-331.

Ghirardini M P, Carli M, del Vecchio N, et al. 2007. The importance of a taste. A comparative study on wild food plant consumption in twenty-one local communities in Italy. Journal of Ethnobiology and Ethnomedicine, 3: 22.

Goodwin B J, McAllister A J, Fahrig L. 1999. Predicting invasiveness of plant species based on biological information. Biological Conservation, 13(2): 422-426.

Han J G, Zhang Y J, Wang C J, et al. 2008. Rangeland degradation and restoration management in China. The Rangeland Journal, 30(2): 233-239.

Han Y G, Feng G, Ouyang Y. 2018. Effects of soil and water conservation practices on runoff, sediment and nutrient losses. Water, 10(10): 1333.

Hintsa K, Berhe A, Balehegn M, et al. 2018. Effect of replacing concentrate feed with leaves of Oldman saltbush (*Atriplex nummularia*) on feed intake, weight gain, and carcass parameters of highland sheep fed on wheat straw in Northern Ethiopia. Tropical Animal Health and Production, 50(7): 1435-1440.

Hoffmann C, Giese M, Dickhoefer U, et al. 2016. Effects of grazing and climate variability on grassland ecosystem functions in Inner Mongolia: synthesis of a 6-year grazing experiment. Journal of Arid Environments, 135: 50-63.

Holechec J L. 2002. Do most livestock losses to poisonous plants result from "poor" range management? Journal of Range Management, 55(3): 270-276.

Huai K H Y, Pei S J. 2000. Wild plants in the diet of Arhorchin Mongol herdsmen in Inner Mongolia. Economic Botany, 54(4): 528-536.

Hulme P E. 2006. Beyond control: wider implications for the management of biological invasions. Journal of Applied Ecology, 43(5): 835-847.

Jin K, Li Y S, Ma J Z, et al. 1998. Nutrition analysis of forage plants and foragnig behavior of Mongolian gazelle. Journal of Forestry Research, 9(2): 119-120.

Kalber T, Meier J S, Kreuzer M, et al. 2011. Flowering catch crops used as forage plants for dairy cows: influence on fatty acids and tocopherols in milk. Journal of Dairy Science, 94(3): 1477-1489.

Karr J R. 1991. Biological integrity: a long-neglected aspect of water resource management. Ecological Applications, 1(1): 66-84.

Khan M N, Ali S, Yaseen T, et al. 2019. Eco-taxonomic study of family Poaceae (Gramineae). RADS Journal Biological Research & Applied Science, 10(2): 2521-8573.

Kleunen M V, Weber E, Fischer M. 2010. A meta-analysis of trait differences between invasive and non-invasive plant species. Ecology Letters, 13(2): 235-245.

Lam H M, Remais J, Fung M C, et al. 2013. Food supply and food safety issues in China. The Lancet, 381(9882): 2044-2053.

Lande R. 1988. Genetics and demography in biological conservation. Science, 241(4872): 1455-1460.

Lee M A. 2018. A global comparison of the nutritive values of forage plants grown in contrasting environments. Journal of Plant Research, 131(4): 641-654.

Leggett A. 2020. Bringing green food to the Chinese table: How civil society actors are changing consumer culture in China. Journal of Consumer Culture, 20(1): 83-101.

Li D Z, Pritchard H W. 2009. The science and economics of ex situ plant conservation. Trends in Plant Science, 14(11): 614-621.

López-Vicente M, Wu G L. 2019. Soil and water conservation in agricultural and forestry systems. Water, 11(9): 1937.

Mack R N, Simberloff D, Lonsdale W M, et al. 2000. Biotic invasions: causes, epidemiology, global consequences, and control. Ecological Applications, 10(3): 689-710.

Maddock A. 2005. The UK biodiversity action plan and country biodiversity strategies. Peterborough: UK Joint Nature Conservation Committee.

Paruelo J M, Golluscio R A. 1994. Range assessment using remote sensing in Northwest Patagoni (Argentia). Journal of Range Manage, 47(6): 498-502.

Pimentel D, Zuniga R, Morrison D. 2005. Update on the environmental and economic costs associated with alien-invasive species in the United States. Ecological Economics, 52(3): 273-288.

Poudel A S, Jha P K, Shrestha B B, et al. 2019. Biology and management of the invasive weed *Ageratina adenophora* (Asteraceae): current state of knowledge and future research needs. Weed Research, 59(2): 79-92.

Prentis P J, Wilson J R U, Dormontt E E, et al. 2008. Adaptive evolution in invasive species. Trends in Plant Science, 13(6): 288-294.

Riviere S, Mueller J V. 2018. Contribution of seed banks across Europe towards the 2020 Global Strategy for Plant Conservation targets, assessed through the ENSCONET database. Oryx, 52(3): 464-470.

Rolnik A, Olas B. 2021. The plants of the Asteraceae family as agents in the protection of human health. International Journal of Molecular Science, 22(6): 3009.

Sachs M M. 2009. Cereal germplasm resources. Plant Physiology, 149(1): 148-151.

Saini I, Chauhan J, Kaushik P. 2020. Medicinal value of domiciliary ornamental plants of the Asteraceae family. Joural of Young Pharmacists, 12(1): 3-10.

Schellbe R G J, Hill M J, Gerhards R, et al. 2008. Precision agriculture on grassland: applications, perspectives and constrain. European Journal of Agronomy, 29(2/3): 59-71.

Schulp C J E, Thuiller W, Verburg P H. 2014. Wild food in Europe: a synthesis of knowledge and data of terrestrial wild food as an ecosystem service. Ecological Economics, 105: 292-305.

Sosinski E E, Urruth L M, Barbieri R L, et al. 2019. On the ecological recognition of *Butia* palm groves as integral ecosystems: Why do we need to widen the legal protection and the in situ/on-farm conservation approaches. Land Use Policy, 81: 124-130.

Srivastava P, Singh S. 2012. Conservation of soil, water and nutrients in surface runoff using riparian plant species. Journal of Environmental Biology, 33(1): 43-49.

Su Y Z, Li Y L, Cui J Y, et al. 2005. Influences of continuous grazing and livestock exclusion on soil properties in a degraded sandy grassland, Inner Mongolia, Northern China. Catena, 59(3): 267-278.

Sun T J, Tajilake B. 2012. Effect of eco-grass planting on soil and water conservation on the bare slope of mountainous area in Beijing. Advanced Materials Research: 4695-4700.

Thormann I, Gaisberger H, Mattei F, et al. 2012. Digitization and online availability of original collecting mission data to improve data quality and enhance the conservation and use of plant genetic resources. Genetic Resources Crop Evolution, 59(5): 635-644.

Tokarnia C H, Dobereiner H, Peixoto P V. 2002. Poisonous plants affecting livestock in Brazil. Toxicon, 40(12): 1635-1660.

Usher B M. 2003. Towards a strategy for Scotland's biodiversity: the resource and trends. Edinburgh: Scottish Exceutive Environment Department.

Walters C, Pence V C. 2020. The unique role of seed banking and cryobiotechnologies in plant conservation. Plants People Planet, 3(1): 83-91.

Wang X S, Tang C H, Yang X Q, et al. 2008. Characterization, amino acid composition and *in vitro* digestibility of hemp (*Cannabis sativa* L.) proteins. Food Chemistry, 107(1): 11-18.

Weber E, Li B. 2008. Plant invasions in China: what is to be expected in the wake of economic development? Bioscience, 58(5): 437-444.

Weber E, Sun S G, Li B. 2008. Invasive alien plants in China: diversity and ecological insights. Biological Invasions, 10(8): 1411-1429.

Wilson J B, Peet R K, Dengle R J, et al. 2012. Plant species richness: the world records. Journal of Vegetation Science, 23(4): 796-802.

World Health Organization. 1998. Quality control methods of medicinal plant materials. WHO Library Cataloguing in Publication Data.

Wu X X, Gu Z J, Liu Z B, et al. 2016. Time scale influence on water and soil conservation effect of plot trees in Southern China. Journal of Environmental Biology, 37(3): 463-471.

Xiong M Q, Sun R H, Chen L D. 2018. Effects of soil conservation techniques on water erosion control: a global analysis. Science of the Total Environment, 645: 753-760.

Xu H, Chen K, Ouyang Z Y, et al. 2012. Threats of invasive species for China caused by expanding international trade. Environmental Science & Technology, 46(13): 7063-7064.

Yan Y, Xian X Q, Jiang M X, et al. 2017. Biological invasion and its research in China: an overview // Wan F H, Jiang M X, Zhan A B. Biological Invasions and Its Management in China. Invading Nature - Springer Series in Invasion Ecology, 11. Dordrecht: Springer.

Yu Y J, Xin Y Y, Liu J Q, et al. 1998. Effects of wind and wind-sand current on the physiological status of different sand-fixing plants. Acta Botanica Sinica, 40(10): 962-968.

Yue Y J, Wang J A, Lv H F, et al. 2005. Land use optimization at ecological security level in desert regions - A case study of Horqin Sandy Land. Asia Pacific Symposium on Safety 2005, Shaoxing: 2111-2116.

Zhang A Y, Hu X Y, Yao S H, et al. 2021. Alien, naturalized and invasive plants in China. Plants-Basel, 10(11): 2241.

Zhang N, Jiang D M, Jiang S Y. 2018. Study of drought resistance of thirteen sand-fixing plants in Horqin sand land, China. International Journal of Agriculture & Biology, 20(8): 1717-1724.

Zhang N, Jiang D M, Oshid T. 2013. Soil moisture dynamics and water balance of *Caragana microphylla* and *Caragana korshinskii* shrubs in Horqin Sandy Land, China. 3rd International conference on energy, environment and sustainable development (EESD 2013), Shanghai: 2545-2549.

Zhao K F, Fan H, Ungar I A. 2002. Survey of Halophyte species in China. Plant Science, 163(3): 491-498.

Zuo X A, Zhao X Y, Zhao H L, et al. 2008. Spatial pattern and variability of vegetation in degradation processes of sandy grassland in Horqin sandy land // Li G, Jia Z, Fu Z. 2008 Proceedings of informational technology and environmental system science: ITESS 2008, 1: 662-667.

附录 东北草地植物编目及植物资源的价值

种名	饲用	食用	药用	生态治理用	有毒有害	外来入侵
小卷柏 *Selaginella helvetica* (L.) Link						
中华卷柏 *Selaginella sinensis* (Desv.) Spring						
卷柏 *Selaginella tamariscina* (Beauv.) Spring						
问荆 *Equisetum arvense* L.	√				√	
水问荆 *Equisetum fluviatile* L.	√					
犬问荆 *Equisetum palustre* L.	√				√	
草问荆 *Equisetum pratense* Ehrh.	√				√	
林问荆 *Equisetum sylvaticum* L.	√				√	
木贼 *Hippochaete hyemale* (L.) Boern.	√				√	
多枝木贼 *Hippochaete ramosissimum* (Desf.) Boern.	√					
蕨 *Pteridium aquilinum* (L.) Kuhn. var. *latiusculum* (Desv.) Underw. ex Heller	√	√				
中华蹄盖蕨 *Athyrium sinense* Rupr.						
球子蕨 *Onoclea sensibilis* L. var. *interrupta* Maxim.						
落叶松 *Larix gmelini* (Rupr.) Rupr.				√		
华北落叶松 *Larix principis-rupprechtii* Mayr				√		
白扦云杉 *Picea meyeri* Rehd.				√		
樟子松 *Pinus sylvestris* L. var. *mongolica* Litv.	√			√		
中麻黄 *Ephedra intermedia* Schrenk. ex Mey.	√				√	
草麻黄 *Ephedra sinica* Stapf	√		√	√	√	
胡桃楸 *Juglans mandshurica* Maxim.		√		√		
山杨 *Populus davidiana* Dode	√	√		√		
香杨 *Populus koreana* Rehd.				√		
小青杨 *Populus pseudosimonii* Kitag.				√		
垂柳 *Salix babylonica* L.				√		
密齿柳 *Salix characta* Schneid.				√		
崖柳 *Salix floderusii* Nakai				√		
黄柳 *Salix gordejevii* Y. L. Chang et Skv.	√			√		
细枝柳 *Salix gracilior* (Siuz.) Nakai				√		
杞柳 *Salix integra* Thunb.				√		
沙杞柳 *Salix kochiana* Trantv.				√		
朝鲜柳 *Salix koreensis* Anderss.				√		
筐柳 *Salix linearistipularis* (Franch.) Hao				√		
旱柳 *Salix matsudana* Koidz.	√			√		
小穗柳 *Salix microstachya* Turcz.				√		
小红柳 *Salix microstachya* Turcz. var. *bordensis* (Nakai) C. F. Fang	√			√		

续表

种名	饲用	食用	药用	生态治理用	有毒有害	外来入侵
五蕊柳 *Salix pentandra* L.				√		
鹿蹄柳 *Salix pyrolaefolia* Ledeb.				√		
大黄柳 *Salix raddeana* Laksch.				√		
粉枝柳 *Salix rorida* Laksch.				√		
细叶沼柳 *Salix rosmarinifolia* L.				√		
沼柳 *Salix rosmarinifolia* L. var. *brachypoda* (Trautv. et C. A. Mey.) Y. L. Chou				√		
谷柳 *Salix taraikensis* Kimura				√		
蒿柳 *Salix viminalis* L.				√		
细叶蒿柳 *Salix viminalis* L. var. *angustifolia* Turcz.				√		
水冬瓜赤杨 *Alnus sibirica* Fisch. ex Turcz.				√		
坚桦 *Betula chinensis* Maxim.				√		
黑桦 *Betula davurica* Pall.				√		
柴桦 *Betula fruticosa* Pall.				√		
白桦 *Betula platyphylla* Suk.		√		√		
榛 *Corylus heterophylla* Fisch. ex Bess.		√		√		
虎榛子 *Ostryopsis davidiana* Decne.		√		√		
蒙古栎 *Quercus mongolica* Fisch. ex Turcz.	√	√		√		
小叶朴 *Celtis bungeana* Blume	√	√	√	√		
春榆 *Ulmus japonica* (Rehd.) Sarg.	√		√	√		
大果榆 *Ulmus macrocarpa* Hance	√		√	√		
蒙古黄榆 *Ulmus macrocarpa* Hance var. *mongolica* Liou et Li	√			√		
榆树 *Ulmus pumila* L.	√	√	√	√		
野大麻 *Cannabis sativa* L. var. *ruderalis* (Janisck.) S. Z. Liou		√	√		√	
葎草 *Humulus scandens* (Lour.) Merr.	√	√	√			
桑 *Morus alba* L.	√	√		√		
鸡桑 *Morus australis* Poir.	√	√		√		
蒙桑 *Morus mongolica* (Bureau) Schneid.	√			√		
透茎冷水花 *Pilea mongolica* Wedd.	√		√			
狭叶荨麻 *Urtica angustifolia* Fisch. ex Hornem.	√		√			
麻叶荨麻 *Urtica cannabina* L.	√	√	√		√	
乌苏里荨麻 *Urtica cyanescens* Kom.	√					
宽叶荨麻 *Urtica laetevirens* Maxim.	√					
百蕊草 *Thesium chinense* Turcz.			√		√	
长叶百蕊草 *Thesium longifolium* Turcz.						
兴安木蓼 *Atraphaxis frutesens* (L.) C. Koch						
木蓼 *Atraphaxis manshurica* Kitag.						
卷茎蓼 *Fallopia convolvulus* (L.) A. Love			√			
齿翅蓼 *Fallopia dentato-alatum* (Fr. Schmidt) Holub			√			
疏花蓼 *Fallopia pauciflorum* (Maxim.) Kitag.						
高山蓼 *Polygonum ajanense* (Nakai) Grig.	√					

续表

种名	饲用	食用	药用	生态治理用	有毒有害	外来入侵
狐尾蓼 *Polygonum alopecuroides* Turcz. ex Bess.	√					
兴安蓼 *Polygonum alpinum* All.	√					
两栖蓼 *Polygonum amphibium* L.	√		√			
毛叶两栖蓼 *Polygonum amphibium* L. var. *terrestre* Leyss.	√					
细叶蓼 *Polygonum angustifolium* Pall.	√					
萹蓄蓼 *Polygonum aviculare* L.	√	√	√			
本氏蓼 *Polygonum bungeanum* Turcz.	√					
分叉蓼 *Polygonum divaricatum* L.	√		√			
多叶蓼 *Polygonum foliosum* H. Lindberg	√					
普通蓼 *Polygonum humifusum* Pall. ex Ledeb.	√					
水蓼 *Polygonum hydropiper* L.	√	√	√			
朝鲜蓼 *Polygonum koreense* Nakai	√					
乌苏里蓼 *Polygonum korshinskianum* Nakai	√					
酸模叶蓼 *Polygonum lapathifolium* L.	√	√	√		√	
绵毛酸模叶蓼 *Polygonum lapathifolium* L. var. *salicifolium* Sibth.	√					
石生蓼 *Polygonum lapidosum* Kitag.	√	√	√			
白山蓼 *Polygonum laxmanni* Lepech.	√					
假长尾叶蓼 *Polygonum longisetum* De Bruyn	√					
耳叶蓼 *Polygonum manshuriense* V. Petr. ex Kom.	√					
小蓼 *Polygonum minus* Huds.	√		√			
倒根蓼 *Polygonum ochotense* V. Petr. ex Kom.	√					
东方蓼 *Polygonum orientale* L.	√					
桃叶蓼 *Polygonum persicaria* L.	√		√			
两色蓼 *Polygonum roseoviride* (Kitag.) Li et Chang	√					
西伯利亚蓼 *Polygonum sibiricum* Laxm.	√		√	√		
箭叶蓼 *Polygonum sieboldi* Meisn.	√		√			
水湿蓼 *Polygonum strigosum* R. Br.	√					
戟叶蓼 *Polygonum thunbergii* Sieb. et Zucc.	√		√			
珠芽蓼 *Polygonum viviparum* L.	√	√	√			
波叶大黄 *Rheum franzenbachii* Münt.			√			
酸模 *Rumex acetosa* L.	√		√			
小酸模 *Rumex acetosella* L.	√					
黑水酸模 *Rumex amurensis* Fr. Schmidt ex Maxim.	√					
皱叶酸模 *Rumex crispus* L.	√	√	√		√	
毛脉酸模 *Rumex gmelini* Turcz. ex Ledeb.	√					
长刺酸模 *Rumex maritimus* L.	√		√			
马氏酸模 *Rumex marschallianus* Rchb.	√					
洋铁酸模 *Rumex patientia* L. var. *callosus* Fr. Schmidt ex Maxim.	√		√			
乌苏里酸模 *Rumex stenophyllus* Ledeb. var. *ussu-riensis* (A. Los) Kitag.	√					
东北酸模 *Rumex thyrsiflorus* Fingerh. var. *mand-shurica* Bar. et Skv.	√					

续表

种名	饲用	食用	药用	生态治理用	有毒有害	外来入侵
马齿苋 *Portulaca oleracea* L.	√	√	√			
兴安鹅不食 *Arenaria capillaris* Poiret					√	
腺毛鹅不食 *Arenaria capillaris* Poiret var. *glandulifera* (Ser.) Schischk.					√	
毛轴鹅不食 *Arenaria juncea* Bieb.					√	
脊萼鹅不食 *Arenaria longifolia* Bieb.					√	
鹅不食草 *Arenaria serpyllifolia* L.					√	
细叶卷耳 *Cerastium arvense* L.	√					
卷耳 *Cerastium holosteoides* Fries	√					
毛蕊卷耳 *Cerastium pauciflorum* Stev. ex Ser. var. *amurense* (Regel) Mizushima	√		√			
头石竹 *Dianthus barbatus* L. var. *asiaticus* Nakai						
石竹 *Dianthus chinensis* L.		√	√			
丝叶石竹 *Dianthus chinensis* L. var. *subulifolius* (Kitagawa) Y. C. Ma						
簇茎石竹 *Dianthus repens* Willd.						
瞿麦 *Dianthus superbus* L.			√			
兴安石竹 *Dianthus versicolor* Franch. et Sav.						
北丝石竹 *Gypsophila davurica* Turcz. ex Fenzl		√	√			
尖叶丝石竹 *Gypsophila licentiana* Hand.-Mazz.						
大花剪秋萝 *Lychnis fulgens* Fisch.						
狭叶剪秋萝 *Lychnis sibirica* L.						
鹅肠菜 *Malachium aquaticum* (L.) Fries	√	√	√			
女娄菜 *Melandrium apricum* (Turcz. ex Fisch. et C. A. Mey.) Rohrb.	√	√				
光萼女娄菜 *Melandrium firmum* (Sieb. et Zucc.) Rohrb.	√					
疏毛女娄菜 *Melandrium firmum* (Sieb. et Zucc.) Rohrb. f. *pubescens* Makino	√					
石米努草 *Minuartia laricina* (L.) Mattf.						
莫石竹 *Moehringia lateriflora* (L.) Fenzl						
蔓假繁缕 *Pseudostellaria davidii* (Franch.) Pax						
孩儿参 *Pseudostellaria heterophylla* (Miq.) Pax			√			
毛假繁缕 *Pseudostellaria japonica* (Korsh.) Pax						
麦瓶草 *Silene conoidea* L.	√					
旱麦瓶草 *Silene jenisseensis* Willd.	√					
小花旱麦瓶草 *Silene jenisseensis* Willd. f. *parviflora* (Turcz.) Schischk.	√					
丝叶旱麦瓶草 *Silene jenisseensis* Willd. f. *setifolia* (Turcz.) Schischk.	√					
长柱麦瓶草 *Silene macrostyla* Maxim.	√					
毛萼麦瓶草 *Silene repens* Part.	√					
宽叶毛萼麦瓶草 *Silene repens* Part. var. *latifolia* Turcz.	√					
狗筋麦瓶草 *Silene venosa* (Gilib.) Aschers	√					
雀舌繁缕 *Stellaria alsine* Grimm. var. *undulata* (Thunb.) Ohwi	√					
兴安繁缕 *Stellaria cherleriae* (Fisch. ex Ser.) Will.	√					
叉繁缕 *Stellaria dichotoma* L.	√					

续表

种名	饲用	食用	药用	生态治理用	有毒有害	外来入侵
披针叶叉繁缕 *Stellaria dichotoma* L. var. *lanceolata* Bunge	√					
线叶叉繁缕 *Stellaria dichotoma* L. var. *linearis* Fenzl	√					
翻白繁缕 *Stellaria discolor* Turcz. ex Fenzl	√					
细叶繁缕 *Stellaria filicaulis* Makino	√					
沙地繁缕 *Stellaria gyosophiloides* Fenzl	√					
繁缕 *Stellaria media* (L.) Cyrillus	√					
沼繁缕 *Stellaria palustris* Ehrh. ex Retz.	√					
岩生繁缕 *Stellaria petraea* Bge.	√					
垂梗繁缕 *Stellaria radians* L.	√					
王不留行 *Vaccaria segetalis* (Neck.) Garcke		√				√
沙蓬 *Agriophyllum squarrosum* (L.) Moq.	√	√	√	√		
短叶假木贼 *Anabasis brevifolia* C. A. Mey.	√				√	
野滨藜 *Atriplex fera* (L.) Bunge	√		√			
滨藜 *Atriplex patens* (Litv.) Iljin	√				√	
西伯利亚滨藜 *Atriplex sibirica* L.	√		√	√		
轴藜 *Axyris amaranthoides* L.	√		√			
杂配轴藜 *Axyris hybrida* L.	√					
雾冰藜 *Bassia dasyphylla* (Fisch. et C. A. Mey.) O. Kuntze	√		√	√		
华北驼绒藜 *Ceratoides arborescens* (Losinsk.) Tsien et C. G. Ma	√			√		
驼绒藜 *Ceratoides latans* (J. F. Gmel.) Roveal et Holmgre	√		√	√		
尖头叶藜 *Chenopodium acuminatum* Willd.	√		√			
狭叶尖头叶藜 *Chenopodium acuminatum* Willd. subsp. *virgatum* (Thunb.) Kitam.	√					
藜 *Chenopodium album* L.	√	√	√			
刺藜 *Chenopodium aristatum* L.	√		√			
菱叶藜 *Chenopodium bryoniaefolium* Bunge	√					
灰绿藜 *Chenopodium glaucum* L.	√		√			
大叶藜 *Chenopodium hybridum* L.	√		√			√
小藜 *Chenopodium serotinum* L.	√	√				
细叶藜 *Chenopodium stenophyllum* Koidz.	√					
东亚市藜 *Chenopodium urbicum* L. subsp. *sinicum* Kung et G. L. Chu	√					
烛台虫实 *Corispermum candelabrum* Iljin	√			√		
兴安虫实 *Corispermum chinganicum* Iljin	√		√			
绳虫实 *Corispermum declinatum* Steph. ex Stev.	√					
毛果绳虫实 *Corispermum declinatum* Steph. ex Stev. var. *tylocarpum* (Hance) Tsien et Ma	√					
长穗虫实 *Corispermum elongatum* Bunge	√					
屈枝虫实 *Corispermum flexuosum* Wang-wei et Fuh	√					
大果虫实 *Corispermum marocarpum* Bunge	√					
西伯利亚虫实 *Corispermum sibiricum* Iljin	√					
华虫实 *Corispermum stauntonii* Moq.	√					

种名	饲用	食用	药用	生态治理用	有毒有害	外来入侵
细苞虫实 *Corispermum stenolepis* Kitag.	√					
白茎盐生草 *Halogeton arachnoideus* Moq.	√				√	
盐爪爪 *Kalidium foliatum* (Pall.) Moq.	√					
木地肤 *Kochia prostrata* (L.) Schrad.	√		√	√		
地肤 *Kochia scoparia* (L.) Schrad.	√	√	√	√		
碱地肤 *Kochia sieversiana* (Pall.) C. A. Mey.	√			√		
盐角草 *Salicornia europaea* L.	√				√	
猪毛菜 *Salsola collina* Pall.	√	√	√			
浆果猪毛菜 *Salsola foliosa* Schrad.	√					
展苞猪毛菜 *Salsola ikonnikovii* Iljin	√					
红翅猪毛菜 *Salsola intramogolica* H. C. Fu et Z. Y. Chu	√					
无翅猪毛菜 *Salsola komarovii* Iljin	√					
珍珠猪毛菜 *Salsola passerina* Bunge	√					
刺沙蓬 *Salsola ruthenica* Iljin			√	√		
角碱蓬 *Suaeda corniculata* (C. A. Mey.) Bunge	√					
碱蓬 *Suaeda glauca* Bunge	√	√	√	√		
辽宁碱蓬 *Suaeda liaotungensis* Kitag.	√			√		
盐地碱蓬 *Suaeda salsa* (L.) Pall.	√	√				
白苋 *Amaranthus albus* L.	√					√
北美苋 *Amaranthus blitoides* S. Watson	√					√
凹头苋 *Amaranthus lividus* L.	√		√			√
反枝苋 *Amaranthus retroflexus* L.	√	√	√			√
兴安乌头 *Aconitum ambiguum* Rchb.					√	
华北乌头 *Aconitum jeholense* Nakai et Kitag.			√		√	
大华北乌头 *Aconitum jeholense* Nakai et Kitag. var. *angustius* (W. T. Wang) Y. Z. Zhao					√	
北乌头 *Aconitum kusnezoffii* Rchb.			√		√	
细叶乌头 *Aconitum macrorhynchum* Turcz.					√	
阴山乌头 *Aconitum yinschanicum* Y. Z. Zhao					√	
侧金盏花 *Adonis amurensis* Regel et Radde					√	
银莲花 *Anemone cathayensis* Kitag.					√	
二歧银莲花 *Anemone dichotoma* L.					√	
小花银莲花 *Anemone rivularis* Hanmilt. ex DC. var. *floreminore* Maxim.					√	
大花银莲花 *Anemone silvestris* L.					√	
尖萼耧斗菜 *Aquilegia oxysepala* Trautv. et C. A. Mey.						
耧斗菜 *Aquilegia viridiflora* Pall.			√		√	
铁山耧斗菜 *Aquilegia viridiflora* Pall. f. *atropurpurea* (Willd.) Kitag.						
华北耧斗菜 *Aquilegia yabeana* Kitag.			√		√	
薄叶驴蹄草 *Caltha membranacea* (Turcz.) Schipcz.	√				√	
白花驴蹄草 *Caltha natans* Pall.	√				√	

种名	饲用	食用	药用	生态治理用	有毒有害	外来入侵
驴蹄草 *Caltha palustris* L. var. *sibirica* Regel	√		√		√	
兴安升麻 *Cimicifuga dahurica* (Turcz.) Maxim.			√		√	
大三叶升麻 *Cimicifuga heracleifolia* Kom.			√		√	
单穗升麻 *Cimicifuga simplex* Wormsk.			√		√	
芹叶铁线莲 *Clematis aethusifolia* Turcz.			√		√	
林地铁线莲 *Clematis brevicaudata* DC.					√	
褐毛铁线莲 *Clematis fusca* Turcz.			√		√	
紫花铁线莲 *Clematis fusca* Turcz. var. *violacea* Maxim.					√	
大叶铁线莲 *Clematis heracleifolia* DC.			√		√	
棉团铁线莲 *Clematis hexapetala* Pall.		√	√		√	
辣蓼铁线莲 *Clematis mandshurica* Rupr.			√		√	
唇花翠雀 *Delphinium cheilanthum* Fisch. ex DC.						
翠雀 *Delphinium grandiflorum* L.			√		√	
兴安翠雀 *Delphinium hsinganense* S. H. Li et Z. F. Fang						
东北高翠雀 *Delphinium korshinskyanum* Nevski						
蓝堇草 *Leptopyrum fumarioides* (L.) Rchb.						
白头翁 *Pulsatilla chinensis* (Bunge) Regel			√		√	
兴安白头翁 *Pulsatilla dahurica* (Fisch. ex DC.) Spreng			√			
掌叶白头翁 *Pulsatilla patens* (L.) Mill. var. *multifida* (Pritz.) S. H. Li et Y. H. Huang						
黄花白头翁 *Pulsatilla sukaczewii* Juz.			√			
细裂白头翁 *Pulsatilla tenuiloba* (Hayek) Juz.						
细叶白头翁 *Pulsatilla turczaninovii* Kryl. et Serg.			√			
水毛茛 *Ranunculus bungei* Steud.						
回回蒜毛茛 *Ranunculus chinensis* Bunge		√	√			
楔叶毛茛 *Ranunculus cuneifolius* Maxim.						
圆叶碱毛茛 *Ranunculus cymbalaria* Pursh		√				
小水毛茛 *Ranunculus eradicatus* (Laest.) F. Johans.						
深山毛茛 *Ranunculus franchetii* H. Boiss.						
毛茛 *Ranunculus japonicus* Thunb.			√			
单叶毛茛 *Ranunculus monophyllus* Ovcz.						
浮毛茛 *Ranunculus natans* C. A. Mey.						
沼地毛茛 *Ranunculus radicans* C. A. Mey.						
匍枝毛茛 *Ranunculus repens* L.						
掌裂毛茛 *Ranunculus rigescens* Turcz. ex Ovcz.						
长叶碱毛茛 *Ranunculus ruthenicus* Jacq.			√	√	√	
石龙芮毛茛 *Ranunculus sceleratus* L.						
翼果唐松草 *Thalictrum aquilegifolium* L. var. *sibiricum* Regel et Tiling	√				√	
球果唐松草 *Thalictrum baicalense* Turcz.	√				√	
腺毛唐松草 *Thalictrum foetidum* L.	√				√	

续表

种名	饲用	食用	药用	生态治理用	有毒有害	外来入侵
亚欧唐松草 *Thalictrum minus* L.	√	√			√	
东亚唐松草 *Thalictrum minus* L. var. *hypoleucum* (Sieb. et Zucc.) Miq.	√		√			
肾叶唐松草 *Thalictrum petaloideum* L.	√				√	
卷叶唐松草 *Thalictrum petaloideum* L. var. *supradecompositum* (Nakai) Kitag.	√		√		√	
箭头唐松草 *Thalictrum simplex* L.	√		√		√	
锐裂箭头唐松草 *Thalictrum simplex* L. var. *affine* (Ledeb.) Regel	√				√	
短梗箭头唐松草 *Thalictrum simplex* L. var. *brevipes* Hara	√				√	
展枝唐松草 *Thalictrum squarrosum* Steph. ex Willd.	√	√	√		√	
金莲花 *Trollius chinensis* Bunge		√	√		√	
短瓣金莲花 *Trollius ledebouri* Rchb.			√		√	
长瓣金莲花 *Trollius macropetalus* Fr. Schmidt					√	
大叶小檗 *Berberis amurensis* Rupr.			√			
鲜黄连 *Jeffersonia dubia* (Maxim.) Benth. et Hook.						
蝙蝠葛 *Menispermum dauricum* DC.			√			
山芍药 *Paeonia japonica* (Makino) Miyabe et Takeda			√	√		
芍药 *Paeonia lactiflora* Pall.			√			
草芍药 *Paeonia obovata* Maxim.			√			
长柱金丝桃 *Hypericum ascyron* L.		√				
乌腺金丝桃 *Hypericum attenuatum* Choisy		√	√			
短柱金丝桃 *Hypericum gebleri* Ledeb.						
小金丝桃 *Hypericum laxum* (Blume) Koidz.						
白屈菜 *Chelidonium majus* L.			√		√	
东北延胡索 *Corydalis ambigua* Cham. et Schltd.			√			
齿瓣延胡索 *Corydalis turtschaninovii* Bess.						
角茴香 *Hypecoum erectum* L.			√		√	
野罂粟 *Papaver nudicaule* L.			√		√	
黑水罂粟 *Papaver nudicaule* L. subsp. *amurense* N. Busch					√	
橙红罂粟 *Papaver nudicaule* L. var. *rubro-aurantiacum* Fisch. ex DC.					√	
岩罂粟 *Papaver nudicaule* L. var. *saxatile* Kitag.					√	
线叶庭荠 *Alyssum lenense* Adams	√					
光果庭荠 *Alyssum lenense* Adams var. *leiocarpum* (C. A. Mey.) N. Busch	√					
西伯利亚庭荠 *Alyssum sibiricum* Willd.	√					
毛南芥 *Arabis hirsuta* (L.) Scop.	√					
垂果南芥 *Arabis pendula* L.	√		√			
山芥菜 *Barbarea orthoceras* Ledeb.			√			
匙荠 *Bunias cochlearioides* Murr.						
亚麻荠 *Camelina sativa* (L.) Crantz	√					
水田碎米荠 *Cardamine lyrata* Bunge						
小花碎米荠 *Cardamine parviflora* L.						
草甸碎米荠 *Cardamine pratensis* L.						

续表

种名	饲用	食用	药用	生态治理用	有毒有害	外来入侵
细叶碎米荠 *Cardamine schulziana* Baehni						
香芥 *Clausia trichosepala* (Turcz.) Dvorak						
播娘蒿 *Descurainia sophia* (L.) Webb. ex Prantl	√	√	√			
花旗竿 *Dontostemon dentatus* (Bunge) Ledeb.	√		√			
线叶花旗竿 *Dontostemon integrifolius* (L.) Ledeb.	√					
小花花旗竿 *Dontostemon micranthus* C. A. Mey.	√					
葶苈 *Draba nemorosa* L.	√	√				
光果葶苈 *Draba nemorosa* L. var. *leiocarpa* Lindbl.						
芝麻菜 *Eruca sativa* Mill.						
糖芥 *Erysimum amurense* Kitag.	√		√			
桂竹糖芥 *Erysimum cheiranthoides* L.	√					
蒙古糖芥 *Erysimum flavum* (Georgi) Bobr.	√		√			
草地糖芥 *Erysimum hieracifolium* L.	√					
长圆果菘蓝 *Isatis oblongata* DC.						
独行菜 *Lepidium apetalum* Willd.	√	√	√		√	
密花独行菜 *Lepidium densiflorum* Schred.	√		√			
宽叶独行菜 *Lepidium latifolium* L.	√				√	
球果芥 *Neslia paniculata* (L.) Desv.						
燥原荠 *Ptilotrichum cretaceum* (Adams) Ledeb.						
球果蔊菜 *Rorippa globosa* (Turcz.) Thell.	√	√	√			
蔊菜 *Rorippa indica* (L.) Hiern	√	√	√			
风花菜 *Rorippa islandica* (Oed.) Borb.	√	√	√			
垂果大蒜芥 *Sisymbrium heteromallum* C. A. Mey.			√			
钻果大蒜芥 *Sisymbrium officinale* (L.) Scop.						
菥蓂 *Thlaspi arvense* L.		√				
山菥蓂 *Thlaspi thlaspidioides* (Pall.) Kitag.						
八宝 *Hylotelephium erythrostictum* (Miq.) H. Ohba			√			
白八宝 *Hylotelephium pallescens* (Freyn) H. Ohba						
紫八宝 *Hylotelephium purpureum* (L.) H. Ohba			√			
狼爪瓦松 *Orostachys cartilagienus* A. Boriss.	√		√			
瓦松 *Orostachys fimbriatus* (Turcz.) A. Berger	√		√		√	
钝叶瓦松 *Orostachys malacophyllus* (Pall.) Fisch.			√		√	
黄花瓦松 *Orostachys spinosus* (L.) C. A. Mey.	√					
红景天 *Rhodiola rosea* L.						
费菜 *Sedum aizoon* L.		√	√		√	
细叶景天 *Sedum middendorffianum* Maxim.			√			
藓状景天 *Sedum polytrichoides* Hemsl.						
落新妇 *Astilbe chinensis* (Maxim.) Franch. et Sav.			√			
互叶金腰 *Chrysosplenium alternifolium* L.						
多枝金腰 *Chrysosplenium ramosum* Maxim.						

续表

种名	饲用	食用	药用	生态治理用	有毒有害	外来入侵
李叶溲疏 *Deutzia hamata* Koehne			√	√		
梅花草 *Parnassia palustris* L.			√			
扯根菜 *Penthorum chinense* Pursh.						
京山梅花 *Philadelphus pekinensis* Rupr.			√	√		
刺果茶藨 *Ribes burejense* Fr. Schmidt			√	√		
楔叶茶藨 *Ribes diacantha* Pall.			√	√		
美丽茶藨 *Ribes pulchellum* Turcz.		√		√		
刺虎耳草 *Saxifraga bronchialis* L.						
龙牙草 *Agrimonia pilosa* Ledeb.	√	√	√		√	
毛地蔷薇 *Chamaerhodos canescens* J. Krause	√					
地蔷薇 *Chamaerhodos erecta* (L.) Bunge	√		√			
东北沼委陵菜 *Comarum palustre* L.						
全缘栒子 *Cotoneaster integrrimus* Medic.				√		
黑果栒子 *Cotoneaster melanocarpus* Lodd.			√	√		
蒙古栒子 *Cotoneaster mongolicus* Pojark.				√		
光叶山楂 *Crataegus dahurica* Schneid.				√		
毛山楂 *Crataegus maximowiczii* Schneid.				√		
山楂 *Crataegus pinnatifida* Bunge		√	√	√		
血红山楂 *Crataegus sanguinea* Pall.		√		√		
细叶蚊子草 *Filipendula angustiloba* (Turcz.) Maxim.						
翻白蚊子草 *Filipendula intermedia* (Glehn) Juz.			√			
光叶蚊子草 *Filipendula palmata* (Pall.) Maxim. var. *glabra* Ledeb.						
蚊子草 *Filipendula palmata* (Pall.) Maxim.			√			
槭叶蚊子草 *Filipendula purpurea* Maxim.						
东方草莓 *Fragaria orientalis* Losina-Losinsk.		√				
水杨梅 *Geum aleppicum* Jacq.		√	√			
山荆子 *Malus baccata* (L.) Borkh.		√	√	√		
星毛委陵菜 *Potentilla acaulis* L.	√		√			
东北委陵菜 *Potentilla amurensis* Maxim.	√					
鹅绒委陵菜 *Potentilla anserina* L.	√	√				
毛叉叶委陵菜 *Potentilla bifurca* L. var. *canescens* Bong. et Mey.	√					
光叉叶委陵菜 *Potentilla bifurca* L. var. *glabrata* Lehm.	√		√			
小叉叶委陵菜 *Potentilla bifurca* L. var. *humilior* Rupr.	√					
委陵菜 *Potentilla chinensis* Ser.	√	√	√			
线叶委陵菜 *Potentilla chinensis* Ser. var. *lineariloba* Franch.	√					
大头委陵菜 *Potentilla conferta* Bunge	√		√			
毛叶委陵菜 *Potentilla dasyphylla* Bunge	√					
翻白委陵菜 *Potentilla discolor* Bunge	√	√	√			
蔓委陵菜 *Potentilla flagellaris* Willd. ex Schlecht.	√	√	√			
莓叶委陵菜 *Potentilla fragarioides* L.	√		√			

种名	饲用	食用	药用	生态治理用	有毒有害	外来入侵
三叶委陵菜 *Potentilla freyniana* Bornm.	√					
金露梅 *Potentilla fruticosa* L.	√		√	√		
白花委陵菜 *Potentilla inquinans* Turcz.	√					
蛇含委陵菜 *Potentilla kleiniana* Wight	√		√			
白叶委陵菜 *Potentilla leucophylla* Pall.	√					
多茎委陵菜 *Potentilla multicaulis* Bunge	√					
细叶委陵菜 *Potentilla multifida* L.	√					
假雪委陵菜 *Potentilla nivea* L. var. *camtschatica* Cham. et Schlecht.	√					
红茎委陵菜 *Potentilla nudicaulis* Willd. ex Schlecht.	√					
假翻白委陵菜 *Potentilla pannifolia* Liou et C. Y. Li	√					
伏委陵菜 *Potentilla paradoxa* L.	√	√	√			
深齿匍匐委陵菜 *Potentilla reptans* L. var. *incisa* Franch.	√	√				
等齿委陵菜 *Potentilla simulatrix* Wolf	√					
灰白委陵菜 *Potentilla strigosa* Pall.	√					
蒿叶委陵菜 *Potentilla tanacetifolia* Willd. ex Schlecht	√		√			
轮叶委陵菜 *Potentilla verticillaris* Steph	√					
宽轮叶委陵菜 *Potentilla verticillaris* Steph var. *latisecta* Liou et C. Y. Li	√					
粘委陵菜 *Potentilla viscosa* J. Don	√		√	√		
匍枝委陵菜 *Potentilla yokusaiana* Makino	√		√			
山杏 *Prunus armeniaca* L. var. *ansu* Maxim.	√		√	√		
欧李 *Prunus humilis* Bunge	√	√	√	√		
稠李 *Prunus padus* L.	√	√	√	√		
西伯利亚杏 *Prunus sibirica* L.	√		√	√		
刺蔷薇 *Rosa acicularis* Lindl.	√		√			
腺果刺蔷薇 *Rosa acicularis* Lindl. var. *glandulosa* Liou	√		√			
山刺玫 *Rosa davurica* Pall.	√	√	√			
石生悬钩子 *Rubus saxatilis* L.	√					
腺地榆 *Sanguisorba glandulosa* Kom.						
直穗粉花地榆 *Sanguisorba grandiflora* (Maxim.) Makino	√					
地榆 *Sanguisorba officinalis* L.	√	√	√			
小白花地榆 *Sanguisorba parviflora* (Maxim.) Takeda	√		√			
垂穗粉花地榆 *Sanguisorba tenuifolia* Fisch. ex Link	√					
伏毛山莓草 *Sibbaldia adpressa* Bunge	√					
华北珍珠梅 *Sorbaria kirilowii* (Regel) Maxim.						
珍珠梅 *Sorbaria sorbifolia* (L.) A. Br.			√	√		
楼斗叶绣线菊 *Spiraea aquilegifolia* Pall.	√					
海拉尔绣线菊 *Spiraea chailarensis* Liou	√		√			
窄叶绣线菊 *Spiraea dahurica* Maxiim.	√		√			
欧亚绣线菊 *Spiraea media* Fr. Schmidt	√		√			
土庄绣线菊 *Spiraea pubescens* Turcz.	√		√	√		

续表

种名	饲用	食用	药用	生态治理用	有毒有害	外来入侵
绣线菊 *Spiraea salicifolia* L.	√		√	√		
绢毛绣线菊 *Spiraea sericea* Turcz.	√		√	√		
三裂绣线菊 *Spiraea trilobata* L.	√		√	√		
两型豆 *Amphicarpaea trisperma* (Miq.) Baker	√		√			
斜茎黄耆 *Astragalus adsurgens* Pall.	√			√	√	
华黄耆 *Astragalus chinensis* L.	√		√			
扁茎黄耆 *Astragalus complanatus* R. Br. ex Bunge	√		√			
兴安黄耆 *Astragalus dahuricus* (Pall.) DC.	√		√			
丹黄耆 *Astragalus danicus* Retz.	√					
白花黄耆 *Astragalus galactites* Pall.	√				√	
新巴黄耆 *Astragalus hsinbaticus* P. Y. Fu et Y. A. Chen	√					
草木犀黄耆 *Astragalus melilotoides* Pall.	√			√		
细叶黄耆 *Astragalus melilotoides* Pall. var. *tenuis* Ledeb.	√					
黄耆 *Astragalus membranaceus* Bunge	√		√			
蒙古黄耆 *Astragalus membranaceus* Bunge var. *mongholicus* (Bunge) Hsiao	√		√			
细茎黄耆 *Astragalus miniatus* Bunge	√		√			
糙叶黄耆 *Astragalus scaberrimus* Bunge	√		√		√	
小果黄耆 *Astragalus tataricus* Fisch.	√					
湿地黄耆 *Astragalus uliginosus* L.	√					
树锦鸡儿 *Caragana arborescens* (Amm) Lam.	√			√		
柠条锦鸡儿 *Caragana korshinskii* Kom.	√			√		
小叶锦鸡儿 *Caragana microphylla* Lam.	√		√	√	√	
矮锦鸡儿 *Caragana pygmaea* (L.) DC.	√					
细叶锦鸡儿 *Caragana stenophylla* Pojark.	√				√	
宽叶蔓豆 *Glycine gracilis* Skv.	√					
野大豆 *Glycine soja* Sieb. et Zucc.	√	√	√			
甘草 *Glycyrrhiza uralensis* Fisch.	√		√	√		
狭叶米口袋 *Gueldenstaedtia stenophylla* Bunge	√		√			
米口袋 *Gueldenstaedtia verna* (Georgi) Boriss.	√	√	√			
山岩黄耆 *Hedysarum alpinum* L.	√					
木岩黄耆 *Hedysarum fruticosum* Pall. var. *lignosum* (Trautv.) Kitag.	√					
山竹岩黄耆 *Hedysarum fruticosum* Pall. var. *mongolicum* (Turcz.) Turcz.	√			√		
华北岩黄耆 *Hedysarum gmelinii* Ledeb.	√					
铁扫帚 *Indigofera bungeana* Walp.	√			√		
短萼鸡眼草 *Kummerowia stipulacea* (Maxim.) Makino	√	√	√			
鸡眼草 *Kummerowia striata* (Thunb.) Schindl.	√	√	√			
矮山黧豆 *Lathyrus humilis* Fisch. ex DC.	√					
山黧豆 *Lathyrus palustris* L. var. *pilosus* (Cham.) Ledeb.	√	√	√			
牧地山黧豆 *Lathyrus pratensis* L.	√					
五脉山黧豆 *Lathyrus quinquenervius* (Miq.) Litv. ex Kom. et Alis.	√		√			

续表

种名	饲用	食用	药用	生态治理用	有毒有害	外来入侵
胡枝子 *Lespedeza bicolor* Turcz.	√	√	√	√		
长叶胡枝子 *Lespedeza caraganae* Bunge	√			√		
兴安胡枝子 *Lespedeza davurica* (Laxm.) Schindl.	√		√	√		
多花胡枝子 *Lespedeza floribunda* Bunge	√		√	√		
阴山胡枝子 *Lespedeza inschanica* (Maxim.) Schindl.	√		√			
尖叶胡枝子 *Lespedeza juncea* (L. f.) Pers.	√					
牛枝子 *Lespedeza potaninii* Vass.	√			√		
绒毛胡枝子 *Lespedeza tomentosa* (Thunb.) Sieb. ex Maxim.	√		√	√		
细梗胡枝子 *Lespedeza virgata* (Thunb.) DC.	√		√			
野苜蓿 *Medicago falcata* L.	√		√			
天蓝苜蓿 *Medicago lupulina* L.	√	√	√	√		
白花草木犀 *Melilotus albus* Desr.	√		√	√		√
细齿草木犀 *Melilotus dentatus* (Wald. et Kit.) Pers.	√					
草木犀 *Melilotus suaveolens* Ledeb.	√	√	√	√		√
辽西扁蓿豆 *Melissitus liaosiensis* (P. Y. Fu et Y. A. Chen) P. Y. Fu et Y. A. Chen	√					
扁蓿豆 *Melissitus ruthenica* (L.) C. W. Chang	√					
猫头刺 *Oxytropis aciphylla* Ledeb.	√		√			
细叶棘豆 *Oxytropis glabra* (Lam.) DC. var. *tenuis* Palib.	√					
大花棘豆 *Oxytropis grandiflora* (Pall.) DC.	√					
山棘豆 *Oxytropis hailarensis* Kitag.	√					
硬毛棘豆 *Oxytropis hirta* Bunge	√					
山泡泡 *Oxytropis leptophylla* (Pall.) DC.	√					
多叶棘豆 *Oxytropis myriophylla* (Pall.) DC.	√				√	
黄毛棘豆 *Oxytropis ochrantha* Turcz.	√					
砂珍棘豆 *Oxytropis psammocharis* Hance	√					
野小豆 *Phaseolus minimus* Roxb.	√					
苦参 *Sophora flavescens* Ait.	√		√	√	√	
苦马豆 *Swainsonia salsula* (Pall.) Thunb.	√	√		√	√	
牧马豆 *Thermopsis lanceolata* R. Br.	√		√		√	
野火球 *Trifolium lupinaster* L.	√		√	√		
白花野火球 *Trifolium lupinaster* L. f. *albiflorum* (Ser.) P. Y. Fu et Y. A. Chen	√		√	√		
山野豌豆 *Vicia amoena* Fisch. ex DC.	√	√	√			
狭叶山野豌豆 *Vicia amoena* Fisch. ex DC. var. *oblongifolia* Regel	√		√			
黑龙江野豌豆 *Vicia amurensis* Oett.	√					
大花野豌豆 *Vicia bungei* Ohwi	√					
广布野豌豆 *Vicia cracca* L.	√		√			
灰野豌豆 *Vicia cracca* L. f. *canescens* Maxim.	√					
索伦野豌豆 *Vicia geminiflora* Trautv.	√					
大野豌豆 *Vicia gigantea* Bge.	√					
东方野豌豆 *Vicia japonica* A. Gray	√					

种名	饲用	食用	药用	生态 治理用	有毒 有害	外来 入侵
多茎野豌豆 *Vicia multicaulis* Ledeb.	√		√			
大叶野豌豆 *Vicia pseudorobus* Fisch. et C. A. Mey.	√	√				
歪头菜 *Vicia unijuga* A. Br.	√	√	√			
牻牛儿苗 *Erodium stephanianum* Willd.	√	√	√			
粗根老鹳草 *Geranium dahuricum* DC.	√					
北方老鹳草 *Geranium erianthum* DC.	√		√			
毛蕊老鹳草 *Geranium eriostemon* Fisch. ex DC.	√		√			
突节老鹳草 *Geranium krameri* Franch. et Sav.	√		√			
兴安老鹳草 *Geranium maximowiczii* Regel et Maack	√					
草甸老鹳草 *Geranium pratense* L.	√					
鼠掌老鹳草 *Geranium sibiricum* L.	√		√			
线裂老鹳草 *Geranium soboliferum* Kom.	√					
大花老鹳草 *Geranium transbaicalicum* Serg.	√					
老鹳草 *Geranium wilfordi* Maxim.	√	√	√			
灰背老鹳草 *Geranium wlassowianum* Fisch. ex Link	√					
白刺 *Nitraria sibirica* Pall.	√	√			√	
多裂骆驼蓬 *Peganum harmala* L. var. *multisecta* Maxim.					√	
匍根骆驼蓬 *Peganum nigellastrum* Bunge	√				√	
蒺藜 *Tribulus terrestris* L.	√	√	√	√	√	
黑水亚麻 *Linum amurense* Alef.	√					
贝加尔亚麻 *Linum baicalense* Juz.	√					
宿根亚麻 *Linum perenne* L.	√					
野亚麻 *Linum stelleroides* Planch	√	√	√			
铁苋菜 *Acalypha australis* L.	√	√	√	√		
乳浆大戟 *Euphorbia esula* L.			√		√	
狼毒大戟 *Euphorbia pallasii* Turcz.			√		√	
地锦 *Euphorbia humifusa* Willd.		√	√		√	
猫眼大戟 *Euphorbia lunulata* Bunge					√	
大地锦 *Euphorbia maculata* L.					√	√
东北大戟 *Euphorbia manschurica* Maxim.					√	
大戟 *Euphorbia pekinensis* Rupr.					√	
锥腺大戟 *Euphorbia savaryi* Kiss.					√	
叶底珠 *Securinega suffruticosa* (Pall.) Rehd.			√		√	
地构叶 *Speranskia tuberculata* Baill.			√		√	
白鲜 *Dictamnus dasycarpus* Turcz.			√			
假芸香 *Haplophyllum dauricum* (L.) G. Don						
黄檗 *Phellodendron amurense* Rupr.						
瓜子金 *Polygala japonica* Houtt.	√					
西伯利亚远志 *Polygala sibirica* L.	√	√				
远志 *Polygala tenuifolia* Willd.	√		√		√	

续表

种名	饲用	食用	药用	生态治理用	有毒有害	外来入侵
茶条槭 *Acer ginnala* Maxim.		√	√	√		
色木槭 *Acer mono* Maxim.		√	√	√		
元宝槭 *Acer truncatum* Bunge			√	√		
文冠果 *Xanthoceras sorbifolia* Bunge			√	√		
东北凤仙花 *Impatiens furcillata* Hemsl.						
水金凤 *Impatiens noli-tangere* L.			√			
南蛇藤 *Celastrus orbiculatus* Thunb.	√	√		√		
卫矛 *Euonymus alatus* (Thunb.) Sieb.	√		√	√		
华北卫矛 *Euonymus maackii* Rupr.	√		√	√		
短翅卫矛 *Euonymus planipes* (Koehne) Koehne	√			√		
锐齿鼠李 *Rhamnus arguta* Maxim.				√		
鼠李 *Rhamnus davurica* Pall.		√	√	√		
金刚鼠李 *Rhamnus diamantiaca* Nakai				√		
小叶鼠李 *Rhamnus parvifolia* Bunge			√	√	√	
乌苏里鼠李 *Rhamnus ussuriensis* J. Vassil.				√		
酸枣 *Zizyphus jujuba* Mill. var. *spinosa* (Bunge) Hu ex H. F. Chow	√	√	√	√	√	
乌头叶蛇葡萄 *Ampelopsis aconitifolia* Bunge		√	√			
光叶蛇葡萄 *Ampelopsis brevipedunculata* (Maxim.) Trautv. var. *maximowiczii* (Regel) Rehd.				√		
山葡萄 *Vitis amurensis* Rupr.	√	√	√			
蒙椴 *Tilia mongolica* Maxim.		√	√	√		
野西瓜苗 *Hibiscus trionum* L.	√	√	√			√
北锦葵 *Malva mohileviensis* Dow.	√	√	√			
苘麻 *Abutilon theophrasti* Medic.	√	√	√			√
草瑞香 *Diarthron linifolium* Turcz.			√		√	
狼毒 *Stellera chamaejasme* L.			√		√	
沙棘 *Hippophae rhamnoides* L.		√	√	√		
鸡腿堇菜 *Viola acuminata* Ledeb.		√	√			
额穆尔堇菜 *Viola amurica* W. Bckr.						
兴安圆叶堇菜 *Viola brachyceras* Turcz.						
南山堇菜 *Viola chaerophylloides* (Regel) W. Bckr.			√			
裂叶堇菜 *Viola dissecta* Ledeb.			√			
兴安堇菜 *Viola gmeliniana* Roem. et Schult.						
东北堇菜 *Viola mandshurica* W. Bckr.		√				
白花堇菜 *Viola patrinii* DC. ex Ging.						
早开堇菜 *Viola prionantha* Bunge			√			
库页堇菜 *Viola sacchalinensis* H. Boiss.						
斑叶堇菜 *Viola variegata* Fisch. ex Link			√			
堇菜 *Viola verecunda* A. Gray		√	√			
紫花地丁 *Viola yedoensis* Makino		√	√			
阴地堇菜 *Viola yezoensis* Maxim.						

种名	饲用	食用	药用	生态治理用	有毒有害	外来入侵
红沙 *Reaumuria songarica* (Pall.) Maxim.			√	√		
柽柳 *Tamarix chinensis* Lour.	√		√	√		
千屈菜 *Lythrum salicaria* L.		√	√			
柳兰 *Chamaenerion angustifolium* (L.) Scop.			√	√		
水珠草 *Circaea quadrisulcata* (Maxim.) Franch.			√			
多枝柳叶菜 *Epilobium fastigiato-ramosum* Nakai			√			
柳叶菜 *Epilobium hirsutum* L.		√	√			
水湿柳叶菜 *Epilobium palustre* L.			√			
月见草 *Oenothera biennis* L.	√		√			√
杉叶藻 *Hippuris vulgaris* L.						
红瑞木 *Cornus alba* L.				√		
东北羊角芹 *Aegopodium alpestre* Ledeb.	√					
细叶东北羊角芹 *Aegopodium alpestre* Ledeb. f. *tenuisectum* Kitag.	√					
狭叶当归 *Angelica anomala* Lallem.						
大活 *Angelica dahurica* (Fisch.) Benth. et Hook. ex Franch. et Sav.		√	√			
拐芹当归 *Angelica polymorpha* Maxim.		√	√			
峨参 *Anthriscus aemula* (Woron.) Schischk.			√			
线叶柴胡 *Bupleurum angustissimum* (Franch.) Kitag.	√		√			
锥叶柴胡 *Bupleurum bicaule* Helm	√					
北柴胡 *Bupleurum chinense* DC.	√	√	√			
北京柴胡 *Bupleurum chinense* DC. f. *pekinense* (Franch.) Shan et Y. Li	√					
大叶柴胡 *Bupleurum longiradiatum* Turcz.	√					
红柴胡 *Bupleurum scorzoneraefolium* Willd.	√		√			
兴安柴胡 *Bupleurum sibiricum* Vest	√					
山茴香 *Carlesia sinensis* Dunn	√		√			
丝叶葛缕子 *Carum angustissimum* Kitag.						
田葛缕子 *Carum buriaticum* Turcz.						
葛缕子 *Carum carvi* L.						
毒芹 *Cicuta virosa* L.			√		√	
细叶毒芹 *Cicuta virosa* L. f. *angustifolia* (Kit.) Schube						
兴安蛇床 *Cnidium dahuricum* (Jacq.) Turcz.			√			
蛇床 *Cnidium monnieri* (L.) Cuss.		√	√			
滇羌活 *Eriocycla albescens* (Franch.) Wolff var. *latifolia* Shan et Yuan						
硬阿魏 *Ferula bungeana* Kitag.			√			
东北牛防风 *Heracleum moellendorffii* Hance			√			
香芹 *Libanotis seseloides* Turcz.						
辽藁本 *Ligusticum jeholense* (Nakai et Kitag.) Nakai et Kitag.			√			
水芹 *Oenanthe javanica* (Blume) DC.	√	√	√			
全叶山芹 *Ostericum maximowiczii* (Fr. Schmidt ex Maxim.) Kitag.			√			
绿花山芹 *Ostericum viridiflorum* (Turcz.) Kitag.						

续表

种名	饲用	食用	药用	生态治理用	有毒有害	外来入侵
石防风 *Peucedanum terebinthaceum* (Fisch.) Fisch. ex Turcz.			√			
蛇床茴芹 *Pimpinella cnidioides* Pearson ex Wolff	√					
东北茴芹 *Pimpinella thellungiana* Wolff	√					
防风 *Saposhnikovia divaricata* (Turcz.) Schischk.	√	√	√			
泽芹 *Sium suave* Walt.			√			
迷果芹 *Sphallerocarpus gracilis* (Bess.) K.-Pol.			√			
黑水岩茴香 *Tilingia ajanensis* Regel	√					
窃衣 *Torilis japonica* (Houtt.) DC.			√			
团叶单侧花 *Orthilia obtusata* (Turcz.) Hara						
兴安鹿蹄草 *Pyrola dahurica* (H. Andr.) Kom.						
松毛翠 *Phyllodoce caerulea* (L.) Babingt.				√		
兴安杜鹃 *Rhododendron dauricum* L.			√	√	√	
照白杜鹃 *Rhododendron micranthum* Turcz.			√	√		
东北点地梅 *Androsace filiformis* Retz.			√			
白花点地梅 *Androsace incana* Lam.						
长叶点地梅 *Androsace longifolia* Turcz.						
大苞点地梅 *Androsace maxima* L.						
雪山点地梅 *Androsace septentrionalis* L.						
点地梅 *Androsace umbellata* (Lour.) Merr.			√			
海乳草 *Glaux maritima* L.	√		√	√		
狼尾花 *Lysimachia barystachys* Bunge		√	√			
珍珠菜 *Lysimachia clethroides* Duby		√				
黄连花 *Lysimachia davurica* Ledeb.			√			
狭叶珍珠菜 *Lysimachia pentapetala* Bunge			√			
球尾花 *Lysimachia thyrsiflora* L.						
粉报春 *Primula farinosa* L.			√			
箭报春 *Primula fistulosa* Turkev.						
胭脂花 *Primula maximowiczii* Regel			√			
天山报春 *Primula nutans* Georgi						
樱草 *Primula sieboldii* E. Morren			√			
驼舌草 *Goniolimon speciosum* (L.) Boiss.						
黄花补血草 *Limonium aureum* (L.) Hill			√	√		
二色补血草 *Limonium bicolor* (Bunge) Kuntze		√	√	√		
曲枝补血草 *Limonium flexuosum* (L.) Kuntze			√			
补血草 *Limonium sinense* (Girard) Kuntze			√	√		
水曲柳 *Fraxinus mandshurica* Rupr.			√	√		
紫丁香 *Syringa oblata* Lindl.			√	√		
暴马丁香 *Syringa reticulata* (Blume) Hara var. *mandshurica* (Maxim.) Hara			√	√		
腺鳞草 *Anagallidium dichotomum* (L.) Griseb.						
达乌里龙胆 *Gentiana dahurica* Fisch.			√			

续表

种名	饲用	食用	药用	生态治理用	有毒有害	外来入侵
大叶龙胆 *Gentiana macrophylla* Pall.			√		√	
龙胆 *Gentiana scabra* Bunge						
鳞叶龙胆 *Gentiana squarrosa* Ledeb.	√					
三花龙胆 *Gentiana triflora* Pall.						
金刚龙胆 *Gentiana uchiyamai* Nakai						
扁蕾 *Gentianopsis barbata* (Froel.) Ma	√		√			
花锚 *Halenia corniculata* (L.) Cornaz			√			
肋柱花 *Lomatogonium rotatum* (L.) Fries ex Nym.			√			
獐牙菜 *Swertia bimaculata* (Sieb. et Zucc.) Hook. f. et Thoms. ex C. B. Clarke			√			
淡花獐牙菜 *Swertia diluta* (Turcz.) Benth. et Hook.			√			
瘤毛獐牙菜 *Swertia pseudochinensis* Hara			√			
伞花獐牙菜 *Swertia tetrapetala* Pall.			√			
荇菜 *Nymphoides peltata* (Gmel.) O. Kuntze		√	√			
罗布麻 *Apocynum venetum* L.	√		√	√		
合掌消 *Cynanchum amplexicaule* (Sieb. et Zucc.) Hemsl.	√		√			
紫花合掌消 *Cynanchum amplexicaule* (Sieb. et Zucc.) Hemsl. f. *castaneum* (Makino) C. Y. Li	√					
白薇 *Cynanchum atratum* Bunge	√	√	√			
鹅绒藤 *Cynanchum chinense* R. Br.	√		√			
徐长卿 *Cynanchum paniculatum* (Bunge) Kitag.	√	√	√			
紫花杯冠藤 *Cynanchum purpureum* K. Schum.	√					
雀瓢 *Cynanchum thesioides* (Freyn.) K. Schum. var. *australe* (Maxim.) Tsiang et P. T. Li	√		√			
地梢瓜 *Cynanchum thesioides* K. Schum.	√	√	√	√		
萝藦 *Metaplexis japonica* (Thunb.) Makino	√		√			
杠柳 *Periploca sepium* Bunge	√	√	√	√	√	
拉拉藤 *Galium aparine* L. var. *tenerum* (Gren. et Godr.) Rchb.	√					
北方拉拉藤 *Galium boreale* L.	√		√			
光果拉拉藤 *Galium boreale* L. var. *leiocarpum* Nakai	√					
兴安拉拉藤 *Galium dahuricum* Turcz.	√					
线叶拉拉藤 *Galium linearifolium* Turcz.	√					
东北拉拉藤 *Galium manshuricum* Kitag.	√		√			
少花拉拉藤 *Galium pauciflorum* Bunge	√		√			
小叶拉拉藤 *Galium trifidum* L.	√					
蓬子菜拉拉藤 *Galium verum* L.	√	√	√	√		
中国茜草 *Rubia chinensis* Regel et Maack	√					
茜草 *Rubia cordifolia* L.	√	√	√			
林茜草 *Rubia cordifolia* L. var. *sylvatica* Maxim.	√					
小花葱 *Polemonium chinense* (Brand) Brand						
花葱 *Polemonium liniflorum* V. Vassil.			√			
白花花葱 *Polemonium liniflorum* V. Vassil. f. *alba* V. Vassil.						

续表

种名	饲用	食用	药用	生态治理用	有毒有害	外来入侵
柔毛花荵 *Polemonium villosum* Rud. ex Georgi	√					
毛打碗花 *Calystegia dahurica* (Herb.) Choisy	√				√	
打碗花 *Calystegia hederacea* Wall.	√	√	√		√	
日本打碗花 *Calystegia japonica* Choisy	√				√	
宽叶打碗花 *Calystegia sepium* (L.) R. Br. var. *communis* (Tryon) Hara	√				√	
银灰旋花 *Convolvulus ammannii* Desr.	√		√			
田旋花 *Convolvulus arvensis* L.	√		√			
中国旋花 *Convolvulus chinensis* Ker-Gawl.	√					
南方菟丝子 *Cuscuta australis* R. Br.					√	
菟丝子 *Cuscuta chinensis* Lam.			√		√	
金灯藤 *Cuscuta japonica* Choisy						
牵牛 *Pharbitis nil* (L.) Choisy			√			√
钝背草 *Amblynotus rupestris* (Pall. ex Georgi) M. Pop						
斑种草 *Bothriospermum chinense* Bunge			√			
多苞斑种草 *Bothriospermum secundum* Maxim.			√			
大果琉璃草 *Cynoglossum divaricatum* Steph.			√		√	
东北齿缘草 *Eritrichium mandshuricum* M. Pop.						
石生齿缘草 *Eritrichium rupestre* (Pall.) Bge.						
丘假鹤虱 *Hackelia deflexa* (Wahl.) Opiz						
假鹤虱 *Hackelia thymifolia* (DC.) M. Pop.					√	
东北鹤虱 *Lappula redowskii* (Lehm.) Greene					√	
鹤虱 *Lappula squarrosa* (Retz.) Dumort.			√		√	
砂引草 *Messerschmidia sibirica* L.	√					
狭叶砂引草 *Messerschmidia sibirica* L. var. *angustior* (DC.) Nakai	√		√		√	
湿地勿忘草 *Myosotis caespitosa* Schultz						
草原勿忘草 *Myosotis suaveolens* Wald. et Kit.						
勿忘草 *Myosotis sylvatica* (Ehrh.) Hoffm.						
紫筒草 *Stenosolenium saxatile* (Pall.) Turcz.	√		√			
附地菜 *Trigonotis peduncularis* (Trev.) Benth. ex Baker et Moore		√	√			
蒙古莸 *Caryopteris mongholica* Bunge	√					
荆条 *Vitex negundo* L. var. heterophylla (Franch.) Rehd.	√		√			
多花筋骨草 *Ajuga multiflora* Bunge			√			
水棘针 *Amethystea caerulea* L.		√	√			
风车草 *Clinopodium chinense* O. Kuntze var. *grandiflorum* (Maxim.) Hara			√			
光萼青兰 *Dracocephalum argunense* Fisch. ex Link	√					
香青兰 *Dracocephalum moldavica* L.	√					
岩青兰 *Dracocephalum rupestre* Hance.	√					
青兰 *Dracocephalum ruyschiana* L.	√					
香薷 *Elsholtzia ciliata* (Thunb.) Hyland.			√			
鼬瓣花 *Galeopsis bifida* Boenn.			√			

续表

种名	饲用	食用	药用	生态治理用	有毒有害	外来入侵
活血丹 *Glechoma hederacea* L. var. *longituba* Nakai		√				
冬青叶兔唇花 *Lagochilus ilicifolius* Bunge						
野芝麻 *Lamium album* L.						
白花益母草 *Leonurus japonicus* Houtt. f. *albiflorus* (Migo) Y. C. Chu	√				√	
益母草 *Leonurus japonicus* Houtt.	√	√	√			
细叶益母草 *Leonurus sibiricus* L.	√		√			
兴安益母草 *Leonurus tataricus* L.	√		√			
扭藿香 *Lophanthus chinensis* Benth.						
朝鲜地瓜苗 *Lycopus coreanus* Levl.						
地瓜苗 *Lycopus lucidus* Turcz.		√				
异叶地瓜苗 *Lycopus lucidus* Turcz. var. *maackianus* Maxim.						
小花地瓜苗 *Lycopus uniflorus* Michx.						
兴安薄荷 *Mentha dahurica* Fisch. ex Benth.						
薄荷 *Mentha haplocalyx* Briq.		√	√			
荆芥 *Nepeta cataria* L.						
脓疮草 *Panzerina lanata* (L.) Sojá						
尖齿糙苏 *Phlomis dentosa* Franch.						
大叶糙苏 *Phlomis maximowiczii* Regel	√		√			
块根糙苏 *Phlomis tuberosa* L.	√		√			
糙苏 *Phlomis umbrosa* Turcz.	√		√			
蓝萼香茶菜 *Plectranthus japonicus* (Burm. f.) Koidz. var. *glaucocalyx* (Maxim.) Koidz.			√			
辽宁香茶菜 *Plectranthus websteri* Hemsl.						
荔枝草 *Salvia plebeia* R. Br.			√			
多裂叶荆芥 *Schizonepeta multifida* (L.) Briq.						
裂叶荆芥 *Schizonepeta tenuifolia* (Benth.) Briq.		√				
黄芩 *Scutellaria baicalensis* Georgi	√	√	√			
纤弱黄芩 *Scutellaria dependens* Maxim.	√					
盔状黄芩 *Scutellaria galericulata* L.	√					
京黄芩 *Scutellaria pekinensis* Maxim.	√					
狭叶黄芩 *Scutellaria regeliana* Nakai	√					
并头黄芩 *Scutellaria scordifolia* Fisch. ex Schrank	√		√			
图们黄芩 *Scutellaria tuminensis* Nakai	√					
粘毛黄芩 *Scutellaria viscidula* Bunge	√					
毛水苏 *Stachys baicalensis* Fisch. ex Benth.			√			
华水苏 *Stachys chinensis* Bunge ex Benth.						
水苏 *Stachys japonica* Miq.						
黑龙江香科科 *Teucrium ussuriense* Kom.						
兴安百里香 *Thymus dahuricus* Serg.	√					
长齿百里香 *Thymus disjunctus* Klok.	√		√			
百里香 *Thymus mongolicus* Ronn.	√	√	√			

续表

种名	饲用	食用	药用	生态治理用	有毒有害	外来入侵
地椒 *Thymus quinquecostatus* Celak.	✓					
曼陀罗 *Datura stramonium* L.			✓		✓	✓
小天仙子 *Hyoscyamus bohemicus* F. W. Schmidt					✓	
天仙子 *Hyoscyamus niger* L.			✓		✓	✓
枸杞 *Lycium chinense* Mill.	✓	✓		✓		
龙葵 *Solanum nigrum* L.	✓	✓			✓	
黄花刺茄 *Solanum rostratum* Dunal	✓				✓	✓
青杞 *Solanum septemlobum* Bunge	✓	✓	✓			
达乌里芯芭 *Cymbaria dahurica* L.	✓		✓			
东北小米草 *Euphrasia amurensis* Freyn						
长腺小米草 *Euphrasia hirtella* Jord. ex Reuter						
小米草 *Euphrasia tatarica* Fisch. ex Spreng.						
多枝柳穿鱼 *Linaria buriatica* Turcz.						
柳穿鱼 *Linaria vulgaris* Mill. var. *sinensis* Bebeaux			✓	✓		
弹刀子菜 *Mazus stachydifolius* (Turcz.) Maxim.			✓			
沟酸浆 *Mimulus tenellus* Bunge			✓			
疗齿草 *Odontites serotina* (Lam.) Dumort.			✓			
大野苏子马先蒿 *Pedicularis grandiflora* Fisch.	✓					
小花沼生马先蒿 *Pedicularis palustris* L. subsp. *karoi* (Freyn) Tsoong	✓					
返顾马先蒿 *Pedicularis resupinata* L.	✓	✓	✓			
毛返顾马先蒿 *Pedicularis resupinata* L. var. *pubescens* (Kom.) Nakai	✓					
红色马先蒿 *Pedicularis rubens* Steph. ex Willd.	✓					
旌节马先蒿 *Pedicularis sceptrum-carolinum* L.	✓					
穗花马先蒿 *Pedicularis spicata* Pall.	✓					
红纹马先蒿 *Pedicularis striata* Pall.	✓					
轮叶马先蒿 *Pedicularis verticillata* L.	✓					
松蒿 *Phteirospermum japonicum* (Thunb.) Kanitz						
地黄 *Rehmannia glutinosa* (Gaert.) Libosch. ex Fisch. et C. A. Mey.		✓				
鼻花 *Rhinanthus vernalis* (Zing) B. Schischk. et Serg.						
阴行草 *Siphonostegia chinensis* Benth.			✓			
水苦荬婆婆纳 *Veronica anagallis-aquatica* L.	✓		✓			
大婆婆纳 *Veronica dahurica* Stev.	✓	✓				
婆婆纳 *Veronica didyma* Tenore	✓					
白婆婆纳 *Veronica incana* L.	✓					
长毛婆婆纳 *Veronica kiusiana* Furumi	✓					
细叶婆婆纳 *Veronica linariifolia* Pall. ex Link	✓	✓	✓			
宽叶婆婆纳 *Veronica linariifolia* Pall. ex Link var. *dilatata* Nakai et Kitag	✓					
长尾婆婆纳 *Veronica longifolia* L.	✓					
蚊母婆婆纳 *Veronica peregrina* L.	✓	✓				
东北婆婆纳 *Veronica rotunda* Nakai var. *subintegra* (Nakai) Yamaz.	✓					

续表

种名	饲用	食用	药用	生态治理用	有毒有害	外来入侵
水婆婆纳 *Veronica undulata* Wall.	√	√				
轮叶腹水草 *Veronicastrum sibiricum* (L.) Pennell	√					
管花腹水草 *Veronicastrum tubiflorum* (Fisch. et C. A. Mey.) Hara	√					
角蒿 *Incarvillea sinensis* Lam.		√	√		√	
列当 *Orobanche coerulescens* Steph.						
黄花列当 *Orobanche pycnostachya* Hance			√			
透骨草 *Phryma leptostachya* L. var. *asiatica* Hara			√			
车前 *Plantago asiatica* L.	√	√	√		√	
疏花车前 *Plantago asiatica* L. var. *laxa* Pilger.	√					
平车前 *Plantago depressa* Willd.	√	√	√			
大车前 *Plantago major* L.	√	√	√			
盐生车前 *Plantago maritima* L. var. *salsa* (Pall.) Pilger	√					
北车前 *Plantago media* L.	√					
小车前 *Plantago minuta* Pall.	√					
黄花忍冬 *Lonicera chrysantha* Turcz.			√	√		
长白忍冬 *Lonicera ruprechtiana* Regel				√		
接骨木 *Sambucus williamsii* Hance			√	√		
五福花 *Adoxa moschatellina* L.						
异叶败酱 *Patrinia heterophylla* Bunge		√	√			
岩败酱 *Patrinia rupestris* (Pall.) Juss.			√			
败酱 *Patrinia scabiosaefolia* Fisch. ex Trev.		√	√			
糙叶败酱 *Patrinia scabra* Bunge						
缬草 *Valeriana alternifolia* Bunge			√			
狭叶毛节缬草 *Valeriana alternifolia* Bunge f. *angustifolia* (Kom.) Kitag.						
北缬草 *Valeriana fauriei* Briq.			√			
窄叶蓝盆花 *Scabiosa comosa* Fisch. ex Roem. et Schult.					√	
华北蓝盆花 *Scabiosa tschiliensis* Grun.			√			
北方沙参 *Adenophora borealis* Hong et Zhao Yizhi						
展枝沙参 *Adenophora divaricata* Franch. et Sav.						
狭叶沙参 *Adenophora gmelinii* (Spreng.) Fisch.			√			
紫沙参 *Adenophora paniculata* Nannf.			√			
长白沙参 *Adenophora pereskiifolia* (Fisch. ex Roem. et Schult.) G. Don			√			
长叶沙参 *Adenophora pereskiifolia* (Fisch. ex Roem. et Schult.) G. Don var. *alternifolia* Fuh ex Y. Z. Zhao						
石沙参 *Adenophora polyantha* Nakai			√			
长柱沙参 *Adenophora stenanthina* (Ledeb.) Kitag.						
丘沙参 *Adenophora stenanthina* (Ledeb.) Kitag. var. *collina* (Kitag.) Y. Z. Zhao						
皱叶沙参 *Adenophora stenanthina* (Ledeb.) Kitag. var. *crispata* (Korsh.) Y. Z. Zhao						
扫帚沙参 *Adenophora stenophylla* Hemsl.			√			
轮叶沙参 *Adenophora tetraphylla* (Thunb.) Fisch.		√	√			
荠苨 *Adenophora trachelioides* Maxim.		√	√			

续表

种名	饲用	食用	药用	生态治理用	有毒有害	外来入侵
锯齿沙参 *Adenophora tricuspidata* (Fisch. ex Roem. et Schult.) A. DC.						
多歧沙参 *Adenophora wawreana* A. Zahlbr.						
牧根草 *Asyneuma japonicum* (Miq.) Briq.						
聚花风铃草 *Campanula glomerata* L.			√			
紫斑风铃草 *Campanula punctata* Lam.			√			
桔梗 *Platycodon grandiflorum* (Jacq.) A. DC.		√	√		√	
齿叶蓍 *Achillea acuminata* (Ledeb.) Sch.-Bip.	√					
高山蓍 *Achillea alpina* L.	√					
亚洲蓍 *Achillea asiatica* Serg.	√		√			
蓍 *Achillea millefolium* L.	√					
短瓣蓍 *Achillea ptarmicoides* Maxim.	√					
猫儿菊 *Achyrophorus ciliatus* (Thunb.) Sch. Bip.			√			
豚草 *Ambrosia artemisiifolia* L.						√
三裂叶豚草 *Ambrosia trifida* L.						√
牛蒡 *Arctium lappa* L.	√	√	√			
莎菀 *Arctogeron gramineum* (L.) DC.						
丝叶蒿 *Artemisia adamsii* Bess.	√					
碱蒿 *Artemisia anethifolia* Web.	√		√	√		
莳萝蒿 *Artemisia anethoides* Mattf.	√		√			
黄花蒿 *Artemisia annua* L.	√	√			√	
艾蒿 *Artemisia argyi* Levl.	√	√			√	
朝鲜艾蒿 *Artemisia argyi* Levl. var. *gracilis* Pamp.	√					
白莎蒿 *Artemisia blepharolepis* Bge.	√					
山蒿 *Artemisia brachyloba* Franch.	√					
茵陈蒿 *Artemisia capillaris* Thunb.	√	√	√			
青蒿 *Artemisia carvifolia* Buch.-Ham.	√					
千山蒿 *Artemisia chienshanica* Ling et W. Wang	√					
变蒿 *Artemisia commutata* Bess.	√					
沙蒿 *Artemisia desertorum* Spreng.	√					
龙蒿 *Artemisia dracunculus* L.	√		√			
南牡蒿 *Artemisia eriopoda* Bunge	√		√			
冷蒿 *Artemisia frigida* Willd.	√		√			
甘肃蒿 *Artemisia gansuensis* Ling et Y. R. Ling	√					
岐茎蒿 *Artemisia igniaria* Maxim.	√					
柳蒿 *Artemisia integrifolia* L.	√	√	√			
牡蒿 *Artemisia japonica* Thunb.	√	√	√			
东北牡蒿 *Artemisia japonica* Thunb. var. *manshurica* (Kom.) Kitag	√		√			
菴闾 *Artemisia keiskeana* Miq.	√		√			
白山蒿 *Artemisia lagocephala* (Fisch. ex Bess.) DC.	√					
矮蒿 *Artemisia lancea* Van	√		√			

续表

种名	饲用	食用	药用	生态治理用	有毒有害	外来入侵
宽叶蒿 *Artemisia latifolia* Ledeb.	√					
细砂蒿 *Artemisia macilenta* (Maxim.) Krasch.	√					
蒙古蒿 *Artemisia mongolica* Fisch. ex Bess.	√		√			
白毛蒿 *Artemisia mongolica* Fisch. ex Bess. var. *leucophylla* (Turcz. ex Bess.) W. Wang et H. T. Ho	√		√			
镰叶蒿 *Artemisia orthobotrys* Kitag.	√					
光砂蒿 *Artemisia oxycephala* Kitag.	√					
黑蒿 *Artemisia palustris* L.	√					
褐苞蒿 *Artemisia phaeolepis* Krasch.	√					
魁蒿 *Artemisia princeps* Pamp.	√					
柔毛蒿 *Artemisia pubescens* Ledeb.	√					
红足蒿 *Artemisia rubripes* Nakai	√					
万年蒿 *Artemisia sacrorum* Ledeb.	√		√	√		
猪毛蒿 *Artemisia scoparia* Wald. et Kit.	√		√			
水蒿 *Artemisia selengensis* Turcz. ex Bess.	√	√				
绢毛蒿 *Artemisia sericea* Weber	√					
大籽蒿 *Artemisia sieversiana* Ehrh. ex Willd.	√	√	√			
圆头蒿 *Artemisia sphaerocephala* Krasch.	√					
宽叶山蒿 *Artemisia stolonifera* (Maxim.) Kom.	√					
线叶蒿 *Artemisia subulata* Nakai	√					
林地蒿 *Artemisia sylvatica* Maxim.	√					
裂叶蒿 *Artemisia tanacetifolia* L.	√		√			
野艾蒿 *Artemisia umbrosa* (Bess.) Turcz.	√		√			
辽东蒿 *Artemisia verbenacea* (Kom.) Kitag.	√					
毛莲蒿 *Artemisia vestita* Wall.	√					
两色毛莲蒿 *Artemisia vestita* Wall. var. *discolor* (Kom.) Kitag.	√					
乌丹蒿 *Artemisia wudanica* Liou et W. Wang	√			√		
黄金蒿 *Artemisisa aurata* Kom.	√					
高山紫菀 *Aster alpinus* L.	√					
圆苞紫菀 *Aster maackii* Regel	√					
西伯利亚紫菀 *Aster sibiricus* L.	√					
紫菀 *Aster tataricus* L. f.	√	√	√			
关苍术 *Atractylodes japonica* Koidz. ex Kitam.		√	√			
苍术 *Atractylodes lancea* (Thunb.) DC.	√	√	√			
鬼针草 *Bidens bipinnata* L.			√		√	√
柳叶鬼针草 *Bidens cernua* L.			√		√	
羽叶鬼针草 *Bidens maximowicziana* Oett.					√	
小花鬼针草 *Bidens parviflora* Willd.	√		√		√	
狼巴草 *Bidens tripartita* L.		√	√			
短星菊 *Brachyactis ciliata* Ledeb.	√					
山尖子 *Cacalia hastata* L.		√	√			

续表

种名	饲用	食用	药用	生态治理用	有毒有害	外来入侵
星叶蟹甲草 *Cacalia komarowiana* (Pojark.) Pojark.	✓					
翠菊 *Callistephus chinensis* (L.) Nees						
丝毛飞廉 *Carduus crispus* L.	✓	✓			✓	
小红菊 *Chrysanthemum chanetii* Levl.	✓					
小滨菊 *Chrysanthemum lineare* Matsum.	✓					
楔叶菊 *Chrysanthemum naktongense* Nakai	✓					
甘野菊 *Chrysanthemum seticuspe* (Maxim.) Hand-Mazz.	✓					
紫花野菊 *Chrysanthemum zawadskii* Herb.	✓					
丝路蓟 *Cirsium arvense* (L.) Scop.						
莲座蓟 *Cirsium esculenthum* (Sievers) C. A. Mey.			✓			
蓟 *Cirsium japonicum* Fisch. ex DC.						
野蓟 *Cirsium maackii* Maxim.						
烟管蓟 *Cirsium pendulum* Fisch. ex DC.			✓			
林蓟 *Cirsium schantranse* Trautv. et C. A. Mey.						
刺儿菜 *Cirsium segetum* Bunge	✓		✓			
大刺儿菜 *Cirsium setosum* (Willd.) Bieb.	✓	✓				
绒背蓟 *Cirsium vlassonianum* Fisch. ex DC.					✓	
还阳参 *Crepis crocea* (Lam.) Babc.						
屋根草 *Crepis tectorum* L.						✓
东风菜 *Doellingeria scaber* (Thunb.) Nees	✓	✓	✓			
褐毛蓝刺头 *Echinops dissectus* Kitag.	✓					
砂蓝刺头 *Echinops gmelinii* Turcz.	✓		✓		✓	
华东蓝刺头 *Echinops grijsii* Hance	✓					
宽叶蓝刺头 *Echinops latifolius* Tausch	✓		✓			
飞蓬 *Erigeron acer* L.	✓		✓			
东北飞蓬 *Erigeron acer* L. var. *manshuricus* Kom.	✓					
一年蓬 *Erigeron annuus* (L.) Pers.	✓		✓			
小飞蓬 *Erigeron cannadensis* L.	✓	✓				✓
长茎飞蓬 *Erigeron elongatus* Ledeb.	✓					
泽兰 *Eupatorium japonicum* Thunb.	✓					
林泽兰 *Eupatorium lindleyanum* DC.	✓		✓			
线叶菊 *Filifolium sibiricum* (L.) Kitam.	✓		✓			
兴安乳菀 *Galatella dahurica* DC.	✓					
牛膝菊 *Galinsoga parviflora* Cav.	✓		✓			✓
阿尔泰狗娃花 *Heteropappus altaicus* (Willd.) Novop.	✓		✓			
狗娃花 *Heteropappus hispidus* (Thunb.) Less.	✓		✓			
砂狗娃花 *Heteropappus meyendorffii* (Regel et Maack) Kom. et Alis.	✓					
全缘山柳菊 *Hieracium hololeion* Maxim.	✓					
伞花山柳菊 *Hieracium umbellatum* L.	✓		✓			
粗毛山柳菊 *Hieracium virosum* Pall.	✓					

续表

种名	饲用	食用	药用	生态治理用	有毒有害	外来入侵
贺兰山女蒿 *Hippolytia alashanensis* (Ling) Shih	√					
欧亚旋覆花 *Inula britannica* L.	√		√			
旋覆花 *Inula japonica* Thunb.	√	√	√			
卵叶旋覆花 *Inula japonica* Thunb. var. *ovata* C. Y. Li	√					
线叶旋覆花 *Inula linariaefolia* Turcz.			√			
柳叶旋覆花 *Inula salicina* L.	√		√			
蓼子朴 *Inula salsoloides* (Turcz.) Ostenf.			√		√	
假苍耳 *Iva xanthifolia* Nutt.						√
山苦菜 *Ixeris chinensis* (Thunb.) Nakai	√		√			
丝叶苦菜 *Ixeris chinensis* (Thunb.) Nakai var. *graminifolia* (Lebeb.) H. C. Fu	√					
低滩苦荬菜 *Ixeris debilis* A. Gray var. *salsuginosa* (Kitag.) Kitag.	√					
苦荬菜 *Ixeris denticulata* Stebb.	√	√	√			
抱茎苦荬菜 *Ixeris sonchifolia* (Bunge) Hance	√	√	√			
裂叶马兰 *Kalimeris incisa* (Fisch.) DC.	√		√			
全叶马兰 *Kalimeris integrifolia* Turcz. ex DC.	√		√			
山马兰 *Kalimeris lautureana* (Debex.) Kitam.	√		√			
山莴苣 *Lactuca indica* L.	√		√			
毛脉山莴苣 *Lactuca raddeana* Maxim.	√		√			
北山莴苣 *Lactuca sibirica* (L.) Benth. ex Maxim.	√		√			
蒙山莴苣 *Lactuca tatarica* (L.) C. A. Mey.	√					
大丁草 *Leibnitzia anandria* (L.) Turcz.	√		√			
团球火绒草 *Leontopodium conglobatum* (Turcz.) Hand.-Mazz.			√			
火绒草 *Leontopodium leontopodioides* (Willd.) Beauv.	√		√			
长叶火绒草 *Leontopodium longifolium* Ling	√					
绢茸火绒草 *Leontopodium smithianum* Hand.-Mazz.	√					
蹄叶橐吾 *Ligularia fischeri* (Ledeb.) Turcz.						
全缘橐吾 *Ligularia mongolica* (Turcz.) DC.			√			
兴安橐吾 *Ligularia ovato-oblonga* (Kitam.) Kitam.						
橐吾 *Ligularia sibirica* (L.) Cass.			√			
栉叶蒿 *Neopallasia pectinata* (Pall.) Pojark.	√					
火煤草 *Olgaea leucophylla* (Turcz.) Iljin						
蝟菊 *Olgaea lomonossowii* Trautv.						
兴安毛连菜 *Picris dahurica* Fisch. ex Hornem.	√		√			
祁州漏芦 *Rhaponticum uniflorum* (L.) DC.	√	√	√			
密花风毛菊 *Saussurea acuminata* Turcz. ex Fisch.	√					
草地风毛菊 *Saussurea amara* (L.) DC.	√		√	√		
龙江风毛菊 *Saussurea amurensis* Turcz. ex DC.	√		√			
京风毛菊 *Saussurea chinnampoensis* Levl. et Vant.	√					
达乌里风毛菊 *Saussurea daurica* Adams	√					
北风毛菊 *Saussurea discolor* (Willd.) DC.	√					

种名	饲用	食用	药用	生态治理用	有毒有害	外来入侵
风毛菊 *Saussurea japonica* (Thunb.) DC.	√		√			
翼茎风毛菊 *Saussurea japonica* (Thunb.) DC. var. *alata* Regel ex Kom.	√					
羽叶风毛菊 *Saussurea maximowiczii* Herd.	√					
蒙古风毛菊 *Saussurea mongolica* (Franch.) Franch.	√		√			
齿叶风毛菊 *Saussurea neo-serrata* Nakai	√					
齿苞风毛菊 *Saussurea odontolepis* (Herd.) Sch.-Bip. ex Herd.	√					
小花风毛菊 *Saussurea parviflora* (Poiret) DC.	√					
羽苞风毛菊 *Saussurea pectinata* Bunge ex DC.	√					
球花风毛菊 *Saussurea pulchella* Fisch. ex DC.	√		√			
碱地风毛菊 *Saussurea runcinata* DC.	√					
柳叶风毛菊 *Saussurea salicifolia* (L.) DC	√					
长白风毛菊 *Saussurea tenerifolia* Kitag.	√					
山风毛菊 *Saussurea umbrosa* Kom.	√					
乌苏里风毛菊 *Saussurea ussuriensis* Maxim.	√		√			
笔管草 *Scorzonera albicaulis* Bunge	√	√	√			
头序鸦葱 *Scorzonera capito* Maxim.	√					
丝叶鸦葱 *Scorzonera curvata* (Popl.) Lipsch.	√					
拐轴鸦葱 *Scorzonera divaricata* Turcz.	√					
鸦葱 *Scorzonera glabra* Rupr.	√		√			
东北鸦葱 *Scorzonera manshurica* Nakai	√		√			
蒙古鸦葱 *Scorzonera mongolica* Maxim.	√		√		√	
狭叶鸦葱 *Scorzonera radiata* Fisch. ex Ledeb.	√		√			
桃叶鸦葱 *Scorzonera sinensis* Lipsch. et Krasch. ex Lipsch.	√	√	√			
大花千里光 *Senecio ambraceus* Turcz. ex DC.	√					
羽叶千里光 *Senecio argunensis* Turcz.	√	√	√		√	
麻叶千里光 *Senecio cannabifolius* Less.	√		√			
北千里光 *Senecio dubitabilis* C. Jeffrey et Y. L. Chen	√					
黄菀 *Senecio nemorensis* L.	√		√			
欧洲千里光 *Senecio vulgaris* L.	√		√			√
东北蛔蒿 *Seriphidium finitum* (Kitag.) Ling et Y. R. Ling					√	
分枝麻花头 *Serratula cardunculus* (Pall.) Schischk	√					
麻花头 *Serratula centauroides* L.	√		√			
伪泥胡菜 *Serratula coronata* L.	√		√			
薄叶麻花头 *Serratula marginata* Tausch.	√					
多花麻花头 *Serratula polycephala* Iljin	√					
草地麻花头 *Serratula yamatsutana* Kitag.	√					
毛豨莶 *Siegesbeckia pubescens* (Makino) Makino	√					
水飞蓟 *Silybum marianum* (L.) Gaertn.						
苣荬菜 *Sonchus brachyotus* DC.	√	√	√			
苦苣菜 *Sonchus oleraceus* L.	√	√	√			√

续表

种名	饲用	食用	药用	生态 治理用	有毒 有害	外来 入侵
兔儿伞 Syneilesis aconitifolia (Bunge) Maxim.		√	√			
山牛蒡 Synurus deltoides (Ait.) Nakai			√			
菊蒿 Tanacetum vulgare L.	√					
戟片蒲公英 Taraxacum asiaticum Dahl.	√		√			
多裂蒲公英 Taraxacum dissectum (Ledeb.) Ledeb.	√		√			
红梗蒲公英 Taraxacum erythopodium Kitag.	√					
兴安蒲公英 Taraxacum falcilobum Kitag.	√		√			
异苞蒲公英 Taraxacum heterolepis Nakai et Koidz.	√					
光苞蒲公英 Taraxacum lamprolepis Kitag.	√		√			
蒙古蒲公英 Taraxacum mongolicum Hand.-Mazz.	√	√	√			
东北蒲公英 Taraxacum ohwianum Kitam.	√		√			
白缘蒲公英 Taraxacum platypecidum Diels	√		√			
白化蒲公英 Taraxacum pseudo-albidum Kitag.	√		√		√	
华蒲公英 Taraxacum sinicum Kitag.	√		√	√		
狗舌草 Tephroseris campestris (Rutz.) Rchb.	√		√		√	
红轮狗舌草 Tephroseris flammea (Turcz. ex DC.) Holub.	√		√			
湿生狗舌草 Tephroseris palustris (L.) Four.	√					
长喙婆罗门参 Tragopogon dubius Scop.						
三肋果 Tripleurospermum limosum (Maxim) Pobed.						
碱菀 Tripolium vulgare Nees		√				
女菀 Turczaninowia fastigiata (Fisch.) DC.	√		√			
蒙古苍耳 Xanthium mongolicum Kitag.						√
苍耳 Xanthium sibiricum Patin ex Willd.		√	√		√	
细茎黄鹌菜 Youngia tenuicaulis (Babcock et Stebbins) Czer.	√					
细叶黄鹌菜 Youngia tenuifolia (Willd.) Babc. et Stebb.	√					
泽泻 Alisma orientale (Sam.) Juz.		√	√		√	
三裂慈菇 Sagittaria trifolia L.		√	√			
花蔺 Butomus umbellatus L.		√	√			
海韭菜 Triglochin maritimum L.	√				√	
水麦冬 Triglochin palustre L.	√				√	
阿尔泰葱 Allium altaicum Pall.	√					
砂韭 Allium bidentatum Fisch. ex Prokh.	√	√				
丝韭 Allium bidentatum Fisch. ex Prokh. var. andanense Q. S. Sun	√					
黄花葱 Allium condensatum Turcz.	√					
硬皮葱 Allium ledebourianum Roem.	√					
长柱韭 Allium longistylum Baker	√					
薤白 Allium macrostemon Bunge	√	√	√		√	
蒙古韭 Allium mongolicum Regel	√					
长梗韭 Allium neriniflorum (Herb.) Baker	√					
碱韭 Allium polyrhizum Turcz. ex Regel	√					

续表

种名	饲用	食用	药用	生态治理用	有毒有害	外来入侵
蒙古野韭 *Allium prostratum* Trev.	√					
野韭 *Allium ramosum* L.	√	√				
北葱 *Allium schoenoprasum* L.	√					
山韭 *Allium senescens* L.	√	√				
辉韭 *Allium strictum* Schrad.	√					
细叶韭 *Allium tenuissimum* L.	√	√				
矮韭 *Allium tenuissimum* L. var. *anisopodium* (Ledeb.) Regel	√	√			√	
球序韭 *Allium thunbergii* G. Don	√					
茖葱 *Allium victorialis* L.	√	√				
知母 *Anemarrhena asphodeloides* Bunge	√	√	√			
北天门冬 *Asparagus borealis* S. C. Chen	√					
兴安天门冬 *Asparagus dauricus* Fisch. ex Link	√		√			
长花天门冬 *Asparagus longiflorus* Franch.	√					
南玉带 *Asparagus oligoclonos* Maxim.			√			
西北天门冬 *Asparagus persicus* Baker	√					
龙须菜 *Asparagus schoberioides* Kunth			√			
曲枝天门冬 *Asparagus trichophyllus* Bunge	√		√			
铃兰 *Convallaria keiskei* Miq.			√			
少花顶冰花 *Gagea pauciflora* Turcz.						
黄花菜 *Hemerocallis citrina* Baroni	√					
北黄花菜 *Hemerocallis lilio-asphodelus* L.	√		√			
小黄花菜 *Hemerocallis minor* Mill.	√	√	√		√	
条叶百合 *Lilium callosum* Sieb. et Zucc.			√			
渥丹 *Lilium concolor* Salisb.		√	√			
有斑百合 *Lilium concolor* Salisb. var. *buschianum* (Lodd.) Baker						
毛百合 *Lilium dauricum* Ker-Gawl.		√	√			
山丹 *Lilium pumilum* DC.		√	√			
小玉竹 *Polygonatum humile* Fisch. ex Maxim.			√		√	
玉竹 *Polygonatum odoratum* (Mill.) Druce		√	√		√	
黄精 *Polygonatum sibiricum* Redoute		√	√			
绵枣儿 *Scilla sinensis* (Lour.) Merr.		√	√		√	
牛尾菜 *Smilax riparia* A. DC.	√	√	√			
兴安藜芦 *Veratrum dahuricum* (Turcz.) Loes. f.			√			
藜芦 *Veratrum nigrum* L.			√			
穿龙薯蓣 *Dioscorea nipponica* Makino		√	√			
雨久花 *Monochoria korsakowii* Regel et Maack	√					
射干 *Belamcanda chinensis* (L.) DC.		√	√	√		
大苞鸢尾 *Iris bungei* Maxim.	√					
野鸢尾 *Iris dichotoma* Pall.	√		√			
矮鸢尾 *Iris kobayashii* Kitag.	√					

续表

种名	饲用	食用	药用	生态治理用	有毒有害	外来入侵
马蔺 *Iris lactea* Pall. var. *chinensis* (Fisch.) Koidz.	√	√	√	√		
紫苞鸢尾 *Iris ruthenica* Ker-Gawl.	√		√			
溪荪 *Iris sanguinea* Donn ex Horn.	√		√			
细叶鸢尾 *Iris tenuifolia* Pall.	√		√		√	
粗根鸢尾 *Iris tigridia* Bunge	√					
单花鸢尾 *Iris uniflora* Pall. ex Link	√		√			
窄叶单花鸢尾 *Iris uniflora* Pall. ex Link f. *caricina* (Kitag.) P. Y. Fu et Y. A. Chen	√					
囊花鸢尾 *Iris ventricosa* Pall.	√					
小灯心草 *Juncus bufonius* L.	√		√			
栗花灯心草 *Juncus castaneus* Smith	√					
灯心草 *Juncus effusus* L.	√		√			
细灯心草 *Juncus gracillimus* V. Krecz. et Gontsch.	√		√			
乳头灯心草 *Juncus papillosus* Franch. et Sav.	√					
尖被灯心草 *Juncus turczaninowii* (Buch.) Freyn	√					
鸭跖草 *Commelina communis* L.	√	√	√			
竹叶子 *Streptolirion volubile* Edgew.	√		√			
细叶臭草 *Melica scabrosa* Trin. var. *radulla* (Franch.) Papp.	√					
燕麦芨芨草 *Achnatherum avenoides* (Honda) Chang	√					
京芒草 *Achnatherum pekinense* (Hance) Ohwi	√					
羽茅 *Achnatherum sibiricum* (L.) Keng	√				√	
芨芨草 *Achnatherum splendens* (Trin.) Nevski	√		√			
獐毛 *Aeluropus litthoralis* Parl. var. *sinensis* Debeaux	√		√			
冰草 *Agropyron cristatum* (L.) Gaertn.	√		√	√		
光穗冰草 *Agropyron cristatum* (L.) Gaertn. var. *pectiniforme* (Roem. et Schult.) H. L. Yang	√					
毛稃沙生冰草 *Agropyron desertorum* (Fisch.) Schult. var. *pilosiusculum* Melderis	√					
沙生冰草 *Agropyron desertorum* (Fisch.) Schult.	√					
根茎冰草 *Agropyron michnoi* Roshev.	√					
沙芦草 *Agropyron mongolicum* Keng	√					
毛沙芦草 *Agropyron mongolicum* Keng var. *villosum* H. L. Yang	√					
华北剪股颖 *Agrostis clavata* Trin.	√					
多枝剪股颖 *Agrostis divaricatissima* Mez	√					
小糠草 *Agrostis gigantea* Roth	√					
西伯利亚剪股颖 *Agrostis sibirica* V. Petr.	√					
看麦娘 *Alopecurus aequalis* Sobol.	√		√			
短穗看麦娘 *Alopecurus brachystachys* Bieb.	√					
大看麦娘 *Alopecurus pratensis* L.	√					
三芒草 *Aristida adscensionis* L.	√					
荩草 *Arthraxon hispidus* (Thunb.) Makino	√		√			
野古草 *Arundinella hirta* (Thunb.) Tanaka	√		√	√		

续表

种名	饲用	食用	药用	生态治理用	有毒有害	外来入侵
野燕麦 *Avena fatua* L.	√	√	√			√
菵草 *Beckmannia syzigachne* (Steud.) Fern.	√		√			
白羊草 *Bothriochloa ischaemum* (L.) Keng	√					
无芒雀麦 *Bromus inermis* Leyss.	√			√		
沙地雀麦 *Bromus ircutensis* Rom.	√					
雀麦 *Bromus japonicus* Thunb.	√	√	√			
紧穗雀麦 *Bromus pumpellianus* Scribn.	√					
小叶章 *Calamagrostis angustifolia* Kom.	√					
野青茅 *Calamagrostis arundinacea* (L.) Roth.	√					
拂子茅 *Calamagrostis epigejos* (L.) Roth	√					
大叶章 *Calamagrostis langsdorffii* (Link) Trin.	√					
大拂子茅 *Calamagrostis macrolepis* Litv.	√					
假苇拂子茅 *Calamagrostis pseudophragmites* (Hall. f.) Koel.	√					
蒺藜草 *Cenchrus calyculatus* Cavan.	√				√	√
少花蒺藜草 *Cenchrus pauciflorus* Benth.	√				√	√
虎尾草 *Chloris virgata* Swartz	√		√			
丛生隐子草 *Cleistogenes caespitosa* Keng	√					
中华隐子草 *Cleistogenes chinensis* (Maxim.) Keng	√					
长花隐子草 *Cleistogenes longiflora* Keng ex Keng f. et L. Liu	√					
宽叶隐子草 *Cleistogenes nakai* (Keng) Honda	√					
多叶隐子草 *Cleistogenes polyphylla* Keng	√		√			
无芒隐子草 *Cleistogenes songorica* (Roshev.) Ohwi	√					
糙隐子草 *Cleistogenes squarrosa* (Trin.) Keng	√					
隐花草 *Crypsis aculeata* (L.) Aiton	√			√		
小果龙常草 *Diarrhena fauriei* (Hack.) Ohwi	√					
止血马唐 *Digitaria ischaemum* (Schreb.) Schreb.	√		√			
马唐 *Digitaria sanguinalis* (L.) Scop.	√		√			
野稗 *Echinochloa crusgalli* (L.) Beauv.	√	√	√			
长芒野稗 *Echinochloa crusgalli* (L.) Beauv. var. *caudata* (Rosh.) Kitag.	√					
无芒野稗 *Echinochloa crusgalli* (L.) Beauv. var. *submutica* (Mey.) Kitag.	√					
披碱草 *Elymus dahuricus* Turcz.	√			√		
肥披碱草 *Elymus excelsus* Turcz.	√					
圆柱披碱草 *Elymus franchetii* Kitag.	√					
垂穗披碱草 *Elymus nutans* Griseb.	√					
老芒麦 *Elymus sibiricus* L.	√			√		
偃麦草 *Elytrigia repens* (L.) Desv. ex Nevski	√					
冠芒草 *Enneapogon borealis* (Griseb.) Honda	√					
大画眉草 *Eragrostis cilianensis* (All.) Link	√		√			
无毛画眉草 *Eragrostis jeholensis* Honda	√					

续表

种名	饲用	食用	药用	生态治理用	有毒有害	外来入侵
小画眉草 *Eragrostis minor* Host	√		√			
画眉草 *Eragrostis pilosa* (L.) Beauv.	√		√			
野黍 *Eriochloa villosa* (Thunb.) Kunth	√	√	√			
达乌里羊茅 *Festuca dahurica* (St.-Yves) V. Krecz. et Bobr.	√					
远东羊茅 *Festuca extremiorientalis* Ohwi	√					
羊茅 *Festuca ovina* L.	√					
紫羊茅 *Festuca rubra* L.	√					
东北甜茅 *Glyceria triflora* (Korsh.) Kom.	√					
异燕麦 *Helictotrichon schellianum* (Hack.) Kitag.	√					
牛鞭草 *Hemarthria sibirica* (Gand.) Ohwi	√					
光稃茅香 *Hierochloe glabra* Trin.	√					
茅香 *Hierochloe odorata* (L.) Beauv.	√		√			
短芒大麦草 *Hordeum brevisubulatum* (Trin.) Link	√			√		
芒颖大麦草 *Hordeum jubatum* L.	√					√
落草 *Koeleria cristata* (L.) Pers.	√					
假稻 *Leersia oryzoides* (L.) Swartz	√		√			
银穗草 *Leucopoa albida* (Turcz. ex Trin.) Krecz. et Bobr.	√					
羊草 *Leymus chinensis* (Trin.) Tzvel.	√		√	√		
赖草 *Leymus secalinus* (Georgi) Tzvel.	√		√			
大臭草 *Melica turczaninoviana* Ohwi	√				√	
莠竹 *Microstegium vimineum* (Trin.) A. Camus var. *imberbe* (Nees) Honda	√					
荻 *Miscanthus sacchariflorus* (Maxim.) Benth.	√		√			
乱子草 *Muhlenbergia hugelii* Trin.	√					
糠稷 *Panicum bisulcatum* Thunb.	√					
野稷 *Panicum miliaceum* L. var. *ruderale* Kitag.	√					
狼尾草 *Pennisetum alopecuroides* (L.) Spreng.	√		√			
白草 *Pennisetum centrasiaticum* Tzvel.	√		√			
䅟草 *Phalaris arundinacea* L.	√		√			
芦苇 *Phragmites australis* (Clav.) Trin.	√	√	√	√		
毛芦苇 *Phragmites hirsuta* Kitag.	√					
日本芦苇 *Phragmites japonica* Steud.	√					
高原早熟禾 *Poa alpigena* (Bulytt) Lindm.	√					
细叶早熟禾 *Poa angustifolia* L.	√					
早熟禾 *Poa annua* L.	√		√	√		
额尔古纳早熟禾 *Poa argunensis* Rosh.	√					
华灰早熟禾 *Poa botryoides* (Trin. ex Griseb.) Kom.	√					
光盘早熟禾 *Poa elanata* Keng	√					
林地早熟禾 *Poa nemoralis* L.	√					
贫叶早熟禾 *Poa oligophylla* Keng	√					
泽地早熟禾 *Poa palustris* L.	√					

续表

种名	饲用	食用	药用	生态治理用	有毒有害	外来入侵
草地早熟禾 *Poa pratensis* L.	√		√			
假泽早熟禾 *Poa pseudo-palustris* Keng	√					
西伯利亚早熟禾 *Poa sibirica* Rosh.	√					
硬质早熟禾 *Poa sphondylodes* Trin.	√		√			
散穗早熟禾 *Poa subfastigiata* Trin.	√					
棒头草 *Polypogon fugax* Nees ex Steud.	√					
沙鞭 *Psammochloa villosa* (Trin.) Bor	√					
朝鲜碱茅 *Puccinellia chinampoensis* Ohwi	√					
鹤甫碱茅 *Puccinellia hauptiana* (V. Krecz.) V. Krecz.	√					
星星草 *Puccinellia tenuiflora* (Griseb.) Scrib. et Merr.	√			√		
纤毛鹅观草 *Roegneria ciliaris* (Trin.) Nevski	√					
直穗鹅观草 *Roegneria gmelini* (Griseb.) Nevski	√					
河北鹅观草 *Roegneria hondai* Kitag.	√					
鹅观草 *Roegneria kamoji* (Ohwi) Ohwi	√		√			
囊颖草 *Sacciolepis indica* (L.) Chase	√					
断穗狗尾草 *Setaria arenaria* Kitag.	√			√		
大狗尾草 *Setaria faberii* Herm.	√					
金色狗尾草 *Setaria glauca* (L.) Beauv.	√		√			
狗尾草 *Setaria viridis* (L.) Beauv.	√		√			
大油芒 *Spodiopogon sibiricus* Trin.	√		√			
狼针草 *Stipa baicalensis* Rosh.	√					
长芒草 *Stipa bungeana* Trin.	√					
大针茅 *Stipa grandis* P. Smirn.	√				√	
阿尔泰针茅 *Stipa krylovii* Rosh.	√					
石生针茅 *Stipa tianschanica* Roshev. var. *klemenzii* (Roshev.) Norl.	√					
钝基草 *Timouria saposhnikowii* Roshev.	√					
虱子草 *Tragus berteronianus* Schult.	√					
锋芒草 *Tragus racemosus* (L.) All.	√					
中华草沙蚕 *Tripogon chinensis* (Franch.) Hack.	√					
西伯利亚三毛草 *Trisetum sibiricum* Rupr.	√					
菰 *Zizania latifolia* (Griseb.) Stapf	√	√	√			
菖蒲 *Acorus calamus* L.			√			
东北天南星 *Arisaema amurense* Maxim.			√			
紫苞东北天南星 *Arisaema amurense* Maxim. f. *violaceum* (Engler) Kitag.			√			
半夏 *Pinellia ternata* (Thunb.) Breit.			√			
黑三棱 *Sparganium coreanum* Levl.	√	√	√			
小黑三棱 *Sparganium emersum* Rehm.	√					
矮黑三棱 *Sparganium minimum* Wallr.	√					
狭叶香蒲 *Typha angustifolia* L.	√		√			
短穗香蒲 *Typha laxmanni* Lepech.	√		√			

续表

种名	饲用	食用	药用	生态治理用	有毒有害	外来入侵
小香蒲 *Typha minima* Funk	√		√			
香蒲 *Typha orientalis* Presl.	√	√	√			
丝叶球柱草 *Bulbostylis densa* (Wall.) Hand.-Mazz.	√		√			
额尔古纳薹草 *Carex argunensis* Turcz. ex Trev.	√					
莎薹草 *Carex cyperoides* Murr.	√					
针薹草 *Carex dahurica* Kukenth.	√					
薹草 *Carex dispalata* Boott ex A. Gray	√					
寸草 *Carex duriuscula* C. A. Mey.	√					
卤穗薹草 *Carex eremopyroides* V. Krecz.	√					
溪水薹草 *Carex forficula* Franch. et Sav.	√					
红穗薹草 *Carex gotoi* Ohwi	√					
华北薹草 *Carex hancockiana* Maxim.	√					
异鳞薹草 *Carex heterolepis* Bunge	√					
黄囊薹草 *Carex korshinckyi* Kom.	√					
假尖嘴薹草 *Carex laevissima* Nakai	√					
凸脉薹草 *Carex lanceolata* Boott	√					
疏薹草 *Carex laxa* Wahlenb.	√					
尖嘴薹草 *Carex leiorhyncha* C. A. Mey.	√					
二柱薹草 *Carex lithophila* Turcz.	√					
乌拉草 *Carex meyeriana* Kunth	√					
柄薹草 *Carex mollissima* Christ ex Scheutz	√					
翼果薹草 *Carex neurocarpa* Maxim.	√					
北薹草 *Carex obtusata* Lijebl.	√					
阴地针薹草 *Carex onoei* Franch. et Sav.	√					
肋脉薹草 *Carex pachyneura* Kitag.	√					
脚薹草 *Carex pediformis* C. A. Mey.	√					
走茎薹草 *Carex reptabunda* (Trautv.) V. Krecz.	√					
大穗薹草 *Carex rhynchophysa* C. A. Mey.	√					
腋囊薹草 *Carex schmidtii* Meinsh.	√					
砾薹草 *Carex stenophylloides* V. Krecz.	√					
早春薹草 *Carex subpediformis* (Kukenth.) Suto et Suzuki	√					
陌上菅 *Carex thunbergii* Steud.	√					
膜囊薹草 *Carex vesicaria* L.	√					
球穗莎草 *Cyperus difformis* L.	√		√			
密穗莎草 *Cyperus fuscus* L.	√					
头穗莎草 *Cyperus glomeratus* L.	√					
碎米莎草 *Cyperus iria* L.	√		√			
白鳞莎草 *Cyperus nipponicus* Franch. et Sav.	√					
毛笠莎草 *Cyperus orthostachys* Franch. et Sav.	√					
莎草 *Cyperus rotundus* L.	√					

续表

种名	饲用	食用	药用	生态治理用	有毒有害	外来入侵
槽秆荸荠 *Eleocharis equisetiformis* (Meinsh.) B. Fedsch.	√					
中间型荸荠 *Eleocharis intersita* Zinserl.	√					
卵穗荸荠 *Eleocharis ovata* (Roth) Roem. et Schult.	√					
东方羊胡子草 *Eriophorum polystachion* L.	√					
光果飘拂草 *Fimbristylis stauntonii* Debeaux et Franch.	√					
水莎草 *Juncellus serotinus* (Rottb.) C. B. Clarke			√			
球穗扁莎 *Pycreus globosus* (All.) Rchb.						
槽鳞扁莎 *Pycreus korshinskyi* (Meinsh.) V. Krecz.						
荆三棱 *Scirpus fluviatilis* (Torr.) A. Gray	√	√	√			
萤蔺 *Scirpus juncoides* Roxb. var. hotarui (Ohwi) Ohwi	√					
东方藨草 *Scirpus orientalis* Ohwi	√					
扁秆藨草 *Scirpus planiculmis* Fr. Schmidt	√		√			
单穗藨草 *Scirpus radicans* Schkuhr	√					
水葱 *Scirpus tabernaemontani* Gmel.	√		√			
五棱藨草 *Scirpus trapezoideus* Koidz.	√					
藨草 *Scirpus triqueter* L.	√		√			
大花杓兰 *Cypripedium macranthum* Swartz			√			
手掌参 *Gymnadenia conopsea* (L.) R. Br.		√	√			
二叶舌唇兰 *Platanthera chlorantha* Cust. ex Rchb.						
密花舌唇兰 *Platanthera hologlottis* Maxim.						
绶草 *Spiranthes sinensis* (Pers.) Ames						